"十二五"职业教育国家规划教材

经全国职业教育教材审定委员会审定

动物内科病

第二版

石冬梅　何海健　主编

化学工业出版社

·北京·

本书紧密结合现代养殖业动物疾病诊疗岗位需要,对反刍动物、犬、猫、猪、禽等多种动物常见、多发、新发的内科病作了较为全面的介绍。本书按照项目化教学要求,创新编写格式,精炼编写内容,精选实训项目:全书设 8 个项目,分为 38 个任务和 94 项子任务,技能训练和能力拓展共 22 项,详细地介绍了完成每一种疾病诊疗任务需要掌握的相关知识以及实施诊疗任务所需要具备的专业技能。

本书语言通俗易懂,内容深入浅出,既可作为大中专院校兽医及相关专业师生的教材,也可以作为广大兽医临床工作者的学习用书。

图书在版编目(CIP)数据

动物内科病/石冬梅,何海健主编. —2 版. —北京:
化学工业出版社,2016.6(2024.8重印)
"十二五"职业教育国家规划教材
ISBN 978-7-122-26931-7

Ⅰ.①动… Ⅱ.①石…②何… Ⅲ.①兽医学-内科学-
职业教育-教材 Ⅳ.①S856

中国版本图书馆 CIP 数据核字(2016)第 088974 号

责任编辑:梁静丽 迟 蕾 章梦婕 装帧设计:史利平
责任校对:王素芹

出版发行:化学工业出版社(北京市东城区青年湖南街 13 号 邮政编码 100011)
印 刷:北京云浩印刷有限责任公司
装 订:三河市振勇印装有限公司
787mm×1092mm 1/16 印张 13 字数 336 千字 2024 年 8 月北京第 2 版第 13 次印刷

购书咨询:010-64518888 售后服务:010-64518899
网 址:http://www.cip.com.cn
凡购买本书,如有缺损质量问题,本社销售中心负责调换。

定 价:39.00元

版权所有 违者必究

《动物内科病》（第二版）编写人员

主　　编　石冬梅　何海健

副 主 编　利　凯　方磊涵

编写人员　（按照姓名汉语拼音排列）

丁　利　（海南职业技术学院）

方磊涵　（商丘职业技术学院）

方振华　（海南职业技术学院）

何海健　（金华职业技术学院）

利　凯　（河北北方学院）

梁军生　（辽宁医学院）

刘万钧　（荆州职业技术学院）

任　艳　（辽宁农业职业技术学院）

石冬梅　（河南牧业经济学院）

王相根　（河南省奶牛繁育中心）

王秀桥　（河南郑州鑫水宠物医院）

张　华　（河南牧业经济学院）

张　磊　（河南牧业经济学院）

周　辉　（玉溪农业职业技术学院）

前言

　　动物内科病及防治技术是大中专院校兽医专业学生必须掌握的知识与技能，学生通过学习，将能较好地解决动物生产中牛、羊、犬、猫、猪、禽等动物常见、多发及新发内科疾病的诊断与防治问题。

　　本书第一版自出版以来，受到了很多院校教师和广大兽医工作者的广泛关注，并给我们提出了很多宝贵的建议和意见。目前，我国养殖业正处于转型升级和发展的关键时期，兽药行业发展日新月异，动物疾病防治新技术不断在生产中推广应用。2013 年本书有幸入选"十二五"职业教育国家规划教材立项选题，借此契机，我们根据《教育部关于"十二五"职业教育教材建设的若干意见》文件精神及国家规划教材编写要求，修订了第一版教材的内容。

　　本书第二版立足于现代畜牧兽医行业的发展需要，以培养学生具备胜任现代养殖业动物疾病诊疗岗位的知识与技能为宗旨，以学生职业能力培养为主线，融入执业兽医师必须掌握的动物内科病防治知识点，从实用出发，以够用为度，较为全面地介绍了动物内科病基本知识和临床诊疗技能。具体修改内容说明如下。

　　1. 对第一版教材中宠物内科病和反刍动物内科病内容进行进一步的整合、优化和补充，使修订后的教材更能满足宠物和奶牛临床诊疗的需要。

　　2. 随着我国现代马业的快速发展，完善了马消化系统疾病，并在相应项目内容中述及马属动物疾病的诊断技术

　　3. 删除部分微量元素代谢障碍性疾病和神经系统疾病内容，优化中毒性疾病内容，使修订后的教材更加实用。

　　4. 为了满足现代养殖业对学生就职于动物疾病诊疗岗位的技能需要，调整了部分技能训练项目和能力拓展内容，修订后的教材更符合兽医临床的实际需要，利于提高学生的培养质量和职业能力。

　　本书在修订过程中，邀请了兽医行业的技术专家参与教材内容的审核和修正，相关专家提出了不少宝贵的意见和建议。同时，我们编写时也借鉴、参考了同行及专家的文献资料，借此书出版之际，编者谨向有关作者和单位致以诚挚的谢意！

　　由于编者水平有限，虽已反复思考、认真修订审校，但书中仍难免有不足之处，恳请广大读者批评指正。

编者
2016 年 2 月

第一版 前言

按照教育部《关于全面提高高等职业教育教学质量的若干意见》（教高 [2006] 16 号）要求，在充分调研、分析、论证的基础上，以实用技术为重点，我们将动物内科病从内容到结构进行改编整合，编写了《动物内科病》一书。

动物内科病是高职高专院校兽医专业的主干课程之一，学生通过对本教材的学习，将能比较全面地掌握动物内科病的基本知识和临床诊疗技能。全书紧密结合兽医临床工作需要，将反刍动物、犬、猫、猪、禽等多种动物常见、多发、新发的内科病作了较为全面的介绍。全书共分 8 个知识模块，涵盖 34 项学习情景、110 多项学习任务，技能训练和能力拓展 40 余项。在学习情景中精选了动物内科病的重点内容；在学习任务中，详细地介绍了每种疾病的发生规律、发病原因、临床症状、诊断方法和防治措施；在临床实践技能项目中针对临床兽医工作过程的技能要求，精心编写，突出实用性。全书语言通俗易懂，内容深入浅出，既可作为高职高专院校兽医专业的教科书，也可以作为广大兽医临床工作者的学习用书。

本书在编写过程中，有关专家、教授和兽医界同仁提出了不少宝贵意见和建议，同时参考了很多专家、教授的精华之作，借此书出版之际，谨致以诚挚的谢意。

由于编者水平有限，时间仓促，书中难免有不足之处，恳请广大读者批评指正。

编　者
2010 年 3 月

目录

项目一　消化系统疾病

畜禽在其生命活动中的生长、发育、繁殖、运动、泌乳以及产卵等都需要蛋白质、脂肪、糖类、水、维生素、矿物质等营养物质，而这些营养物质必须通过消化道将吃进的食物进行物理的、化学的和生物学的消化过程，使之转变为结构简单的可溶性物质（如氨基酸、脂肪酸、葡萄糖等）才能被吸收和利用。因此，研究畜禽消化系统疾病的病因、症状、致病作用及诊断和治疗是非常重要的。

各种畜禽的营养需要及其消化器官的形态结构和生理功能各有其特点，幼龄和成年畜禽也存在显著差异，同时，我国地域辽阔，地理环境、自然气候、水土性质、饲料与饲养管理方法等都有所不同，这些因素对消化器官疾病的发生、发展起着一定的影响。本项目主要针对畜禽常发及危害严重的消化系统疾病的病因、致病作用、临床症状、诊断方法、治疗及预防措施向大家作一阐述。

【知识目标】

1. 了解动物消化系统疾病的发生、发展规律。
2. 熟悉动物常见消化系统疾病的诊疗技术要点。
3. 掌握反刍动物前胃及皱胃发生原因、发病机制、临床症状、治疗方法及预防措施。
4. 掌握犬、猫主要消化系统疾病的发生原因、发病机制、临床症状、治疗方法及预防措施。
5. 了解马属动物消化系统疾病的特点及诊治方法。

【技能目标】

通过对本项目内容的学习，让学生具备能够正确诊断和治疗反刍动物前胃弛缓、瘤胃积食、瘤胃臌气、皱胃变位、胃肠炎、犬胃扭转扩张综合征、犬胃食道套叠、急性实质性肝炎、腹膜炎等常见消化系统疾病的能力。

任务一　口、咽、食管疾病的诊断与治疗

子任务一　口炎的诊治

任　务　资　讯

1. 了解概况

口炎是口腔黏膜炎症的总称，包括齿龈炎、腭炎和舌炎。按其炎症性质可分为卡他性、水疱性、溃疡性、纤维素性、蜂窝织炎性、中毒性及真菌性等各种类型。各种动物都可以发生，其临床特征是采食、咀嚼障碍、流涎等，传染性口炎常伴有全身症状。

2. 认知病因

（1）传染性原因　常见于口蹄疫、坏死杆菌病、牛黏膜病、牛恶性卡他热、牛流行热、水疱性口炎、犬瘟热、羊痘、真菌感染等。

（2）非传染性原因　常见于机械性、温热性和化学性损伤，如采食含粗纤维多或带有芒刺的坚硬饲料，口衔、开口器或锐齿的直接损伤；或因酒石酸锑钾（吐酒石）、苯酚（石炭酸）、升汞、酸碱等化学性物质以及毛茛、附子、毒芹、芥子等有毒植物的刺激；或因采食过热、冰冻的饲料，或灌服过热的药液烫伤，犬、猫等小动物多因骨头、鱼刺等刺激。幼畜常见于牙齿生长期和换牙期，齿、眼及其周围组织发炎等。

3. 识别症状

任何一种性质的口炎，初期口腔黏膜潮红、肿胀、疼痛，口温增高，采食咀嚼缓慢，流涎，口角常附有白色泡沫，不同性质的口炎，症状又有所不同。

（1）卡他性口炎　主要表现为泡沫性流涎、口腔黏膜弥漫性或斑点状潮红，硬腭肿胀。唇黏膜常散在小结节和烂斑。

（2）水疱性口炎　常见唇内面、硬腭、口角、颊、舌缘和舌尖以及齿龈有粟粒大乃至黄豆大透明水疱，3～4 天后水疱破溃形成鲜红色烂斑。

（3）溃疡性口炎　多发于肉食兽，犬最常见。一般多在门齿和犬齿的齿龈部分发生肿胀，呈暗红色或紫红色，容易出血。1～2 天后，病变部变为苍黄色或黄绿色脂样的坏死、糜烂，逐渐与邻近唇黏膜和颊黏膜形成污秽不洁的溃疡。口腔散发腐败性腥臭味，流涎混有血丝带恶臭。

（4）真菌性口炎　口腔黏膜上有灰白色略为隆起的斑点，主要见于犬、猫和禽类。初期，口腔黏膜发生白色或灰白色小斑点，逐渐增大，变为灰色及黄色假膜，周围有红晕。剥去假膜，现出鲜红色烂斑，易出血。末期，上皮新生，假膜脱落，自然康复。

任　务　实　施

1. 诊断

根据临床症状不难诊断，但应与唾液腺炎、咽炎、食管炎、农药中毒等进行鉴别诊断。

2. 治疗

口炎的治疗原则为净化口腔、收敛、消炎。初期，可用 1% 食盐水或 0.025% 高锰酸钾溶液冲洗口腔。卡他性和水疱性口炎不断流涎时，宜用 1% 明矾溶液、0.1% 黄色素溶液、2% 硼酸溶液等收敛剂或消毒剂进行冲洗。溃疡性或真菌性口炎，先用生理盐水充分冲洗，再用 1:9 碘甘油或 0.2% 龙胆紫溶液涂布患处。溃疡性口炎口有恶臭时，可用 0.3% 高锰酸钾溶液冲洗。继发感染时，必须及时应用抗生素进行治疗，对传染性口炎，应及时做好隔离。

按中兽医辨证施治原则，心火上炎，口舌生疮，着重清火消炎、消肿止痛，牛、马宜用青黛散：青黛 15g、黄连 10g、黄柏 10g、薄荷 5g、桔梗 10g、儿茶 10g，共研细末，开水冲，候温，内服。也可将细末装入布袋，湿水后给病畜衔于口中，给食时取下，每天换 1 次，2～3 次痊愈。

此外，应排除病因，改善饲养管理。草食动物，给予营养丰富的优质青干草和青绿饲料，犬、猫等肉食动物，可饲喂稀粥、牛奶、肉汤、鸡蛋等，维持其营养，增进治疗效果。

3. 预防

本病的预防，首先应注意搞好日常饲养管理，合理调配饲料，防止误食有毒的化学物质或有毒植物，经口投药，尽量避免用刺激性药物。大家畜应定期检查口腔，牙齿磨灭不齐时，必须及时进行修整。

子任务二　咽炎的诊治

任 务 资 讯

1. 了解概况

咽炎是咽黏膜、软腭、扁桃体及其深层组织炎症的总称，按病程分为急性型和慢性型；按炎症性质分为卡他性、蜂窝织炎性和格鲁布咽炎等类型。本病常发生于马和猪，牛和犬有时也发生，其他畜禽较为少见。马和犬多为卡他性咽炎和蜂窝织炎性咽炎，牛和猪则常见格鲁布性咽炎。

2. 认知病因

（1）原发性病因　常见于机械性、温热性和化学性刺激。如粗硬的饲料和异物，霉败的饲料和饲草，喂饮热食和饮水以及胃管的直接刺激和损伤；或因受到强烈的烟熏、受寒、感冒和过劳，机体防卫功能降低，链球菌、葡萄球菌、坏死杆菌、沙门杆菌、大肠埃希菌等条件致病菌的内在感染而引发本病。

（2）继发性病因　通常见于流感、炭疽、口蹄疫、猪瘟、犬瘟热、恶性卡他热、巴氏杆菌病、结核以及狂犬病等传染性疾病。在口炎、鼻炎、食管炎、喉炎、唾液腺炎等疾病中也常伴有咽炎的发生。

3. 识别症状

主要临床症状是咽部肿痛、头颈伸展、转动不灵活、触诊咽部敏感、吞咽障碍和口鼻流涎等。

（1）全身症状　蜂窝织炎性咽炎最为明显。病畜高热，体温上升至 40～41℃，精神沉郁，心悸，脉搏增数，头颈伸展，呼吸促迫，病情严重。

（2）采食、咀嚼缓慢，咽下障碍、流涎　病畜呆立，神情忧郁，离开饲槽，厌忌采食。即使采食在口，伸展头颈，谨慎吞咽，显示疼痛，或很快吐出。病情重剧的，采食咀嚼的食糜和饮水，可从鼻孔逆出。唾液腺受到炎症反射性刺激，分泌旺盛，黏液分泌增多，并因咽下障碍，大量流涎，或蓄积在口腔内，当开口检查或低头时，猛然流出。

（3）咳嗽　病畜每当吞咽时，常常咳嗽，初干咳，后湿咳，有疼痛表现，常咳出食糜和黏液。重剧病例，呼吸急促，伴发喘鸣音。咽部听诊啰音。

（4）咽部肿胀　重剧性咽炎，咽外部触诊温热、疼痛。用手在第一颈椎横突下方或下颌的后下方，从两侧对压，病畜呈现疼痛不安，甚至发生痛咳。腮腺、颌下及舌下淋巴结肿胀。

慢性咽炎，全身症状不明显，病情发展缓慢，两鼻孔流黏液脓性鼻液，采食时常常咳嗽，吞咽障碍，饮水和食糜可从鼻孔逆出，颌下淋巴结略显肿胀。

任 务 实 施

1. 诊断

根据临床症状诊断本病并不难，但需与下列疾病进行鉴别。

（1）咽腔内异物　也出现吞咽困难、口鼻流涎等症状，但本病多呈突然发病，吞咽困难，咽腔检查可见异物。

（2）咽腔肿瘤　咽部无炎性变化，触诊无疼痛现象，病程缓慢，经久不愈。

（3）腮腺炎　多发于一侧，局部肿胀明显，头向健侧倾斜，咽部触诊无疼痛现象，也无食糜从鼻孔逆出和流鼻液现象。

（4）喉卡他　虽有流鼻液、咳嗽等症状，但无吞咽异常现象。

（5）食管梗阻　虽有咽下障碍、口鼻流涎现象等症状，但是咽部触诊无疼痛，多为突然发生，反刍动物易继发瘤胃臌气。

此外，应注意与腺疫、流行性感冒（简称"流感"）、猪瘟、出血性败血症以及炭疽等传染病所引起的咽炎进行鉴别，以免误诊。

2. 治疗

加强护理、抗菌消炎、清热解毒。

首先加强护理，不要饲喂粗硬饲料，草食动物给予青草或优良青干草和多汁易消化的饲料。肉食动物可饲喂米粥、肉汤或牛奶，并给予充分饮水。对吞咽障碍的病畜，应及时补糖输液，维持其营养。同时注意改进畜舍环境卫生，保持清洁、通风、干燥。对疑似传染病的病畜，应进行隔离观察。治疗时，禁止经口投药，防止误咽。

其次，应根据病情，及时进行药物治疗。

（1）消炎　病的初期，咽喉部先冷敷，每天 3～4 次，每次 20～30min，并用樟脑酒精或鱼石脂软膏、止痛消炎膏涂布。重剧性咽炎，宜用 10％水杨酸钠溶液 100ml，静脉注射，每天 1～2 次。或用青霉素肌内注射，每天 2 次。

（2）中医治疗　可用青黛散：青黛 15g、黄连 15g、白矾 15g、人中白 10g、柿霜 10g、黄柏 15g、硼砂 10g、冰片 5g、栀子 10g，共研细末，装入布袋，衔于病畜口内，给饲饮水时取出，每天更换 1 次，有一定效果。

也可用复方乙酸铅散：乙酸铅 10g、明矾 5g、樟脑 2g、薄荷脑 1g、白陶土 80g，做成膏剂外敷；同时用磺胺嘧啶钠 10～20g、碳酸氢钠 10g、碘喉片（或薄荷喉片）10～15 片，研末，混合装入布袋，衔于病畜口内，亦有效果。

（3）封闭疗法　重剧性咽炎呼吸困难或发生窒息现象时，用 0.25％普鲁卡因，牛 50ml、猪 20ml；青霉素，牛 400 万 IU，猪 80 万 IU，进行咽喉部封闭，具有一定急救功效。必要时，可采用气管切开术进行急救。

3. 预防

预防本病，应着重搞好经常性的饲养管理工作，防止受寒、感冒、过劳。注意饲料质量和调理，避免采食霉败或冰冻结霜的饲料。早春晚秋，气候变化急剧，要注意防寒保暖，注意畜舍环境卫生，保持畜舍内外清洁和干燥。咽部邻近器官炎症应及时治疗，防止感染和蔓延。应用诊断与治疗器械（胃管、投药管等）时，操作应细心，避免损伤咽黏膜，以防本病发生。

子任务三　食管阻塞的诊治

任 务 资 讯

1. 了解概况

食管阻塞是因食块或异物阻塞于食管内所致。常引起吞咽障碍和苦闷不安现象。本病主要发生于牛、马、犬和猪，羊有时也发生。

2. 认知病因

（1）原发性病因　牛主要是采食马铃薯、甘薯、甘蓝、萝卜等块根饲料以及西瓜皮或苹果等吞咽过急；或因采食大块豆饼、花生饼、谷秆、玉米棒以及谷草、稻草、青干草等未经充分咀嚼，急忙吞咽而引起。还有由于误咽毛巾、手帕、破布、毛线球、木片或胎衣等而发病。

马食管阻塞多因车船运输、长途赶运，采食过急或贪食，摄取大量干燥饲料，咀嚼不全，唾液混合不充分，或因突然受到惊吓，匆忙吞咽，以致阻塞在食管中。还有由于兴奋、过劳、咀嚼、吞咽不正常，采食草料、小块豆饼或胡萝卜、甘薯干等引起食管阻塞。也有因全身麻醉，食管神经尚未恢复正常即采食导致阻塞。

犬的食管阻塞，多见于成群争食，吞咽咀嚼不完的肌腱、软骨或骨头等阻塞在食管内。幼犬常因嬉戏误咽瓶塞子、煤块、小石子等异物而发病。

猪和羊的食管阻塞，常因采食甘薯、马铃薯块，或切碎的干草、较大的食团阻塞食管发生本病。

（2）继发性病因　常见于食管麻痹、狭窄和扩张、痉挛等。

3. 识别症状

多呈急性发生，病畜突然停止采食、神情紧张、骚动不安、头颈伸展，呈现吞咽动作、张口伸舌、大量流涎，甚至从鼻孔逆出，并因食管和颈部肌肉收缩，引起反射性咳嗽，可从口、鼻流出大量唾液，呼吸急促，惊恐不安。这种症状，有时虽可暂时缓和，但仍可反复发作。

由于阻塞物的性状及其阻塞部位的不同，临床症状也有所区别。完全阻塞时，病畜采食、饮水完全停止，表现空嚼和吞咽动作，不断流涎。上部食管发生阻塞，流涎并有大量白色的唾沫附着唇边和鼻孔周围，吞咽的食糜和鼻液有时从鼻孔逆出。下部食管发生阻塞时，咽下的唾液先蓄积在上部食管内，颈左侧食管沟呈圆筒状膨隆，触压可引起硬噎，而后随食管收缩和逆蠕动大量呕吐，呕吐物不含盐酸，也无特殊臭味。

食管阻塞持续时间长，可引起食管扩张。患病的马、骡有饥饿感，采食的饲料蓄积在食管扩张部位，顿时形成新的阻塞。食管相继发生收缩，病畜狂躁不安、伸头缩颈，将草吐出后，即表现平静，但可反复发生。

牛、羊食管完全阻塞时，不能进行嗳气和反刍，迅速发生瘤胃臌胀、呼吸困难。不完全阻塞无流涎现象，尚能饮水，并无瘤胃臌胀现象。

猪食管阻塞，多半离群，垂头站立或不卧地，张口流涎，出现吞咽动作。有时试图饮水、采食，但饮进的水立即逆出口腔。犬食管阻塞，由于阻塞物压迫颈静脉，引起头部血液循环障碍而发生水肿。

任务实施

1. 诊断

根据突然发生吞咽困难的病史，结合临床检查和观察及食管外部触诊进行诊断。

胸部食管阻塞，应用胃管探诊，或用 X 射线透视以获得正确诊断。但是从其流涎和吞咽高度困难等临床症状，又必须与胃扩张、食管痉挛、食管狭窄以及咽炎等进行鉴别。

（1）胃扩张　具有呼吸困难，甚至呕吐现象。但其呕吐物带酸臭味，呈酸性反应，疝痛症状剧烈。而本病从口鼻的逆出物不具酸味，呈碱性反应，并无疝痛现象，易鉴别。

（2）食管痉挛　与本病的临床症状颇为相似，但用水合氯醛等解痉剂或引用胃管进行探诊，结果不同。

（3）食管狭窄　病情发展缓慢，食物吞咽障碍，并常常呈现假性食管阻塞症状，但饮水和采食液体饲料可以咽下。

（4）咽炎　病畜头颈伸展、流涎、吞咽障碍，与本病有类似的症状。但其咽部症状明显，病史调查和临床观察明显不同，易于鉴别。

2. 治疗

除去食管内的阻塞物，本病即可康复。咽后食管起始部阻塞，大家畜装上开口器，可将手伸入口腔排除阻塞物，但颈部和胸部的食管阻塞，则应根据阻塞物的性状及其阻塞的程度，采取必要的治疗措施。

（1）疏导法　牛、马可用水合氯醛 20～30g，配成 2％水合氯醛酒精注射液 200～300ml，静脉注射；再用植物油或液体石蜡油 50～100ml；或用 0.5％～1％普鲁卡因 10ml，配合少量植物油或液体石蜡灌入食管，然后插入胃管将阻塞物徐徐向胃内疏导，多数病例可治愈。

（2）打气法　应用疏导法经 1～2h 不见效时，可插入胃管，装上胶皮球，吸出食管内的唾液和食糜。并灌入少量温水，将病畜保定好，再将打气管连接在胃管上，使病畜头尽量降低，适量打气，并趁势推动胃管，将阻塞物导入胃内。但不能推动过猛，以免食管破裂。

（3）挤压法　牛、马采食马铃薯、甘薯、胡萝卜等块根饲料，颈部食管发生阻塞时，可参照疏导法，先灌入少量解痉剂和润滑剂，再将病畜横卧保定，控制其头部和前肢，用平板或砖垫在颈部食管阻塞部位，然后用手掌抵住阻塞物的下端，朝向咽部挤压到口腔，以排除阻塞物。

（4）通嗳法　通嗳法是中兽医传统的治疗方法，主要用于治疗马的食管阻塞。即将病马头部用绳拴在左前肢系凹部，使马头尽量低下，然后驱逐病马快速前进，或上下坡，往返运动 20～30min，借助颈部肌肉收缩，往往能将阻塞物推入胃内，如果先灌入少量植物油或温水，经鼻吹入芸苔散（芸苔子、瓜蒂、胡椒、皂角各等份，麝香少许，研为细末即成），更能增加效果。

此外，尚可先灌入液体石蜡或植物油 100～200ml，然后用 3％盐酸毛果芸香碱（或新斯的明）注射液，牛、马 3ml，皮下注射，促进食管肌肉收缩和分泌，有时经 3～4h 奏效。为了缓解阻塞部位食管剧烈痉挛，牛、马可用硫酸阿托品 0.03g，或盐酸阿扑吗啡 0.05g，皮下注射，促使阻塞物向外呕吐。

采取上述方法仍不见效时，即应采用手术疗法，切开食管，取出阻塞物。牛、羊食管阻塞，常常继发瘤胃臌胀，容易引起窒息，应及时施行瘤胃穿刺放气，并向瘤胃注入防腐消毒剂，然后采取必要的治疗措施，进行急救。

在治疗中还应加强护理。病程较长的，应及时强心，输糖补液，维持机体营养，增加治疗效果。

3. 预防

本病的预防在于加强饲养管理，定时饲喂，防止因饥饿而采食过急。过于饥饿的牛、马，应先喂草，再喂料，少喂勤添。全身麻醉手术后，在食管功能尚未完全恢复前，更应注意饲养和护理，以防本病的发生。保管马铃薯、甘薯、胡萝卜等块根饲料，防止牛、马、猪等自由采食。饲喂块根类饲料，应先切碎再喂。豆饼、花生饼等糟粕，需先用水泡调制后再给予，以防暴食。

任务二　反刍动物前胃疾病的诊断与治疗

反刍动物消化系统的形态和生理功能与其他种系动物不同，因为反刍动物的胃是复胃，由瘤胃、网胃、瓣胃和皱胃四个部分构成，前三个胃称"前胃"，无腺体。瘤胃在四个胃中是最庞大的，占全胃的 80％，网胃最小，仅占 5％，瓣胃和皱胃各占 7％～8％。饲料中 70％～80％的可消化干物质和约 50％的粗纤维在瘤胃内消化，产生挥发性脂肪酸、二氧化碳和氨，并合成蛋白质和 B 族维生素。反刍动物前胃疾病是临床常见病、多发病，尤其是随着奶牛、肉牛饲养业的快速发展，牛的前胃疾病的防治工作显得越来越重要。

子任务一　前胃弛缓的诊治

任务资讯

1. 了解概况

前胃弛缓是由各种原因导致前胃兴奋性降低、胃壁收缩力减弱，胃内容物后运缓慢，腐败发酵，菌群失调，引起消化功能障碍以及全身功能紊乱的一种疾病，中医称之为"脾胃虚弱"。

本病是耕牛、奶牛及肉牛的一种多发病，特别是舍饲牛群更为常见，有些地区的耕牛（黄牛和水牛）发病率在前胃疾病中达到75％以上，对牛的健康影响很大。

2. 认知病因

前胃弛缓的病因比较复杂，一般分为原发性和继发性两种。

（1）原发性前胃弛缓　亦称单纯性消化不良，病因都与饲养管理和自然气候的变化有关。

① 饲料品质不良。常见于以下几方面的原因。

a. 饲料过于单纯：长期喂粗纤维多、营养成分少的稻草、麦秸、豆秸、甘薯蔓、花生秧等饲草，消化功能陷于单调和贫乏，一旦变换饲料，即可引起前胃弛缓。

b. 草料质量低劣：如饲料饲草发霉、变质、冰冻、矿物质和维生素缺乏等。

c. 饲料过细：长期饲喂过细的粉状料，瘤胃的兴奋性降低，导致前胃弛缓。

② 饲养管理不当。不按时饲喂，饥饱无常；或因精料过多而饲草不足，影响消化功能；或于农忙季节，耕牛加喂精料过多；或因突然变换饲料或优良青贮，任其采食，都易扰乱其消化程序，导致本病的发生。环境不良如牛舍阴暗潮湿、过于拥挤、通风不良、劳役过度，或因冬季休闲、运动不足、缺乏光照，使瘤胃神经反应性降低，消化道陷于弛缓，也易导致本病的发生。

③ 应激反应。长途运输、严寒、酷暑、饥饿、疲劳、断乳、离群、恐惧、感染与中毒等应激因素以及手术、创伤、剧烈疼痛的影响，对前胃弛缓的发生起着重要作用。

（2）继发性前胃弛缓　前胃弛缓可继发于下列疾病中。

① 牛的胃脏疾病。常见于创伤性网胃腹膜炎、迷走神经胸支和腹支受到损害、腹腔脏器粘连、瘤胃积食、瓣胃阻塞以及皱胃溃疡、阻塞或变位或肝脏疾病等，都伴发消化障碍，导致前胃弛缓的发生。

② 在口炎、舌炎、齿病经过中，咀嚼障碍，影响消化功能；或因肠道疾病、腹膜炎以及产科疾病反射性抑制，引发本病。

③ 某些营养代谢性疾病，如牛骨软病、生产瘫痪、酮血症；或牛产后血红蛋白尿病以及某些中毒性疾病等，都由于消化功能紊乱而伴发前胃弛缓。

④ 在牛肺疫、牛流行热等急性传染病和结核、布氏杆菌病、前后盘吸虫病、细颈囊尾等慢性体质消耗性疾病以及血孢子虫病和锥虫病感染等，都常常出现前胃弛缓。

此外，治疗用药不当，长期大量的应用抗生素，瘤胃内菌群共生关系受到破坏，可导致前胃弛缓。

3. 识别症状

前胃弛缓按其病情发展过程，可分为急性和慢性两种类型。

（1）急性型　多呈现急性消化不良，精神委顿，表现为应激状态。

① 食欲减退或消失，反刍减少或停止，体温、呼吸、脉搏及全身功能状态无明显异常。

② 瘤胃收缩力减弱，松弛下垂，蠕动次数减少，蠕动减弱，奶牛泌乳量下降，时而嗳气，有酸臭味。

③ 瘤胃内容物充满，黏硬或呈粥状，由变质饲料引起的瘤胃收缩力消失，轻度或中等臌胀，下痢；由应激反应引起的，瘤胃内容物黏硬而无臌胀现象。

一般病例病情轻，容易康复。如果伴发瘤胃炎或酸中毒，则病情恶化，呻吟、轧齿，食欲、反刍废绝，排出大量棕褐色糊状粪便，具有恶臭；精神高度沉郁，皮温不整，体温下降；鼻镜干燥，眼球下陷，结膜发绀，发生脱水现象。

（2）慢性型 多为继发因素所引起，或由急性转变而来，多数病例食欲不定，有时正常、有时减退或消失。常常空嚼、磨牙，有异嗜现象，如吃土，或摄食被尿粪污染的褥草、污物。反刍不规则或间断无力或停止。嗳气减少，嗳出气体带酸臭味。病情时而好转、时而恶化，水草细迟，日渐消瘦，皮肤干燥，弹力减退，被毛逆立、干枯无光泽，无神无力，周期性消化不良，体质衰弱。

任务实施

1. 诊断

根据发病原因、临床病征，即食欲、反刍异常、消化功能障碍等病情分析和判定，同时在临床实践中应与下列疾病相区别。

（1）创伤性网胃腹膜炎 病牛姿势异常，体温中等程度升高，网胃区触诊有疼痛反应，嗜中性粒细胞增多，淋巴细胞减少，血象异常。

（2）迷走神经性消化不良 无热症，瘤胃蠕动减弱或增强，腹部臌胀，厌食，消化功能障碍，排泄糊状粪。

（3）瘤胃积食 过食，瘤胃急性扩张，内容物充满坚硬，瘤胃运动与消化功能障碍，有脱水和毒血症现象。

（4）皱胃变位 采食、反刍减少，但在左或右腹肋下部叩诊结合听诊有较清脆的钢管音，并于左或右侧第9～12肋间的下1/3处穿刺，穿刺液的pH值在1～4，确定为皱胃液。

（5）奶牛酮病及妊娠毒血症 常见于产犊后1～3周内的奶牛，尿中酮体升高，呼出气体有烂苹果味。

2. 治疗

治疗前胃弛缓应着重改善饲养管理，排除病因，增强神经、体液调节功能，依照强脾、健胃、防腐、止酵、清理胃肠、强心、补液、补能，防止脱水、酸中毒、糖代谢紊乱等的综合性措施进行治疗（治疗方法详见本项目技能训练一 前胃弛缓的诊断与治疗）。

3. 预防

前胃弛缓的发生，多由饲料变质、饲养管理不当引起，因此，应注意饲料的选择、保管和调理，防止霉败变质，改进饲养方法。奶牛依据饲料日粮标准，不可突然变更饲料，或任意加料。耕牛在农忙季节，不能劳役过度；冬季休闲，应注意适当运动。并需保持安静，避免奇异声、光、音、色等不利因素的刺激和干扰，引起应激反应。注意牛舍清洁卫生和通风保暖，提高牛群健康水平，防止本病的发生。

子任务二 瘤胃积食的诊治

任务资讯

1. 了解概况

瘤胃积食是由反刍动物采食了大量的难以消化的饲草或容易膨胀的饲料所致。本病引起急性瘤胃扩张、瘤胃容积增大、内容物停滞和阻塞、瘤胃蠕动减弱或消失、消化功能严重障碍，并形成脱水和毒血症，若不及时治疗，或导致死亡。

2. 认知病因

主要见于牛、羊贪食大量的青草、苜蓿、红花草（紫云英），或甘薯、胡萝卜、马铃薯等饲料；或因饥饿采食了大量谷草、稻草、豆秸、花生秧、甘薯蔓等而饮水不足、难以消化；也有因过食大麦、玉米、豌豆、大豆、燕麦等谷物，又饮大量水，使饲料膨胀，从而导致本病发生。过食新鲜麸皮、豆饼、花生饼、棉籽饼以及酒糟、豆渣和粉渣等糟粕，也能引起瘤胃积食。

长期舍饲的牛、羊，突然变换可口的饲料，采食过多；或由放牧转为舍饲，采食干枯饲料而不适应。耕牛有因采食后即犁田耙地，或因使役后喂草加料，影响消化功能。亦有因体质衰弱，产后失调以及长途运输，造成机体疲劳、神经反应性低，而促使本病的发生。饲料保管不当，牛、羊闯入偷食过多精料也会发病。

饲养管理和环境卫生条件不良，特别是奶牛，容易受到各种不利因素的刺激和影响。神情恐惧不安，妊娠后期运动不足、过于肥满、中毒与感染，发生应激现象，也能引起瘤胃积食。在前胃弛缓、创伤性网胃腹膜炎、瓣胃秘结以及皱胃阻塞等病程中，也常常继发本病。

3. 识别症状

瘤胃积食的牛、羊病情发展迅速，通常在采食后数小时内发病，临床症状明显。

初期，发病牛、羊神情不安，目光凝视，拱背站立，不愿走动，回顾腹部，或后肢踢腹，有腹痛表现。食欲、反刍消失，虚嚼、轧齿，时而努责。间或不断起卧，每当起卧时，往往呻吟。流涎、嗳气，有时呕吐，瘤胃蠕动音减弱或完全消失，触诊瘤胃，病畜不安，内容物黏硬，用拳头按压，遗留压痕。个别病例瘤胃内容物坚硬似石，腹部膨胀，瘤胃前囊含有一层气体，穿刺时可排出少量气体和带有腐败酸臭气味的泡沫状液体。腹部听诊，肠音微弱或沉寂，便秘，粪便干硬呈饼状；间或发生下痢，排泄淡灰色带恶臭稀便或软便。直肠检查，瘤胃扩张，容积增大，充满黏硬内容物。有的病例，瘤胃内容物松软呈粥状，但胃壁显著扩张。

患病末期，病情急剧恶化，奶牛泌乳量下降或停止，腹部胀满，瘤胃积液，呼吸急促，心悸亢进，脉搏疾速；皮温不整，四肢、角根及耳冰凉。全身战栗，眼球下陷，黏膜发绀，体质衰弱，卧地不起，呈现昏迷和脱水，陷于循环衰竭状态。

本病的病情发展与致病因素及采食的饲料的性质有直接的影响。病情轻的，1～2天内可康复。普通的病例，治疗及时，3～5天可以痊愈。但慢性病例，病情反复，有的暂时好转而后加重，特别是继发于创伤性网胃腹膜炎的病例，病程持续7～10天以上，多因瘤胃高度弛缓，内容物胀满，呼吸困难，血液循环障碍，呈现窒息和心衰竭状态，预后不良。

任 务 实 施

1. 诊断

根据发病原因，瘤胃内容物充满而硬实，食欲、反刍停止等临床病征，可以确诊。

2. 治疗

本病的治疗在于恢复前胃运动功能，促进瘤胃内容物运转，消食化积，防止自体中毒和解除脱水，在治疗方法上，可采取保守治疗，如清理胃肠、消食化积、促进食欲和反刍，如保守治疗无效，可采取手术治疗。治疗方法详见子任务之瘤胃积食的诊治。

（1）禁食按摩　病初先禁食，实行瘤胃按摩，每次5～10min，每隔30min一次。或先灌服大量温水，然后按摩，促进瘤胃内容物运转，效果较好，还可用酵母粉500～1000g，1

天内分两次内服，具有消食化积功效。

（2）清理胃肠 可用硫酸镁或硫酸钠 300～500g，液体石蜡或植物油 2000～3000ml，鱼石脂 15～20g，75％酒精 50～100ml、常水 6000～10000ml，混合 1 次内服。应用泻剂后，也可用毛果芸香碱 0.05～0.2g 或新斯的明 0.01～0.028g，皮下注射，兴奋前胃神经，促进瘤胃内容物运转与排除，但心脏功能不全或孕牛忌用。

（3）促进食欲和反刍 牛可用 10％氯化钠溶液 100～200ml，静脉注射，或按虹吸引流方法，用 1％食盐 20～30L 洗胃，连续灌洗 3～5 次，再用 10％葡萄糖酸钙溶液 500ml，10％氯化钠溶液 300ml，20％安钠咖注射液 10～30ml，静脉注射，改善中枢神经系统调节功能，促进反刍，解除自体中毒现象。羊上述药物用量酌减。

（4）对症治疗 包括补液、强心、保肝和缓解酸中毒。

（5）手术治疗 对保守治疗无效时，应尽快实施瘤胃切开术，取出胃内容物，并用 1％温食盐水洗涤。必要时，接种健康牛瘤胃液，加强饲养和护理，促进康复过程。术后按常规抗菌消炎和护理。

3. 预防

本病的预防在于加强日常饲养管理，防止突然变换饲料或过食。奶牛和肉牛应按饲料日粮标准饲养，加喂精料必须适应其消化功能。耕牛不要劳役过度，避免外界各种不良因素的刺激和影响，保持其健康状态。

子任务三 瘤胃臌胀的诊治

任务资讯

1. 了解概况

瘤胃臌胀是反刍动物采食了容易发酵产气的饲料，异常发酵产生大量气体，瘤胃和网胃急剧膨胀，膈与胸腔脏器受到压迫，呼吸与血液循环障碍，发生窒息现象的一种疾病。本病多发生于牛和绵羊，山羊少见。夏季草原上放牧的牛、羊，可能有群发性瘤胃臌胀的情况。

2. 认知病因

瘤胃臌胀依其病因，有原发性和继发性的区别；按其经过，则有急性和慢性之分；从其性质上看，又有泡沫性和非泡沫性的不同类型。

原发性瘤胃膨胀，通常多发于牧草茂盛的夏季，每年于清明之后、夏至之前最为常见。发病原因主要是采食了大量的易发酵产气的青绿饲料，特别是舍饲转为放牧的牛、羊群，最容易发生急性瘤胃臌胀。

（1）放牧的牛羊采食开花前的鲜嫩多汁的豆科植物，如苜蓿、紫云英、金花菜（野苜蓿）、三叶草、野豌豆等，或鲜甘薯蔓、萝卜缨、白菜叶、再生草等。因采食过多，迅速发酵，产生大量气体而引起发病。

（2）采食堆积发热的青草或经雨露浸渍、霜雪冻结的牧草，霉败的饲草，以及多汁易发酵的青贮饲料，特别是舍饲的牛、羊，一次饲喂过多，也常发生瘤胃臌胀。

（3）奶牛和肉牛饲喂的饲料配合不当，或饲喂胡萝卜、甘薯、马铃薯等块根饲料过多，或因矿物质不足，钙、磷比例失调等，都可成为本病的发病原因。

（4）舍饲的耕牛，长期饲喂干草，突然改喂青草或到草场、田埂、路边放牧，采食过多或误食毒芹、白藜芦、佩兰、白苏以及毛茛科等有毒植物，或桃、李、梅、杏等的幼枝嫩叶，均可导致急性瘤胃臌胀的发生。

继发性瘤胃臌胀，最常见于前胃弛缓，其他如创伤性网胃腹膜炎、食管阻塞、痉挛和麻痹、迷走神经胸支或腹支损伤、纵隔淋巴结肿胀或肿瘤、瘤胃与腹膜粘连、瓣胃阻塞、膈疝以及前胃内存有泥沙、结石或毛球等，都可以引起排气障碍，致使瘤胃壁扩张而发生臌胀。

3. 识别症状

（1）急性瘤胃臌胀　病情发展急剧，表现为初期病畜不安，神情忧郁，结膜充血，角膜血管扩张，不断起卧，回头望腹，腹围迅速膨大。瘤胃收缩先增强，后减弱或消失，腰旁窝突出。腹壁紧张而有弹性，叩诊呈鼓音。随着瘤胃扩张和膨胀，膈肌受压迫，呼吸促迫而用力，甚至头颈伸展、张口伸舌呼吸，呼吸数增至 60 次/min 以上。心悸，脉搏疾速，脉搏数可达 100～120 次/min 以上。后期心力衰竭，脉不感手，病情危急。病的后期，心力衰竭，血液循环障碍，静脉怒张，呼吸困难，黏膜发绀，目光恐惧，出汗，间或肩背部皮下气肿，站立不稳，步态蹒跚，往往突然倒地、痉挛、抽搐，陷于窒息和心脏麻痹状态。若为泡沫性臌胀，常有泡沫状唾液从口中逆出或喷出。

（2）慢性瘤胃臌胀　多为继发性因素引起，病情弛张不定，瘤胃中等臌胀，时而消胀，但在采食或饮水后又反复发生，病情发展缓慢，食欲、反刍减退，水草细迟，逐渐消瘦。生产性能降低，奶牛泌乳量显著减少。

原发性急性瘤胃臌胀病程急促，如不及时急救，数小时内窒息死亡。病情轻的病例，治疗及时可迅速痊愈，预后良好。但有的病例，经过治疗消胀后又复发，预后可虑。

慢性瘤胃臌胀，病程可持续数周至数月，由于病因不同，预后不一。继发于前胃弛缓的，原发病治愈，慢性瘤胃臌胀也会消失。继发于创伤性网胃腹膜炎、腹腔脏器粘连、肿瘤等病变的，久治不愈，预后不良。

任 务 实 施

1. 诊断

急性瘤胃臌胀根据临床症状和病史，如采食大量易发酵性饲料发病，腹部臌胀，左旁腰窝突出，血液循环障碍，呼吸极度困难，确诊不难。慢性臌胀，病情弛张，反复产生气体，通过病因分析，也能确诊。但在临诊时，应注意与前胃弛缓、瘤胃积食、创伤性网胃腹膜炎、食管阻塞以及白苏中毒和破伤风等疾病进行论证鉴别。

2. 治疗

本病的病情发展急剧，应采取有效的紧急措施，排气消胀，方能挽救病畜。因此治疗原则应着重于排气减压、防止酵解、强心补液、健胃消导，以利康复过程。

（1）排气减压　病的初期，使病畜头颈抬举或置于前高后低的坡上，适度按摩腹部，促进瘤胃内的气体排除。同时应用松节油 20～30ml、鱼石脂 10～15g、酒精 50～80ml，加适量温水，1 次内服，具有防腐消胀作用。

严重病例，有发生窒息的危险时，首先应用套管针进行瘤胃穿刺放气，避免发生窒息。非泡沫性臌胀，放气后，宜用稀盐酸 10～30ml，或鱼石脂 15～25g，酒精 100ml，常水1000ml；也可用生石灰水 1000～3000ml 灌服。放气后用 0.25％普鲁卡因溶液 50～100ml、青霉素 100 万 IU，注入瘤胃，效果更佳。

泡沫性臌胀，宜先用表面活性药物，如二甲基硅油，牛 2～2.5g，羊 0.5～1g；或用消胀片（二甲基硅油片 15 片），温水 500ml，制成油乳剂，内服；也可以用松节油 30～40ml，液体石蜡 500～1000ml，常水适量，1 次内服，以消除泡沫，利于放气。

（2）综合治疗　用 2％～3％的碳酸氢钠溶液进行瘤胃冲洗，调节瘤胃内容物 pH 值。若因采食紫云英而引起的，可用食盐 200～300g，常水 2000～6000ml，内服，都具有止酵消胀作用。为了排除瘤胃内容物及其酵解物质，可用盐类或油类泻剂（剂量与用法，参照瘤胃积食），或用毛果芸香碱 0.02～0.05g，或新斯的明 0.01～0.02g，皮下注射，兴奋副交感神经，促进瘤胃蠕动，有利于反刍和嗳气。

在治疗过程中，应注意全身功能状态，及时强心补液（参照瘤胃积食疗法），增进治疗效果。但需指出，泡沫性臌胀，药物治疗无效时，即应进行瘤胃切开术，取出其中内容物，按照外科手术要求处理，防止污染，常能获得较好的效果。

接种瘤胃液，在排除瘤胃气体或进行手术后，将健康瘤胃液 3～6L 灌入瘤胃内，以促进瘤胃功能快速恢复。

3. 预防

本病的预防应着重加强饲养管理，注意饲料的保管和调制，特别是对奶牛和奶山羊，防止饲料霉败，谷物饲料粉碎不可过细。防止饥饱无常，更不可突然变换饲料。舍饲牛、羊群开春后改喂青草要逐渐进行，以增强其消化功能的适应性。其次，放牧牛、羊对于植物，特别是豆科植物，宜采刈后饲喂，以防发生臌气。再者，奶牛、肉牛及耕牛放牧前可适当应用豆油、花生油、菜籽油等，提高瘤胃内容物表面活性，增强其抗泡沫作用。舍饲牛、羊，在开始放牧前的 1～2 天内先给予聚氧化乙烯或聚氧化丙烯 20～30g，加豆油少量；羊 3～5g，放在饮水内，内服，然后再放牧，可以预防本病。

子任务四　创伤性网胃腹膜炎的诊治

任 务 资 讯

1. 了解概况

创伤性网胃腹膜炎是由于金属异物（针、钉、碎铁丝）混杂在饲料内，被采食吞咽落入网胃，刺伤网胃导致急性或慢性前胃弛缓，瘤胃反复臌胀，消化不良，并因穿透网胃刺伤膈和腹膜，引起急性弥漫性或慢性局限性腹膜炎，或继发创伤性心包炎。

本病主要发生于舍饲的耕牛和奶牛，羊较少发生。草原放牧的牛、羊群，距离城市和工矿区远，很少发生。

2. 认知病因

本病发生的直接原因为牛以舌卷方式采食，粗略咀嚼，以唾液裹成食团即吞咽，往往将

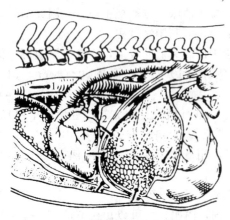

图 1-1　网胃铁钉转移方向
1—经食管出口腔；2—刺入肺脏；3—刺入心包及心肌；4—刺入胸壁；5—刺入脾脏（脾脏覆于瘤胃之上，以虚线表示）；6—刺入肝脏（肝脏偏于右腹，以虚线表示）；7—经十二指肠最终可排出体外

随同饲料的金属异物（图 1-1）吞咽入瘤胃，并随其中内容的运转而进入网胃，导致本病的发生。因此，在饲养管理不当、饲料加工过于粗放、调理饲料不经心的情况下，很可能使畜禽等经常食入金属异物而发生本病。

常见的金属异物为碎铁丝、铁钉、钢笔尖、回形针、缝针、发卡、废弃的小剪刀、铅笔刀、碎铁片以及饲料粉碎机和铡草机上的销钉等，由于饲养人员缺乏饲养管理常识，将金属异物随手到处抛弃，混杂在饲草、饲料中，或散在村前屋后、城郊路边、工厂作坊周围的垃圾堆与草丛中，耕牛采食或舐食吞咽下去，造成本病的发生。

进入网胃的金属异物，在腹压增高的情况下，促使金属异物刺伤网胃。因此，在瘤胃积食或臌胀、重剧劳役、妊娠、分娩以及奔跑、跳沟、滑

倒、手术保定等过程中，腹内压升高，导致本病的发生和发展。其中以针、钉、碎铁丝、尖锐玻璃等危害性最大，不仅使网胃受到严重损伤，而且也会损害到邻近的组织器官，引起急剧的病理过程。

3. 识别症状

在金属异物未刺入胃壁之前，没有任何临床症状，当分娩、长途运输、犁田耕地、瘤胃积食以及其他致使腹腔压增高的因素作用下，突然呈现临床症状。

病的初期，一般多呈现前胃弛缓、食欲减退、瘤胃收缩力减弱、反刍减少、不断嗳气，常呈现间歇性瘤胃臌胀。肠蠕动音减弱，有时发生顽固性便秘，后期下痢，粪恶臭、带血。奶牛的泌乳量减少。最明显的症状是网胃区疼痛，具体表现如下。

(1) 姿态异常　病牛站立时，常采取前高后低的姿势，头颈伸展，两眼半闭，肘关节外展，拱背，不愿走动。

(2) 运动异常　牵遛病牛行走时，嫌忌下坡、跨沟或急转弯；牵在砖石或水泥路面上行时止步不前。

(3) 起卧异常　病牛起卧时，先起前腿，卧下时，先卧后腿，这与牛正常的起卧姿势相反。而且当卧地、起立时，因感疼痛，极为谨慎，肘部肌肉颤动，甚至呻吟和磨牙。

(4) 排粪异常　由于网胃区疼痛，患牛不敢努责，排粪时间延长。

(5) 采食、饮水异常　有的病牛在采食时有一定的食欲，但食入少量饲料后引起瘤胃、网胃蠕动增强，疼痛加剧，病牛就停止采食而离槽，称此为"退槽现象"，并在采食或饮水时表现吞咽痛苦，缩头伸颈，很不自然。

(6) 网胃疼痛试验阳性　用拳头叩击网胃区或剑状软骨区触诊，或用一根木棍通过剑状软骨区的腹底部猛然抬举，给网胃施加强大压力，病牛表现敏感不安。用双手将鬐甲部皮肤捏成皱襞，病牛表现出敏感，并引起背部下凹现象。

(7) 诱导反应　必要时应用副交感神经兴奋剂，皮下注射，促进前胃运动功能，病情随之增剧，表现疼痛不安状态。

(8) 血象检查　白细胞总数增多，可达 11000～16000。其中嗜中性粒细胞增至 45%～70%，淋巴细胞减少为 30%～45%，核左移。结合病情分析，具有实际临床诊断意义。

但需说明，由于金属异物穿透网胃，刺伤内脏和腹膜所导致的炎性变化不同，临床症状也各有差异。一般而言，腹腔脏器被铁丝或铁钉刺伤时，常常呈现剧烈腹痛症状，如果伴发急性局限性腹膜炎，会出现体温升高，呼吸稍促迫，脉搏略增数，姿态异常，食欲减退数日后病情弛张不定，当病变部结缔组织增生将异物包埋时，症状消退，但其后又常常复发，病情增剧。若伴发急性弥漫性腹膜炎或胸膜炎，内脏器官粘连，体温可上升至 40～41℃，脉搏增至 100～120 次/min，呼吸浅表疾速，全身症状明显。脾脏或肝脏受到损伤，形成脓肿扩散，往往引起全身脓毒血症，病情急剧发展和恶化。

任 务 实 施

1. 诊断

临床上可通过临床症状、X 射线、金属探测仪及血液检查进行诊断。

2. 治疗

(1) 手术疗法　创伤性网胃腹膜炎，在早期如无并发症，采取手术疗法，施行瘤胃切开术，从网胃壁上摘除金属异物，同时加强护理措施，疗效可达 90% 以上。

(2) 保守疗法　将病牛立于斜坡上或斜台上，保持前躯高后躯低的姿势，减轻腹腔脏器对网胃的压力，促使异物退出网胃壁。同时应用抗生素，如青霉素（牛）40000 万 IU 与链霉素 800 万 IU，分别肌内注射，连用 3 天，有报道治愈率可达 70%。也可用特制磁铁经口投入网胃中，吸取胃中金属异物，同时应用青霉素和链霉素，肌内注射，治愈率约达 50%，但有少数病例复发。

此外，加强饲养管理，使病牛保持安静，先禁食 2～3 天，其后给予易消化的饲料，并适当应用防腐止酵剂、高渗葡萄糖或葡萄糖酸钙溶液，静脉注射，增进治疗效果。

3. 预防

本病的预防，第一，在于加强日常饲养管理工作，不可将碎铁丝、铁钉、缝针、发卡以及其他各种金属异物随地乱抛，注意饲料选择和调理，防止饲料中混杂金属异物。

第二，村前屋后、铁工厂、作坊、仓库、垃圾堆等不可任意放牧。从工矿区附近收割的饲草和饲料，也应注意检查。特别是奶牛、肉牛饲养场以及种牛繁殖场，加工饲料，应增设清除金属异物的电磁装置，除去饲料中的金属异物，以防本病的发生。

第三，建立定期检查制度。特别是对饲养场的牛群，可用金属探测器进行定期检查，必要时再应用金属异物摘除器从瘤胃和网胃中去除金属异物。也有应用磁铁牛鼻环，以减少本病的发生。

第四，新建奶牛场或饲养场，应远离工矿区、仓库和作坊。乡镇与农村饲养牛的牛房，也应离开铁匠铺、木工房以及修配车间，以减少本病发生的机会，保证牛群的健康。

第五，给牛网胃内投放磁笼，定期取出，清除金属异物后再投放进去，可有效预防本病的发生。

【附】 创伤性心包炎

创伤性心包炎是在创伤性网胃炎的基础上发生的，是由尖锐异物刺伤心包而引起的心包化脓性、增生性炎症。在临床表现上除具有创伤性网胃炎的特征外，尚有颈静脉怒张，胸下、颈下、颌下水肿的症状。听诊心音减弱，有摩擦音、拍水音，心包穿刺有脓性、恶臭的心包液流出。治疗时可根据病情采取保守疗法，即大剂量使用抗生素，同时使用可的松控制炎症发展。心包积液时，采取心包穿刺、心包冲洗、心包用药等方法进行治疗。保守治疗无效时，根据病畜的体质状态，可采取手术摘除尖锐异物的方法，同时配合抗菌消炎。

子任务五　瓣胃阻塞的诊治

任 务 资 讯

1. 了解概况

瓣胃阻塞又称"百叶干"，是因前胃弛缓，瓣胃收缩力减弱，内容物充满而干涸，致使瓣胃扩张而导致严重消化不良的一种疾病。因瓣胃内容物停滞，压迫胃壁，致使胃壁麻痹，瓣叶坏死，引起全身功能变化，是牛的一种严重的胃脏疾病。

2. 认知病因

(1) 原发性瓣胃阻塞　主要见于长期饲喂麸糠、粉渣、酒糟等含有泥沙的饲料，或粗纤维坚硬的甘薯蔓、花生秧、豆秸、青干草、红茅草以及豆荚、麦糠等。特别是铡短草喂牛是本病的发病原因之一。其次，放牧转为舍饲，或饲料突然变换，饲料质量低劣，缺乏蛋白质、维生素以及微量元素，或因饲喂后缺乏饮水以及运动不足等都可引起。

(2) 继发性瓣胃阻塞　常见于皱胃阻塞、皱胃变位、皱胃溃疡、腹腔脏器粘连、生产瘫痪、牛产后血红蛋白尿病、黑斑病甘薯中毒、急性肝脏病、牛恶性卡他热等急性热性病以及血液原虫病等。

3. 识别症状

本病的初期，呈现前胃弛缓症状，食欲减少，便秘，粪呈现饼状或球状，瘤胃轻度臌胀，瓣胃蠕动音微弱或消失。于右侧腹壁瓣胃区（第7～9肋间的中央）触诊，病牛疼痛；叩诊，瓣胃浊音区扩大，病牛精神沉郁，时而呻吟，奶牛泌乳量下降。

病情进一步发展，精神更加沉郁，鼻镜干燥、皲裂，空嚼、磨牙，呼吸浅表、疾速，心脏功能亢进，脉搏数增至80～100次/min。食欲、反刍消失，瘤胃收缩力减弱。用15～18cm长的针头，于右侧第9肋间肩关节水平线上下2cm处穿刺进行瓣胃穿刺检查，有阻力，不感到瓣胃收缩运动。直肠检查可见肛门与直肠痉挛性收缩，直肠内空虚、有黏液，少量暗褐色粪块附着于直肠壁。晚期病例，瓣叶坏死，伴发肠炎和全身败血症，体温升高0.5～1℃，食欲废绝，排粪停止，或排出少量黑褐色藕粉样具有恶臭的黏液。尿量减少、黄色，或无尿。呼吸疾速，心悸，脉搏数可达100～140次/min，脉律不齐，有时徐缓，微循环障碍，皮温不整，结膜发绀，形成脱水与自体中毒现象。体质虚弱，病情显著恶化。

任 务 实 施

1. 诊断

根据病史调查，瓣胃蠕动音低沉或消失，触诊瓣胃敏感性增高，叩诊浊音区扩大，粪便细腻、纤维素少、黏液多等临床病征，结合瓣胃穿刺可进行诊断。必要时进行剖腹探诊，可以确诊。在论证分析时，应注意同前胃弛缓、瘤胃积食、创伤性网胃腹膜炎、皱胃阻塞、肠便秘以及可伴发本病的某些急性热性病进行鉴别诊断，以免误诊。

2. 治疗

本病多因前胃弛缓而发病，治疗原则应着重增强前胃运动功能，促进瓣胃内容物排除，增进治疗效果。

初期，病情轻的，可用硫酸镁或硫酸钠400～500g、常水8000～10000ml，液体石蜡1000～2000ml或植物油500～1000ml，1次内服。同时应用10%氯化钠溶液100～200ml，10%安钠咖注射液10～20ml，静脉注射，增强前胃神经兴奋性，促进前胃内容物运转与排除。

瓣胃注射对软化和排出胃内容物有较好的效果，可用10%硫酸钠溶液2000～3000ml，液体石蜡或甘油300～500ml，普鲁卡因2g，盐酸土霉素3～5g，配合一次瓣胃内注入。注射部位在右侧第9肋间与肩关节水平线相交点，略向前下方刺入10～20cm，判明针头已刺入瓣胃时，方可注入。同时注意及时输糖补液，防止脱水和自体中毒，缓和病情。

瓣胃冲洗疗法：对上述治疗无效的病例，可采取瘤胃切开术，用胃管插入网-瓣孔冲洗瓣胃，可取得较好的效果。

按中兽医辨证施治的原则，牛百叶干是因脾胃虚弱，胃中津液不足，百叶干燥，着重生津、清胃热、补血养阴、通畅润燥，宜用黎芦润燥汤：黎芦60g、常山60g、牵牛子60g、当归100g、川芎60g，水煎，后加入滑石90g、石蜡油1000ml、蜂蜜250g，内服。

治疗过程中，应加强护理，耕牛停止使役，充分饮水，给予青绿饲料，有利于恢复健康。

3. 预防

本病的预防，应注意避免长期应用麸糠及混有泥沙的饲料饲喂，同时注意适当减少坚硬的粗纤维饲料；铡草喂牛也不宜将饲草铡得过短，糟粕饲料也不宜饲喂过多，注意补充矿物质饲料，并给予适当运动。发生前胃弛缓时，应及时治疗，以防止发生本病。

任务三 反刍动物皱胃疾病的诊断与治疗

子任务一 皱胃阻塞的诊治

任务资讯

1. 了解概况

皱胃阻塞亦称为皱胃积食，主要是由于迷走神经调节功能紊乱，皱胃内容物积滞、胃壁扩张、体积增大形成阻塞，继发瘤胃积食、瓣胃秘结，引起消化功能极度障碍、自体中毒和脱水的严重病理过程，常常导致死亡。

2. 认知病因

一般而言，皱胃阻塞是由于饲养或管理使役不当而引起的。西北和华北以及苏、鲁、豫、皖相毗邻的地区，特别是冬春缺乏青绿饲料，用谷草、麦秸、玉米秸秆、高粱秆或稻草铡碎喂牛，发病率较高。淮河南北各地区的黄牛和水牛，每于夏收夏种、冬耕农忙季节，因饲喂麦糠、豆秸、甘薯蔓、花生秧或其他秸秆，并因饲养失宜、饮水不足、劳役过度和精神紧张，也常常发生皱胃阻塞现象。

（1）原发性皱胃阻塞 犊牛有的因大量乳凝块滞积而发病，成年牛有的因误食胎盘、毛球或麻线而发病。犊牛与羔羊因误食破布、木屑、刨花以及塑料绳等，引起机械性皱胃阻塞。实际上，都是由于消化功能和代谢功能紊乱，发生异嗜、舔食异物和泥沙的结果。

（2）继发性皱胃阻塞 多数病例是继发于前胃弛缓、创伤性网胃炎、腹腔脏器粘连、皱胃炎、皱胃溃疡、小肠秘结以及肝、脾脓肿或纵隔疾病等。

3. 识别症状

初期，前胃弛缓，食欲、反刍减退或消失，有的病例则喜饮水，瘤胃蠕动音减弱，瓣胃音低沉，肚腹无明显异常；尿少，粪干，伴发便秘现象。

随着病情发展，病牛食欲废绝，反刍停止，肚腹显著增大，瘤胃内容物充满，腹部膨胀或下垂，瘤胃与瓣胃蠕动音消失，肠音微弱；常常呈现排粪姿势，有时排出少量糊状、棕褐色带恶臭粪便，混杂少量黏液，或紫黑色血丝和凝血块；尿少而浓，呈黄色或深黄色，具有强烈的臭味。由于瘤胃大量积液，冲击性触诊，呈现波动状。

重剧的病例，视诊，右侧腹中部向下方局限性膨隆；触诊，以拳抵触右侧中下腹部肋骨弓的后下方皱胃区频频冲击，则病牛有退让、踢腹等敏感表现，同时感触到皱胃体显著扩张而坚硬，特别是继发于创伤性腹膜炎的病例，腹腔器官粘连，往往由于皱胃位置固定，触诊时，更为明显。

直肠内有少量粪便和成团的黏液，混有坏死黏膜组织。体形较小的黄牛，手伸入骨盆前缘右前方、瘤胃的右侧，于中下腹区能摸到向后伸展扩张呈捏粉样硬度皱胃，乳牛和水牛体形较大，直肠内不易触诊。

病牛精神沉郁，被毛逆立，污秽不洁，体温无变化，个别病例中后期体温上升至40℃左右。急剧病例，心力衰竭，脉微欲绝，心搏动达100次/min以上。血液常规检查见红细胞沉降率（血沉）缓慢，嗜中性粒细胞增多及伴有核左移，但有少数病例白细胞总数减少，嗜中性粒细胞比率降低。病的末期，病牛精神极度沉郁，体质虚弱，皮肤弹性减退，鼻镜干燥，眼球下陷，结膜发绀，舌面皱缩，血液黏稠、乌紫，呈现严重的脱水和自体中毒症状。

此外，犊牛和羔羊的皱胃阻塞，也同样具有部分的消化不良综合征，特别是犊牛，由于含有多量的酪蛋白牛乳所形成的坚韧乳凝块而引起皱胃阻塞，表现持续下痢，体质瘦弱，腹部膨胀而下垂，用拳冲击式触诊腹部，可听到一种类似流水的异常音响。即使通过皱胃手术，除去阻塞物，仍可能陷于长期的前胃弛缓。

任务实施

1. 诊断

根据右腹部皱胃区局限性膨隆，于体外或直肠检查，触诊坚硬，在膨隆处穿刺，穿刺液pH 值为 2～4 等临床症状进行诊断。但皱胃阻塞的临床病征，多与前胃疾病、皱胃或肠变位的症状很相似，往往容易混淆，应注意鉴别。

（1）前胃弛缓　皱胃阻塞后期往往伴发瓣胃秘结，病情顽固，常常与前胃弛缓误诊。但前胃弛缓，右腹部皱胃区不膨隆。

（2）创伤性网胃腹膜炎　与本病临床症状极为相似，往往难以鉴别。但创伤性网胃腹膜炎，病牛姿势异常，肘部肌群震颤，用拳冲击或抬病牛的剑状软骨后方，可引起疼痛反应，故与本病不同。

（3）皱胃变位　皱胃左（右）侧变位分别可在左（右）侧 9～12 肋间中上部叩诊结合听诊，有清脆的钢管音，结合临床症状分析，易与本病鉴别。

（4）肠扭转与肠套叠　病牛初期呈现明显的腹痛，直肠检查手伸入骨盆腔时，即感到阻力，直肠空虚，有多量黏液，病情急剧恶化，故与本病有明显的区别。

2. 治疗

皱胃阻塞不通，根据病情发展，应着重消积化滞、防腐止酵、缓解幽门痉挛、促进皱胃内容物排除、防止脱水和自体中毒，增进治疗效果。严重病例，胃壁已经过度扩张和麻痹的，需采取手术疗法。

（1）清理胃内容物　病的初期，皱胃运动功能尚未完全消失时，为了消积化滞、防腐止酵，可用硫酸钠 300～400g，石蜡油 1000～2000ml，鱼石脂 20g，酒精 70ml，常水 6000～8000ml，配合内服。但必须注意病的后期发生脱水时，忌用泻剂。

（2）补液、强心、缓解自体中毒　为了改善中枢神经系统调节作用，促进胃肠功能，增强心脏活动，促进血液循环，防止脱水和自体中毒现象，可及时应用 10% 氯化钠注射液 200～300ml，20% 安钠咖注射液 10ml，维生素 C 1～2g，5% 葡萄糖生理盐水 4000～5000ml，静脉注射。必要时，适当地应用抗生素，防止继发感染。

（3）手术治疗　上述方法不奏效时，可实施手术治疗，掏出皱胃内容物，然后按术后常规方法进行治疗和护理。值得注意的是在皱胃阻塞时多继发瓣胃秘结，因此在手术中当皱胃内容物清理完成后应检查瓣胃内容物是否阻塞，必要时要清理瓣胃阻塞物，以达到完全疏通的目的，提高手术成功率。

3. 预防

皱胃阻塞的发生，主要是由迷走神经功能紊乱或受损而引起的。因此，必须加强饲养管理，特别是应注意粗饲料和精饲料的调配，饲草不能铡得过短，精料不能过细，麦糠、豆饼也不能搭配过多，以免影响消化功能。此外，还需注意清除饲料中的异物，防止发生创伤性网胃炎，避免损伤迷走神经，保证牛群健康。

子任务二　皱胃变位的诊治

任务资讯

1. 了解概况

皱胃正常解剖学位置（图 1-2）的改变称为皱胃变位。主要发生于成年高产奶牛，以消

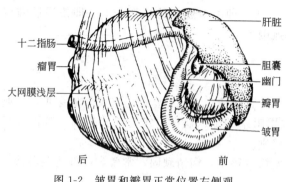

图1-2 皱胃和瓣胃正常位置左侧观
瘤胃被大网膜覆盖，瓣胃被小网膜覆盖

化功能障碍、叩诊结合听诊检查变位区出现钢管音为特征，并伴发低血钙、低血钾、妊娠毒血症或酮病。

2. 认知病因

（1）品种因素　皱胃变位主要发生在奶牛，而黄牛则很少发生，原因是奶牛后躯宽大，呈三角形体型，腹内脏器的可移动空间较大，大大增加了皱胃变位的机会，黄牛由于体型小、后躯窄，变位的概率则很低。

（2）与妊娠和分娩有关　分娩是皱胃变位最为常见的促进因素，高产奶牛皱胃左方变位，有65%左右的病例于分娩后8天内发生，原因是奶牛在妊娠期间，庞大的子宫从腹腔底部把瘤胃推向上方，皱胃在瘤胃下方被压挤到左前方。分娩后子宫回缩，瘤胃快速下沉，若皱胃弛缓不能迅速复原，则被压挤在瘤胃与左腹壁中间，从而导致皱胃左方变位。

（3）与饲养管理不当有关　高产奶牛饲喂大量精料，从瘤胃排入皱胃挥发性脂肪酸浓度较高，影响皱胃蠕动及其向十二指肠的排空作用，导致皱胃弛缓和扩张而发生变位。也有因饲料含有泥沙沉积于皱胃内，引起皱胃溃疡和弛缓，从而引起变位。运动不足，卫生不良，以及离群、环境突变，受到异常刺激，呈现应激状态，胃肠道弛缓，亦可导致皱胃变位。而且高产奶牛代谢功能扰乱，发生低血钙、生产瘫痪、酮血症、脂肪肝以及碱中毒等，皱胃陷于弛缓，排出功能降低，也可引起皱胃变位。

3. 识别症状

奶牛皱胃变位发生后，无论左方变位（图1-3）还是右方变位，都可表现食欲减退或废绝，前胃弛缓，瘤胃收缩力减弱，蠕动音低沉或消失，排粪量少，间或发生剧烈下痢，泌乳量迅速下降，一般无体温升高症状，随着病情发展，机体出现脱水、倦怠无力、体质衰竭，但右方变位往往病程发展迅速，如不及时手术死亡率较左方变位高得多。在左（右）侧9～12肋间中上部叩诊结合听诊有清脆钢管音，随皱胃蠕动也能听到清脆的"叮铃"音，是本病的示病特征。

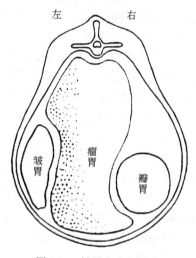

图1-3 皱胃向左侧移位

在病情发展中，由于消化障碍，代谢功能紊乱，伴发酮血症，尤其是干奶期加喂精料的奶牛，分娩后发病，多数病例的尿中酮体反应呈阳性。

本病常与奶牛妊娠毒血症和酮血症并发综合征，表现出消化障碍、神经症状及生产瘫痪现象，病情急剧，陷于循环衰竭状态。伴发出血性或穿孔性皱胃溃疡或皱胃炎、瓣胃炎、乳房炎及子宫炎的病例，病情随之发展和恶化，但也有个别病例，病程徐缓，尚能妊娠产犊。

任 务 实 施

1. 诊断

本病常见于分娩后5周以内的高产奶牛，多与妊娠毒血症和酮血症并发综合征，病情互相掩映，容易混淆，难以确诊。在临床实践中，只有采用叩诊和听诊相结合的方法，于左（右）侧第9～12肋间中上部听到皱胃内高朗的钢管音，结合病情，可以获得正确的诊断。

2. 治疗

（1）保守疗法　先让病牛禁食1～2天，并限制饮水量，然后运用滚转法，即将病牛左侧卧地，继而转为仰卧，以背部为轴心，迅速使其向左右来回滚转约3min，立即停止，仍使其左侧卧地，再转为伏卧姿势，使其起立，检查皱胃情况，如未复位，仍可反复进行。或者使病牛右侧卧地，立即改为仰卧，术者用双拳从病牛左旁腰窝部开始，沿最后肋骨向脐的方向用力按摩，如此操作反复2～3次，并向右侧急促翻转，骤然停止，促进皱胃复位。但保守疗法往往效果不够确切。

（2）手术疗法　保守治疗无效或右方变位或变位已久，特别是皱胃和腹壁或瘤胃发生粘连时，必须及时采取手术方法进行治疗，术后按常规方法进行抗菌治疗和护理。

皱胃变位手术操作要点：①术前要根据病牛的体质状况采取补钙、补钾、补液、补充营养等措施，以提高病牛的体质和对手术的耐受能力。②做好皱胃排气减压，便于皱胃矫正复位。③皱胃矫正后为确保复位正确，在固定皱胃之前要进行复位的验证，方法是从瓣-皱口开始，依次检验皱胃大弯、幽门、十二指肠的位置，在确定各检查部位位置都正确时，行皱胃固定。④术后前3天对术牛要禁止采食，但不限饮水，并于术后使用石蜡油1000～2000ml，硫酸镁400～500g，以疏通胃肠道。⑤手术后2～3天，病牛表现有饮食欲时，可先喂少量优质饲草，随着病情恢复，再逐步增加喂料量。

3. 预防

本病预防，应合理配合日粮，特别是高产奶牛，按泌乳量增加精料时，绝不能减少日粮中的优质青干草。精料及酸性饲料喂量大时，应补喂适量碳酸氢钠。妊娠后期应少喂精料，多喂优质干草，给予适当运动。临产期前，尽量保持正常饲养，更应克服产前干奶期补饲催奶的饲养方法，以防皱胃弛缓及其分娩后发生本病，乃至伴发妊娠毒血症和酮血症综合征，保证奶牛安全分娩与健康。

子任务三　皱胃炎的诊治

任 务 资 讯

1. 了解概况

皱胃炎常伴发于前胃或肠道疾病以及全身中毒性疾病，特别是应激反应引起皱胃组织炎性变化，发生消化不良现象。本病常见于犊牛和成年牛。体质衰弱的牛，多为胃肠疾病并发症，单纯的皱胃炎也较常见。

2. 认知病因

本病的病因应从饲料、饲养和管理等方面考虑，特别是犊牛，其消化功能尚不十分健全，补饲草料过早，哺乳过量，饮水过热或过凉，体质衰弱以及受到胃肠道条件致病菌或寄生虫的侵袭和影响时更易发病。其中奶牛多因长期饲喂糟粕、粉渣或豆渣、饲料霉败，营养成分缺乏、蛋白质和维生素不足等引起。耕牛多因饲养不当、饥饱失常、劳役过度或因突然变换饲料、放牧转为舍饲等因素的影响而发生。长途运输、环境不良、精神过度紧张等应激反应，亦可导致本病。

某些化学物质或有毒植物中毒，以及长期治疗内服刺激性药物等，都可促进本病的发生。肾功能不全时的自体中毒、瘤胃积食和瘤胃酸中毒、真菌性肠炎、某些营养代谢病、口腔及牙齿疾病、肝脏疾病、慢性贫血症以及急性或慢性传染病、血矛线虫病和皱胃淋巴肉瘤等都可能继发本病。

3. 识别症状

本病多表现为消化障碍，有时发生呕吐，喜饮水。但依其炎症性质、病理变化程度等差异，各有所不同。

（1）急性型　病牛精神沉郁，垂头站立，被毛污秽，鼻镜干燥，结膜潮红、黄染，口腔唾液黏稠，有的伴发糜烂性口炎。食欲减退或消失，反刍间断、无力或停止，有时空嚼、磨牙、呻吟。瘤胃收缩力微弱，轻度臌气和嗳气。触诊皱胃区，病牛感疼痛。肠音微弱，便秘，粪呈球状，附着黏液或黏膜，间或下痢。

全身状态见皮温不整，个别病例体温暂时性升高，奶牛泌乳量下降或停止。有的病例发生腹痛现象。若胃壁穿孔，伴发局限性腹膜炎时，头颈伸展、上仰、拱背，后肢向前伸，有的突然卧地、吼叫。兴奋发作时，不避障碍，向前猛进，神经症状明显。病的末期，病情急剧恶化，全身衰竭，脉搏微弱，神情抑郁，呈现昏迷状态，乃至循环衰竭。

（2）慢性型　病情发展缓慢，消化不良，体质消瘦，无神无力，喜舔异物，口腔黏膜苍白或黄染，唾液黏稠，舌苔白厚，干臭。瘤胃收缩力减弱，肠道弛缓、便秘。病的后期，体质虚弱，贫血，血清总蛋白量降低，白细胞减少，下痢，机体脱水、酸中毒。

任 务 实 施

1. 诊断

本病无明显的示病症状，不易确诊。犊牛在喂乳或饮水后腹痛，呈现不安状态，可以初步诊断为皱胃炎。成年牛，一般依据其消化不良，触诊皱胃区，病牛表现痛感，可视黏膜黄染，便秘或下痢，有时呕吐，喜饮水，结合临床观察，也可获得初步诊断印象。

本病与前胃弛缓、创伤性网胃腹膜炎、瘤胃酸中毒以及牛副结核性肠炎和犊牛非传染性下痢等进行鉴别诊断，以免误诊。

2. 治疗

本病的治疗，着重清理胃肠，消炎止痛。重剧病例，强心输液，促进新陈代谢。慢性病例，清肠消导，健胃理气，增进治疗效果。

（1）急性皱胃炎　成年牛先禁食 1～2 天，给予适量清洁饮水。用石蜡油 1000～2000ml，或人工盐（硫酸镁亦可）400～500g，加水配成 6% 溶液，内服。同时用安溴注射液 100ml，静脉注射，增强中枢神经系统保护性抑制作用。使用抗生素如庆大霉素、氧氟沙星等治疗皱胃炎症，使用雷尼替丁或西咪替丁减少胃酸的分泌，有助于皱胃黏膜的修复。

对犊牛，在禁食期间，先给饮温生理盐水，再给少量牛奶，逐渐增量。离乳犊牛，可饲喂易消化的优质干草和适量的精料，补饲少量的氯化钴、硫酸亚铁、硫酸铜等微量元素。必要时给予新鲜牛瘤胃液 0.5～1L，更新瘤胃内微生物群系，增进消化功能。

病的末期，对病情严重、体质衰弱的成年牛，用 5% 葡萄糖生理盐水 2000～3000ml，20% 安钠咖溶液 10～20ml，40% 乌洛托品溶液 20～40ml，配合静脉注射，促进新陈代谢，改善全身功能状态。病情好转时，可用复方龙胆酊 80～100ml，经口内服，健胃止酵，增强消化功能。

（2）慢性皱胃炎　着重改善饲养管理，适当应用人工盐、酵母片、龙胆酊、陈皮酊等健胃剂。必要时，给予盐类或油类泻剂，清理胃肠，减少胃肠道内腐解产物的刺激，促进消化功能。

（3）中医治疗　应和中益胃、导滞化积，成年牛可用保和丸加味：焦三仙 200g、莱菔子50g、鸡内金30g、延胡索30g、川楝子50g、厚朴40g、大黄50g、青皮、陈皮各60g，水煎去渣内服。

脾胃虚弱，皮温不整，耳鼻发凉的成年牛，则应强脾健胃、温中散寒，宜用四君子汤加味：党参100g、白术120g、茯苓50g、炙甘草40g、肉豆蔻50g、广木香40g、干姜50g，研细末，开水冲，候温灌服。

康复期间，应注意护理，首先应改善环境卫生，保持安静，尽量避免各种不良因素的刺激和影响，不使其精神恐惧和紧张，同时加强饲养，给予优质干草，加喂富有营养、容易消化、含有维生素的饲料，并注意适当运动，促进其康复过程。

3. 预防

加强饲养管理，给予质量良好的饲料，饲料搭配合理，搞好畜舍卫生，尽量避免各种不良因素的刺激和影响。

子任务四　皱胃溃疡的诊治

任 务 资 讯

1. 了解概况

皱胃溃疡是皱胃黏膜局限性糜烂、缺损和坏死，或自体消化形成溃疡病灶的一种皱胃疾病。病情较轻的有轻微出血，呈现消化不良，病情严重的可导致皱胃穿孔并继发急性弥漫性腹膜炎。本病多发于肉牛、乳牛和犊牛，黄牛和水牛也有发生；犊牛皱胃溃疡多为亚临床经过，无明显症状，但对其生长发育有一定影响。

2. 认知病因

（1）原发性皱胃溃疡　常起因于饲料粗硬、霉败、质量不良、饲养突变等所致的消化不良，特别是长途运输、惊吓、拥挤、妊娠、分娩、劳役过度等应激因素。因此，本病多发于育肥期的肉牛，妊娠分娩的乳牛。犊牛多发于哺乳期或离乳后采食的饲料过于粗硬，难以消化，胃黏膜受到损害，或因饲养不当，人工哺乳时乳汁酸败，造成消化障碍而引发本病。

（2）继发性皱胃溃疡　见于皱胃炎、皱胃变位、皱胃淋巴肉瘤以及血矛线虫病、黏膜病、恶性卡他热、口蹄疫、牛羊水疱病等疫病的经过中，致使皱胃黏膜出血、糜烂、坏死以至溃疡。

3. 识别症状

依据是否发生出血和穿孔，一般可分为3种病型。

（1）糜烂及溃疡型　皱胃出现多处糜烂或浅表的溃疡，出血轻微或不伴有出血。多发于犊牛。临床上无明显的全身症状，除粪便有时能检出潜血外，其他表现与消化不良类似，生前诊断较难。此型的糜烂和溃疡，一般能自行愈合，预后良好。

（2）出血性溃疡型　皱胃内溃疡范围广并扩展至黏膜下，损伤了胃壁血管，但未贯通浆膜层。发生于成年牛在泌乳的任何阶段，但以前6周的泌乳牛发病率最高，是临床上最常见的病型。以出血程度不同分两类。有少量出血的，皱胃溃疡症状不明显，但在粪便中可间歇性地出现未完全消化的小血凝块，表现轻度慢性腹痛，周期性磨牙，食欲不定，有时吃进几口饲料即停止，似乎已经感觉到腹部不适，粪便潜血检查阳性。严重出血的皱胃溃疡病牛，体温正常，有明显的黑粪症，部分或完全厌食；当食欲废绝、精神极度沉郁时，则表现为大量失血症状，即可视黏膜苍白，脉搏可达100～140次/min，呼吸浅表疾速，末梢发凉；在黑粪污染的尾部及会阴周围可嗅出典型的血液消化后产生的微甜气味。

（3）穿孔性溃疡型　分为溃疡穿孔及局限性腹膜炎型、溃疡穿孔及弥漫性腹膜炎型两种临床类型。溃疡穿孔及局限性腹膜炎型，临床表现酷似创伤性网胃腹膜炎，包括不同程度厌食，不规则发热，体温常达 $39.44\sim40.56℃$，反复发作前胃弛缓或臌气以及运步拘谨、不愿走动、轻微腹痛、呻吟等腹膜炎症状。两者的区别在于腹壁的触痛点不同：皱胃穿孔的压痛点在剑状软骨的右侧，网胃炎的压痛点在剑状软骨的左侧。犊牛发病症状与上述基本相同，但由于局限性腹膜炎易诱发肠梗阻而出现瘤胃臌气。

溃疡穿孔及弥漫性腹膜炎，成年牛与犊牛均可发生，但不常见。由于大量皱胃内容物漏出使腹膜感染并迅速扩散，病牛表现为急性厌食或食欲废绝，前胃及远侧胃肠道完全停滞，出现数小时发热（典型温度 $40.0\sim41.39℃$），皮肤和末梢发凉，脱水，不愿活动，强迫运动或起立时呼气有咕噜声或呻吟，广泛性腹痛，心率可达 $100\sim140$ 次/min，精神高沉郁，呈现败血性休克症状。发病急，病程短，通常在6h内死亡；若实施治疗可存活 $36\sim72h$ 或更长，但仍预后不良；若在初诊时病牛体温开始下降或已降至正常体温以下，则多在 $12\sim36h$ 死亡。

任务实施

1. 诊断

糜烂及溃疡型不表现特征性的临床症状，易误诊为一般性消化不良，确诊困难，必要时需反复进行粪便潜血化验。出血性溃疡，可依据排柏油状黑粪和明显的失血性贫血等建立诊断。穿孔性皱胃溃疡，若呈急性穿孔性弥漫性腹膜炎表现，症状典型，容易确诊，若表现为局限性腹膜炎症状，应重点与创伤性网胃炎区别。

2. 治疗

治疗原则是镇静止痛、抗酸制酵、消炎止血。

（1）除去病因，加强护理　对多数皱胃溃疡病例，应保持安静，单圈舍饲；改善饲养，日粮中停止添加高水分玉米、青贮饲料和磨细的精料，给予富含维生素A、蛋白质的易消化的饲料，如青干草、麸皮、胡萝卜等，避免刺激和兴奋，减少应激来源。

（2）镇痛　为减轻疼痛和反射性刺激，防止溃疡的发展，应镇静止痛，用安溴注射液100ml，静脉注射，或肌内注射布洛芬。

（3）中和胃酸　防止黏膜受侵蚀，宜用硅酸镁或氧化镁等抗酸剂，使皱胃内容物的pH值升高，胃蛋白酶的活性丧失。硅酸镁100g，逐日投服，连用 $3\sim5$ 天；氧化镁（日量）每千克体重 $500\sim800g$，连续 $2\sim4$ 天投服，在某些病牛有效；将上述抗酸剂直接注入皱胃，效果更好。为制止胃酸分泌，国外兽医临床从20世纪80年代开始试用组胺受体（H_2）阻断剂，如甲氰咪胍每千克体重 $8\sim16mg$，每日3次投服。

（4）止血　出血严重的溃疡病牛，可用维生素K制剂止血，亦可用氯化钙溶液或葡萄糖酸钙溶液、维生素C等静脉注射。最好实施输血疗法，一次输给 $2\sim4L$（犊牛）或 $6\sim8L$（成年牛），可获良好效果。

（5）溃疡穿孔及局限性腹膜炎的治疗　除改善饲养、调整日粮外，药物治疗主要是应用广谱抗生素，连续用 $7\sim14$ 天或直到动物保持正常体温48h以上，但溃疡穿孔及弥漫性腹膜炎，常因迅速发生内毒素性休克，多预后不良，通常不做治疗，予以淘汰。

3. 预防

加强饲养管理，供给足够的粗饲料和大颗粒的精料，减少应激反应，可减少本病的发生。

任务四　胃肠疾病的诊断与治疗

子任务一　胃肠卡他的诊治

任务资讯

1. 了解概况

胃肠卡他是胃黏膜表层的炎症，症状上有以胃卡他为主的，有以肠卡他为主的。按病程可分急性型和慢性型。本病是家畜的常发病，以马、猪、乳牛、猫、犬与毛皮兽最易发生，幼弱衰老的与患病之后的动物，更易发生。

2. 认知病因

（1）原发性胃肠卡他

① 饲料品质不良　如饲喂过多的粗硬的稻草、麦秸和霉败的稻草、豆秸、堆积发热的青饲料、霜冻的块根以及混杂泥沙太多的草料等。

② 饲养管理不当　如饮食无常、饥饱不均、久渴失饮、饲喂后立即重役，或重役后立即饲喂、过度疲劳、精神过度紧张，导致应激反应等。

③ 误食有毒的物质或化学药品　一般见于有毒植物和真菌毒素以及不适当的应用酒石酸锑钾、水合氯醛、强酸、强碱和砷制剂等。

（2）继发性胃肠卡他　主要见于某些内科病，如动物患有齿病、口炎、营养代谢障碍、贫血、肝脏疾病、肾脏疾病、心功能不全、肺功能障碍等，常常并发胃卡他。也常继发于某些传染病、寄生虫病，如猪瘟、牛流行热、犬瘟热、副伤寒、马胃蝇蛆病等疾病中，常伴发胃肠卡他现象。因此，凡导致家畜体质衰弱的疾病，在饲养和护理不当的情况下，均可继发本病。

3. 识别症状

（1）急性胃卡他　明显的临床症状是食欲减退或废绝。猫、犬和猪病后，拒食，贪饮，饮水后多发生呕吐，有时因腹痛而表现不安。反刍动物的皱胃卡他表现为反刍缓慢或停止，呆立，拱背或不断起卧，空嚼磨牙，频频嗳气，时而异嗜，鼻镜干燥，触诊皱胃区，有时显疼痛。

（2）慢性胃卡他　临床表现为病畜食欲不定，消化不良。有时见异嗜，逐渐瘦弱，被毛缺乏光泽，倦怠疲劳，容易出汗。口黏膜干燥，苍白带黄色，唾液黏稠，有舌苔，具干臭味。硬腭往往肿胀。病畜肚腹紧缩，肠音强弱不定，有时由于消化不充分的胃内容物进入肠道，腐败发酵，刺激肠壁引起下痢或腹痛。而肠道弛缓时，发生便秘，故病畜常有下痢与便秘交互发作的现象，泌乳量减少。

本病的病势弛张不定，有时好转，有时增剧，往往长期治疗而不易恢复健康。继发性胃卡他，除上述症状外，尚表现原发病症状。

任务实施

1. 诊断

首先应详细了解病史，注意有无传染病的流行和饲养管理方面的问题。其次，根据病畜的临床表现进行分析论证和判定。另外，在鉴别诊断上，要排除胃肠炎、肝炎等疾病，以及反刍动物的前胃疾病，以免误诊。

2. 治疗

治疗原则为除去病因、加强护理，清理胃肠、制止腐败发酵和调整胃肠功能等。

（1）除去病因，加强护理　首先要找出发病原因，除去病因。对患畜的护理除注意通风、褥草干燥等厩舍条件外，着重饮食疗法。病初减料1～2天，给予优质易消化的草料，如青草、麸皮。患猪宜喂稀粥或米汤，给予充分饮水。病愈后，逐渐转为正常饲喂。

（2）清理胃肠，制止腐败发酵　当胃肠内容物腐败发酵产生刺激性物质时，可应用缓泻剂及防腐剂。牛、马可投服液体石蜡油500～1000ml；犊、驹、猪50～100ml。盐类泻剂配成6%水溶液，加鱼石脂适量，内服，每天2次。

（3）调整胃肠功能　以胃功能紊乱为主的胃肠卡他，多在清理胃肠基础上，酌情给予稀盐酸，可混在饮水中自行饮服，每日两次，连用5～7天，同时内服龙胆酊等苦味健胃剂，可增强胃肠蠕动，促进胃液分泌。

中药对胃肠卡他的治疗，也有一定的疗效。

平胃散：苍术30g、厚朴30g、陈皮30g、焦三仙90g、干姜15g、炙甘草15g，共为末，开水冲服。本方剂适用于以胃卡他为主的胃肠卡他。

健脾散：当归30g、白术30g、石菖蒲30g、厚朴30g、砂仁30g、官桂30g、青皮30g、茯苓30g、泽泻30g、干姜15g、炙甘草30g、五味子30g，共为末，开水冲服。本方剂适用于以肠卡他为主的胃肠卡他。

3. 预防

注意饲料质量、饲养方法，建立科学合理的饲养管理制度，提高饲养管理水平，做好经常性饲养管理工作。

注意饲料保管和调配工作，避免饲料霉败，不易消化的饲草宜铡碎。饲喂方法，要做到定时、定量，先草后料，尤其是使役后的牛、马，要稍事休息，先饮后喂，以防饥饿贪食，影响消化。对老弱牲畜与重役后的牛、马，更应分槽饲喂，防止争食和饥饱不均。久渴失饮时，注意防止暴饮，严寒季节，给饮温水，预防冷痛。

子任务二　胃肠炎的诊治

任 务 资 讯

1. 了解概况

胃肠炎是胃肠黏膜表层及其深层组织的重剧性炎症，按其炎症性质，可分为黏液性、出血性、化脓性、纤维素性及坏死性胃肠炎；按其病程经过，则分为急性胃肠炎和慢性胃肠炎；依其病因又可分为原发性胃肠炎和继发性胃肠炎。

本病是各种畜禽常见的多发病，尤其是马、牛、猪最为常见，病情发展急剧，马多表现为腹痛症状，死亡率很高，故应注意防治。

2. 认知病因

（1）原发性胃肠炎　主要是由于饲料品质不良、饲养失调，如采食了发霉饲草、玉米、豆饼、麸藤、藤秧以及霉烂的青草、菜叶或青贮饲料等，其中真菌毒素，强烈刺激胃肠黏膜引起炎症反应，导致胃肠炎的病理变化。或因采食了有毒植物、酸、碱、磷、砷、汞、铅以及氯化钡等有刺激性的化学物质，导致胃肠炎的发生。

畜舍阴暗潮湿、粪尿污染、环境卫生不良或使役与管理不善、气候突变、车船运输、过于疲劳、精神紧张、机体处于应激状态，容易受到致病因素侵害，因而往往引起胃肠炎。此外，畜禽受寒感冒机体防卫功能降低时，由于受到沙门杆菌、大肠埃希菌、坏死杆菌、副结核杆菌等条件性致病菌的侵袭，也易引起原发性胃肠炎。

（2）继发性胃肠炎　常见于某些急性热性传染病，如炭疽、猪瘟、猪丹毒、流感、出血性败血症、犬瘟热、犬细小病毒病等，都具有胃肠炎的临床特征。此外，牛副结核病、马腺疫以及雏鸡白痢等，也常伴发胃肠炎症状。某些寄生虫病，如猪蛔虫病、牛捻转血矛线虫病、羊蝇蛆、血液原虫病及鸡球虫病等，亦往往并发胃肠炎。又在急性胃肠卡他及各种腹痛病的病程经过中，由于胃肠黏膜受到损害，内容物异常分解，门脉血液循环障碍，常继发胃肠炎。此外，心脏病、肾脏病以及产科病等，也可伴发胃肠炎。

3. 识别症状

患胃肠炎的病畜临床表现，一般症状与急性胃肠卡他相似，但病情发展较为重剧和剧烈。病畜精神沉郁，食欲明显减退或废绝，饮欲增强或拒绝饮水，反刍动物的反刍减少或停止。犬、猫及猪多出现呕吐。腹部有压痛或呈现轻度腹痛症状。

本病的主要症状是腹泻，粪便含水较多，混有黏液或血液，恶臭。病的初期，肠音活泼，随着病程发展肠音逐渐减弱乃至消失。病至后期，肛门弛缓，排便失禁或出现里急后重的症状。

以胃、小肠炎症为主的病畜，无明显的腹泻症状，往往排便迟缓、量少，粪球干而小，病畜口腔症状明显，呕吐、口干臭、舌苔重。可视黏膜黄染。多伴发腹痛症状，尤其当小肠炎继发液胀性胃扩张时，病畜体温略有升高，呼吸和脉搏均明显地增数。导胃常导出液状的黄色胃内容物。以大肠炎为主的胃肠炎，口腔症状不明显，但腹泻较快出现并且重剧，机体脱水发展迅速，体质下降较快或出现休克，由于腹泻导致大肠液的大量丢失，因此机体酸中毒较为严重。

病的中后期，机体有明显的自体中毒现象，病情加剧，脉搏快而弱，体温升高，可视黏膜暗红或发绀。机体脱水严重，眼球下陷，皮肤弹性减退，血液浓稠，尿少色浓。有的伴发全身肌肉震颤、痉挛或昏迷等神经症状。严重病例，体温降至常温以下，四肢厥冷，身出冷汗，陷入休克状态。

血液检验：红细胞沉降率减慢，血细胞比容增高，血红蛋白含量增多，白细胞总数增加、嗜中性粒细胞增多，血小板也有显著增多的现象。

尿液的检验：尿呈酸性反应，有时含有少量蛋白，继发肾炎时，尿沉渣内有肾上皮、红细胞、白细胞以及尿管型等。

任 务 实 施

1. 诊断

依据发病畜禽腹泻和重剧的全身症状，即精神沉郁、食欲废绝、体温升高或降低、脉搏快而弱、可视黏膜暗红或发绀、机体不同程度脱水和腹痛等症状，结合病史、饲养管理及流行病学的调查，即可作出诊断。

在类症鉴别方面，应与急性胃肠卡他、腹痛性疾病、真菌性胃肠炎、急性心脏衰弱或心肌炎以及某些传染病，如炭疽、出血性败血症、流行性感冒以及肠道传染性病症鉴别，以免误诊。

2. 治疗

（1）首先查明病因，除去病因，并加强护理 为了减少对胃肠黏膜的刺激，在胃肠炎发生以后应先禁食 2～3 天，保证患病动物充分休息，并使之处于适宜的环境，冬季在保暖，夏季在防暑，以有利于疾病康复。随着病情逐渐好转，再给予适口性强、容易消化的饲料。

（2）清理胃肠内容物 可内服缓泻剂及防腐止酵剂。在病的初期，牛、马可用人工盐等盐类泻药或与液体石蜡、大黄、积实等泻药配合应用，但应注意防止剧泻及脱水。

（3）抗菌消炎 抗菌消炎在胃肠炎发生时是必须要采取的治疗措施，可使用庆大霉素、氟苯尼考、喹诺酮类抗生素，如为病毒引起的胃肠炎，可同时使用抗病毒药如利巴韦林、金刚乙胺等，球虫引起的需使用抗球虫药如地克珠利、氨丙林、磺胺类药等，以消除胃肠黏膜感染。

（4）补液、缓解酸中毒　胃肠炎时机体将发生不同程度的脱水和酸中毒，因此在治疗时应注意输液补水、补充电解质、扩充血容量和纠正酸中毒等。脱水严重时，可使用血容量扩充剂如低分子右旋糖酐等，以兼顾补液中晶体性溶液与胶体性溶液的关系。

（5）适时止泻　在病畜发生腹泻，胃肠内容物已排除或基本排除、粪便臭味不大，但仍剧泻不止时，可使用止泻药，如功能性止泻药（阿托品、654-2 等），内服吸附药（如药用炭、硅碳银等），保护性止泻药（如鞣酸蛋白、次硝酸铋等），以减少机体水分和电解质的进一步丧失。

（6）对症治疗　体温升高时可适当使用退热药，出血性胃肠炎时要使用止血药，如止血敏、安络血、维生素 K_3 等。冬季有些胃肠炎病畜由于腹泻严重、体质衰竭、体温下降，可采取强心、补能的方法，如静脉注射 10％安钠咖、ATP、Co A、50％葡萄糖等，以提高治愈率。

3. 预防

主要在于加强饲养管理，防止各种应激因素的刺激，对容易继发胃肠炎的传染与非传染性因素的原发病应及时治疗，以防止本病的发生。

子任务三　肠阻塞的诊治

任 务 资 讯

1. 了解概况

肠阻塞是马属动物最常见的腹痛性疾病，其中以小结肠和骨盆弯曲阻塞多见，胃状膨大部阻塞次之，其他部位阻塞少见，牛、犬肠阻塞也有发生。

2. 认知病因

主要是因饲养管理不当，如不按时饲喂，马匹过度饥饿，饲喂时又给草料过多；饱食后重役或重役后饱食；饲料单一、粗硬、不易消化和不洁；饮水不足，劳役出汗等，都是重要的发病原因。牙齿不良、气候骤变等，也可导致发病。继发性肠阻塞，见于肠道寄生虫、结石、肿瘤及肠道狭窄等。

3. 识别症状

可分为共同症状与特殊症状。

（1）共同症状　发病后即出现腹痛，腹痛的程度随阻塞部位而不同，阻塞部位发生于较细的肠管，则疼痛明显，发生于较粗的肠管，则疼痛较轻。如小肠、小结肠及骨盆弯曲阻塞时，其腹痛程度比盲肠及胃状膨大部阻塞时严重。腹痛的表现不一，有起卧不安、回头望腹、前肢刨地、后肢踢腹、卧地不起、仰卧打滚等。病初口腔稍干，进而干臭并有舌苔。结膜充血，随病情加重而发绀。

病初尚可排出少量干小或松散粗糙的粪球，常带有黏液，随后排粪停止。尿液色黄量少，脱水严重时排尿停止。

饮、食欲在不完全阻塞时减少，在完全阻塞时很快消失。如在病程中饮、食欲复现，则为病情好转的表现。

病初，腹围变化不大，不完全阻塞时增大不很明显；完全阻塞而阻塞部位靠后时，腹围增大快而明显，如小结肠、骨盆弯曲阻塞，肠音在病初增强，但很快减弱，严重时消失。

体温多无变化，如见升高则常为继发肠炎之征。呼吸稍增数，当继发胃扩张或肠臌气时可见呼吸困难。脉搏病初变化不大，中期增数有力，后期弱而无力，严重时不感于手。

直肠检查时，大部分病畜可触及阻塞块，对探摸不到阻塞部位的病畜，可根据充气肠管来推断阻塞部位。阻塞块被按压时，病马有痛感，以此可与正常粪球相区别。

（2）几种常见的肠阻塞的特殊症状

① 小肠阻塞。多在采食中或采食后数小时内突然发病，剧烈腹痛，全身症状明显，并在数小时内症状迅速加重，常继发胃扩张，鼻流粪水，肚腹不大而呼吸促迫，导胃则排出大量酸臭气体和液体，腹痛暂时减轻但很快又复发。病程短急，一般 12～48h，常死于胃破裂。直肠检查，阻塞部如手腕粗，呈圆柱形或椭圆形，位于前肠系膜根后方、横行于两肾之间、位置较固定的，是十二指肠后段阻塞；位于耻骨前缘，由左肾的后方斜向右后方，左端游离可牵动，右端连接盲肠而位置固定的，是回肠阻塞；位置游离，且有部分空肠膨胀的是空肠阻塞。十二指肠前段阻塞，位置靠前，直肠检查时触摸不到。

② 骨盆弯曲、小结肠阻塞。发病急剧，病情较重，呈中等程度或剧烈的腹痛，常继发肠臌气，全身症状随之加重。直肠检查，骨盆弯曲阻塞时，在耻骨前缘左下方、体中线左右摸到呈弧形或椭圆形、表面光滑、粗如小臂而坚硬的阻塞块，牵拉时虽有一定的移动性，但感困难；小结肠阻塞时，其阻塞呈椭圆形或圆形，1～2 个拳头大，比较坚硬，通常位于耻骨前缘的水平线上或体中线的左侧，移动性很大，应细心探摸。病程为 3～5 天。

③ 胃状膨大部阻塞。发展较缓，病情较轻，病程较长。直肠检查时，阻塞的胃状膨大部大如排球，呈半圆形，表面光滑，一般不太硬，位于腹腔右前方，可随呼吸运动而前后移动。病程为 1～2 周。

④ 直肠阻塞。发病较急，腹痛轻微或中度腹痛，不时拱腰举尾做排粪姿势，但无粪便排出。直肠检查，在直肠内即可触摸到秘结的粪块。

任 务 实 施

1. 诊断

依据腹痛、肠音、排粪及全身症状等临床表现，结合发病情况、病情经过和继发病症等，可作出初步诊断。判断是小肠阻塞还是大肠阻塞，是完全阻塞还是不完全阻塞，通过直肠检查即可确诊。

2. 治疗

治疗原则以通肠、镇痛为主，辅以解毒、强心、补液等。

（1）通肠 通肠是治疗便秘疝的根本方法。常用的有药物疗法及隔肠破结疗法。

① 药物疗法。可给予石蜡油 1000～2000ml 或硫酸钠或硫酸镁 250～500g，盐类泻药多适用于大肠阻塞，油类泻药适用于各种阻塞，但以用于小肠阻塞为优。盲肠及胃状膨大部阻塞时，在给予油类或盐类泻药的同时配合给予酵母粉 200～300g，能提高疗效。250～350g 食盐，配成 3%～5% 溶液一次灌服，对大肠阻塞效果较好。

② 隔肠破结疗法。术者将手伸入直肠内，根据阻塞块的部位和程度，分别施行按压、切压、挤压、捶打和直取，使阻塞块变形、破碎或直接取出，以达到通肠的目的。此法对小肠阻塞、骨盆弯曲阻塞、小结肠阻塞和直肠阻塞，都有良好的效果。盲肠便秘和胃状膨大部便秘时，需配合应用泻药方能收效。对某些顽固性的阻塞，在隔肠破结后，应用适量泻药，可提高疗效。

（2）镇痛 腹痛时可选用镇痛药，如 30% 安乃近注射液，皮下或肌内注射 10～30ml 或静脉注射10～20ml；水合氯醛 10～30g 内服或 5% 水合氯醛 100～200ml、5% 水合氯醛酒精液 100～

300ml 和 20％硫酸镁等静脉注射。针灸三江、分水、姜牙等穴位也可起到一定的止痛作用。

（3）解毒、强心、补液　肠便秘时，常伴有脱水、自体中毒和心脏衰弱，且常为致死的原因，故应积极采取相应的措施。在临床上，多将解毒、补液和强心的药物联合使用。此时，可用 5％碳酸氢钠液 300～500ml、5％葡萄糖氯化钠溶液或生理盐水 3000～4000ml、50％葡萄糖注射液 100～200ml、维生素 C 5～10g，一次静脉注射。必要时可酌情加入 10％樟脑磺酸钠注射液 10～20ml 或 10％安钠咖注射液 10～20ml 静脉注射。

（4）手术治疗　用 1％温盐水 2000～4000ml 深部灌肠，能增强胃肠的运动和分泌。当继发胃扩张或肠臌气时，应及时导胃、灌服制酵药，或穿刺放气，以减压制酵。经上述处理尚不见效且病情严重的病畜，宜行手术治疗。手术剖腹后，通过肠外直接按摩、挤压、局部注入生理盐水或石蜡油，或肠切开术及肠切除术。

（5）加强护理　适当牵遛运动，以防打滚、摔跌而继发肠变位和肠破裂；肠管未疏通以前，应禁止饲喂，仅供给清洁的饮水；肠管疏通后，逐渐恢复正常饲养。

3. 预防

改善饲养，按时定量饲喂，防止过饥、过食；饲料合理调配，以防饲料单一；做好饲料加工调制，对粗硬和不易消化的饲料，适当加工处理；保持草料清洁卫生，以防泥沙及其他异物混入；给予洁净而充足的饮水，在农忙、炎热季节出汗过多时，尤应注意。加强管理，对慢性消化系统疾病要及时进行治疗；合理使役，避免过劳。

子任务四　肠痉挛的诊治

任务资讯

1. 了解概况

肠痉挛是由于受某种刺激而引起的肠管环形肌发生分节性的痉挛性收缩，以致在收缩部与舒张部相应的肠管交替产生功能性闭合（痉挛）与扩张（弛缓），从而导致以间歇性痉挛为特征的疼痛性疾病。本病多发生于马属动物，偶尔见于牛、猪、羊。

2. 认知病因

主要病因是受冷，如突饮冷水、气温降低、出汗后淋雨或被冷风侵袭、寒夜露宿、雨淋雪袭等。饲喂冰霜冷冻、霉烂腐败及虫蛀不洁的饲料，以及肠道寄生虫等，也可引起本病。

3. 识别症状

常在采食及饮水后，劳役中或劳役后突然发病。腹痛呈间歇性，发作期间病畜起卧不安、前肢刨地、后肢踢腹、回头顾腹、倒地滚转，严重时全身出汗、呼吸加快，发作期持续5～15min；间歇期腹痛消失且有食欲，几乎与健畜无异，间歇期 10～30min。病畜腹围正常，发作期肠蠕动音亢进、连绵不断、音响高朗，甚至于数步之外都可听到，尚有金属音。排粪次数多，粪便稀软，或粪球带水，附有黏液，有酸臭味。口腔湿润，色青白，结膜正常或潮红，耳、鼻、四肢末梢冰冷。直肠检查，除肠管痉挛外，未见其他异常。

若腹痛突然增剧并转为持续性时，多为继发肠变位及肠阻塞。

任务实施

1. 诊断

根据突然采食或饮水后突然腹痛，不安，倒地滚转，听诊肠音亢进、连绵不断，音响高朗，排粪增加，粪便稀软等可作出诊断，必要时进行直肠检查。

2. 治疗

治疗原则以解痉镇痛为主，辅以止酵清肠。

（1）解痉镇痛　可用镇静止痛药。如30％安乃近注射液20～30ml，皮下或肌内注射；水合氯醛10～25g，内服或灌肠；安溴注射液80～120ml静脉注射；针灸分水、姜牙、三江3个穴位等，均能收效。

（2）止酵清肠　止酵可用止酵药，如鱼石脂10～15g、酒精70～80ml，一次内服。当痉挛已被解除，腹痛也已消失之后，消化功能仍有障碍时，可用适量盐类缓泻，以清理肠道，如人工盐300g，加水适量，一次灌服。

临床上，通常将解痉镇痛、止酵等药合并使用。一般用水合氯醛10～25g、姜酊50ml、复方樟脑酊30ml、芳香氨醋50ml、常水适量，一次内服。

（3）加强护理　腹痛时严禁卧地打滚，应做牵遛运动，以防发生肠变位。腹痛消失后，减食1～2天，并禁止饲饮冷水和冰冻饲料。

3. 预防

加强管理，在早春、晚秋或阴雨天气，要注意防止家畜受凉，防止寒夜露宿、汗后雨淋或被冷风侵袭。妥善饲养，不可饲喂冰霜冷冻、霉败腐烂及虫蛀不洁的饲料，避免突饮冷水，在劳役后尤应注意。定期驱虫。

子任务五　肠变位的诊治

任　务　资　讯

1. 了解概况

肠变位是肠管的自然位置发生变化，并使肠腔发生机械性闭塞和肠壁局部发生循环障碍的重剧性疝痛的总称。肠变位病势急、发展快、病期短，虽然发病率较低，但死亡率较高。

2. 认知病因

关于构成肠变位的因素，尚缺乏系统研究。仅根据现有资料，将病因大致归纳为机械性（肠嵌闭）和功能性（如肠绞窄、扭转、缠结、套叠）两种，但二者常互相影响、同时存在。从以机械性病因为主的肠嵌闭来看，先天性孔穴或后天性病理裂孔的存在是发生肠嵌闭的主要因素。在腹压增大的情况下，如剧烈地跳跃、奔跑、难产、交配、便秘和胃肠臌气等，偶将小肠或小结肠压入孔隙而致病。但大肠很少发生这种情况。根据孔隙的大小不同，有时被嵌入的肠段可能因肠蠕动而继续深入，也有可能因肠蠕动而不断退出，特别是在腹压降低的情况下这种可能性就更大。

功能性肠变位是由于肠管蠕动功能发生变化，如某段肠管蠕动增强，而与其相邻的另一段肠管处于正常或弛缓状态，加之肠内容物稀薄或较空虚的情况下，容易发生肠套叠。当肠管充盈，肠蠕动功能增强，甚至呈持久性痉挛收缩，使肠相互挤压，往往可以成为肠扭转的重要因素。个别肠段被液体、气体、粪便充胀或泥沙沉积时，随着肠蠕动功能增强，而另一段则呈现相对的弛缓状态，也同样可以成为肠扭转的原因。此外，由于体位急剧改变，少数病例小肠或小结肠沿其系膜根的纵轴扭转而发生肠缠结。

能引起肠功能性变化的因素有：突然跌倒、打滚、跳跃障碍、突然受凉、冰冷的饮水和饲料、肠卡他、肠炎、肠内容物性状的改变、肠道寄生虫和全身麻醉状态等。

3. 识别症状

肠变位的临床发病类型通常可归纳为下列四种，其中以肠扭转较为常见。

（1）肠扭转　肠管沿其纵轴或以肠系膜基部为轴发生程度不同的扭转（图1-4）。肠管也可沿横轴发生折转，称为折叠。如马左侧大结肠呈 180°~360° 或更严重的扭转、小肠系膜根部的扭转、盲肠扭转或折叠、左侧大结肠沿横轴向前方折转等。

（2）肠缠结　一段肠管与另一段肠管及其系膜缠在一起，引起肠管闭塞不通，多发生在空肠（图 1-5）。

（3）肠绞窄和肠嵌闭　主要是小肠和小结肠被腹腔某些韧带（肝镰状韧带、肾脾韧带）、结缔组织条索、带蒂的瘤体所绞结，使肠腔闭塞不通，血液循环紊乱者，称为肠绞窄。一段肠管坠入与腹腔相通的先天性孔穴或病理性破裂孔内，并卡在其中使肠腔闭塞不通，引起血液循环紊乱者，则称为肠嵌闭。如小肠或小结肠坠入腹股沟管、大网膜孔、肠系膜和膈肌破裂孔内等。

（4）肠套叠　肠套叠是一段肠管套入与其相连的另一段肠腔之中（图 1-6），相互套入的肠段发生血液循环障碍、渗出等过程，致使肠管粘连、肠腔闭塞不通的疾病。例如，空肠套入回肠，回肠套入盲肠等。据报道，在例外的情况下，也有盲肠尖部套入盲肠体部，马盲肠套入右下结肠，或十二指肠由于逆蠕动套入胃内，小结肠套入胃状膨大部等。

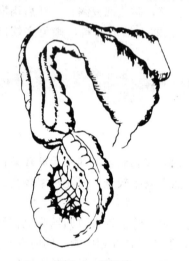
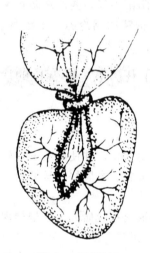

图 1-4　肠扭转　　　　　图 1-5　肠缠结　　　　　图 1-6　肠套叠

当肠变位发生时同其他疝痛病一样，也是以腹痛为突出症状。病初多为轻度而有明显间歇期的腹痛，当肠腔完全闭塞后，腹痛逐渐加剧变为持续性的。机体脱水症状出现的快慢，常与发生变位的部位、程度有着密切关系。如小肠缠结或嵌闭较大肠扭转或折转脱水症状表现严重。肠变位时血沉变为缓慢。随病的发展，脉搏逐渐加快，次数增多而细弱。呼吸亦有相应的变化，特别是在膈疝，呼吸促迫，甚至困难。

随着疾病的发展，黏膜发红至发绀，肌肉震颤，有局部出汗现象。病畜紧张、痛苦等症状逐渐明显。肠音减弱，继而多半很快消失。例如，当小肠发生任何一种变位时，小肠音在病初期或中期要比盲肠音先减弱或消失。但是，当疾病达到中期或后期，则两种肠音都明显减弱或消失。肠臌气的存在和发展使腹围增大，腹压增高到一定程度，自然会影响到各器官功能，造成不良后果。

血液学变化：血沉明显变慢，红细胞数、血红蛋白含量增加，嗜中性粒细胞增多，病初嗜酸性粒细胞消失。

依肠变位的性质和程度不同，病程不一。一般来讲，病程从十几个小时到 24~48h，变位轻者，也可能拖延更长时间。凡病情发展较快，腹痛剧烈，体温升高，脉搏快而弱，超过

120 次/min 以上，可视黏膜发绀，呼吸促迫以及肌肉震颤、出汗、脱水症状严重，并应用一般镇痛药无效者，多预后不良。

任务实施

1. 诊断

病畜出现症状，迅速恶化，持续性剧烈腹痛，肠音很快减弱或消失，局部肌肉震颤、出汗等，常作为疑似肠变位的有力依据。结合下列检查方法，可获得正确诊断。

（1）直肠检查　肠管位置异常，呈局限性臌气现象，有时可摸到变位局部，且病畜表现不安；借助直肠检查法，有时可清楚地判定肠变位的性质，或者为诊断肠变位提供重要线索。

（2）腹腔穿刺检查　不同类型的肠变位，腹腔中都可能积存一定量的液体，其性质为渗出液，多为粉红色或暗红色。

（3）剖腹探查法　经上述方法检查尚不能确诊者，可及时选择适当部位做剖腹探查，以便采取适宜措施，抢救病畜。

2. 治疗

除及时应用镇痛剂减轻疼痛刺激外，及时注意调整酸碱平衡和脱水状态，以维持血容量和血液循环功能，防止发生休克。

根据肠变位的种类和程度，可于早期采取剖腹手术整复肠管或剖腹切除坏死肠段做肠吻合术。手术疗法在病的早期效果较佳，病至后期，疗效甚低。

3. 预防

加强饲养管理，避免突然跌倒、跳跃障碍、突然受凉、采食冰冷的饲料和饮水等，另外，饲料的调配应科学合理，同时做好定期驱虫等。

子任务六　犬胃扩张-扭转综合征的诊治

任务资讯

1. 了解概况

犬胃扩张-扭转综合征是犬胃极度扩张，然后扭转的一种致命性疾病，主要表现为胃里空气、胃液或泡沫异常积聚，引起胃部极度膨胀，发病后死亡率极高。本病总体来讲发病率不高，主要发生于大型犬或深胸犬如大丹犬、德国牧羊犬、杜宾犬、爱尔兰塞特犬等。

2. 认知病因

因食入大量干燥饲料，又在剧烈运动之后饮用大量冷水，使胃内容物迅速膨胀，造成胃急性扩张；胃和小肠发生扭转、阻塞，异嗜、手术、分娩及脊神经损伤等均可致病。

慢性胃扩张多见于慢性消耗性疾病，由于动物饮量增大，胃过分代偿造成胃的扩张。

3. 识别症状

患犬腹围增大，剧烈腹痛、不安、呻吟或嚎叫，呕吐常无内容物、流涎、呼吸困难，可视黏膜潮红或发绀，抗拒腹部触诊，听诊胃肠蠕动音低沉，叩诊腹部呈鼓音，病后期因脱水、自体中毒而使病情变化。

慢性胃扩张，临床上常无明显的症状，偶见腹泻，饮欲不佳，消化不良现象。

任务实施

1. 诊断

依据临床症状和病史，常不难作出诊断，但注意临床上与腹膜炎、胃炎、肠扭转及肠阻塞区别。

2. 治疗

治疗单纯过食造成胃扩张时，可用催吐剂使犬呕吐。急性胃扩张时，应用胃管排出胃内气体，用温生理盐水洗胃，也可用穿刺针或大针头穿刺放气。用时选用盐酸哌替啶（杜冷丁）或镇痛新（1mg/kg 体重）镇静。若放气不能取得显著效果，应尽早实行剖腹手术，使胃排空。

患犬症状缓解后，应禁食 1～2 天，由静脉或直肠补液，然后再饲喂流质食物，逐渐恢复饮食并控制剧烈饮水和剧烈运动。

3. 预防

加强对大型犬、深胸犬的饲养管理，采食后应注意避免剧烈运动，不要在运动后饮大量冷水，禁止饲喂腐败变质的饲料，同时在犬发生其他胃肠疾病时及时治疗。

子任务七　犬胃食道套叠症的诊治

任 务 资 讯

1. 了解概况

犬胃食道套叠症是由于胃的一部分套入食管内，并发巨大食道症。多是继发而来，临床上以反复呕吐为特征。常见于幼犬。

2. 认知病因

患犬由于长期反复呕吐，严重的出现食道疾病或其他疾病，使食道扩张，胃的一部分嵌入食道内。也有贲门功能异常，或患犬胃内容物的量、呼吸状态及体位出现变化，使胃的运动及位置发生改变，突然套入食道内。

3. 识别症状

动物突然停食，吃食则呕吐，饮水也立即呕出。呼吸急促或呼吸困难，随后食欲消失，反复呕吐但很少有内容物，精神由不安到沉郁，流涎，脱水，机体很快衰竭。有时因胃内产生气体而使腹部胀满。慢性者，由于套入部坏死而发生全身性变化。

任 务 实 施

1. 诊断

本病依据临床症状诊断比较困难，准确诊断需进行 X 射线造影及内窥镜检查。

2. 治疗

如果初期套入且较轻微，可用胃管灌入利多卡因及润滑油，并用力后推，使胃还纳。比较可靠的办法是手术治疗，开腹后将套入的胃整复。为防止复发，可将贲门部修复变窄，然后关闭腹腔。术后防止继发感染，同时加强对症治疗。多输液补充体液及电解质，并注意纠正酸碱平衡。

子任务八　马急性胃扩张的诊治

任 务 资 讯

1. 了解概况

马急性胃扩张，旧名"过食疝"，中兽医称"肚结"，是由于采食过多和后送功能障碍所引起胃急剧膨胀。其临床特点是伴有中等程度或剧烈的腹痛，呼吸促迫，胃排空障碍，插入胃导管即排出大量气体、液体或食糜，经过短急。急性胃扩张多发生于马和骡，驴较少发生，是常见的真性腹痛病之一，约占马腹痛病的 6%。在我国西北和华北的某些地区，马急性胃扩张发生较多，可占腹痛病的 32.12% 乃至 44.8%，救治延误常造成死亡。

急性胃扩张，按病因分为原发性胃扩张和继发性胃性扩张；按内容物性状，分为食滞性胃扩张、气胀性胃扩张和积液性胃扩张。原发性胃扩张多属气胀性或食滞性的，积液性胃扩张较少；继发性胃扩张均属积液性的。

2. 认知病因

（1）原发性胃扩张　原因可概括为以下三个方面。

① 胃消化功能紊乱。如饲喂失时、过度疲劳、饱饲后立即重役、采食精料后立即大量饮水、饲料日粮突然更换、饲喂方式和程序突然改变等，均可打破机体原有的消化水平和状态，而导致发病。

② 异常刺激物的作用。如采食大量难以消化、高度膨胀、剧烈发酵的饲料，黏团的谷粉或糠麸，冻坏的块根类饲料，堆积发热变黄的青草等。

③ 个体内在因素。如有慢性消化不良、肠道蠕虫病、肠系膜动脉瘤的马匹，其胃肠道内感受器对内外刺激的敏感性增高。

（2）继发性胃扩张　通常继发于小肠积食、小肠变位、小肠炎、小肠蛔虫性阻塞等，这是由于剧痛刺激，胃液反射性分泌增多；肠腔阻塞，胃后送障碍；阻塞部前段分泌激增，肠内容物经肠逆蠕动而返回胃内。

个别的胃状膨大部便秘和小结肠完全阻塞性大肠便秘的后期，也可继发胃扩张。气胀性胃扩张还常伴发于急性肠臌胀。

3. 识别症状

原发性胃扩张，多于采食后或经 3～5h 后发病，表现为突然腹痛，食欲废绝，精神沉郁。病初呈轻度或中度间歇性腹痛，很快转为持续性的剧烈腹痛，病畜频频卧地，翻滚，快步行走，但动作小心谨慎，有时呈"犬坐姿势"或"拉弓姿势"。

口腔湿润，臭味不显，腹围一般正常，肠音减弱或消失，排粪初期稀软或带水，量少，进而排粪停止。多数病畜有嗳气，少数病畜有呕吐。

结膜充血或发绀，脉搏增数，呼吸急促，体温多无变化。胃管探诊时可排出多量酸臭的气体或液体，有时仅能导出少量气体和食糜。直肠检查可触及后移的脾脏。

继发性胃扩张时，先出现原发病症状，而后逐渐出现胃扩张症状。全身症状较原发性胃扩张为重。导胃后症情缓解，不久又加重，再次导胃时又能排出大量黄褐色或黄绿色液体，并常带有腐臭味，胃液内含有胆色素，可能呈碱性反应，直肠检查常可查知小肠臌气、积食或变位等。

本病如不及时合理治疗，可引起胃或膈的破裂，常在破裂后 12～24h 之内死亡。

任 务 实 施

1. 诊断

根据临床症状，结合直肠检查发现"脾脏后移"可作出诊断。

2. 治疗

治疗原则以减压、解除幽门痉挛为主，辅以镇痛、止酵、强心等。

首先要迅速进行导胃和洗胃，洗胃最好用 0.25% 乳酸钠溶液或 0.1% 盐酸溶液，然后根据不同情况灌服药物。食滞性胃扩张，可用水合氯醛 15～30g、乳酸 10～20ml、石蜡油 500ml、呋喃唑酮 1g、温水 500～1000ml，或普鲁卡因 3～4g、稀盐酸 15～20ml、石蜡油 500～1000ml、温水 500ml，一次内服。气胀性胃扩张，可用水合氯醛 15～25g、乳酸 19～20ml、温水 500ml，一次内服。应用 10% 氯化钠 200～300ml，2% 普鲁卡因 25～30ml，

10％安钠咖 10～20ml，缓慢静脉注射，有较好疗效。根据病情给以强心药、制酵药等。

继发性胃扩张要在除去原发病的基础上，参考上述方法进行治疗。发病后禁食1～2天，并防止病畜翻滚，以免发生胃、膈破裂及肠变位等。痊愈后禁食12～24h，再逐渐恢复到正常的饲喂量，但饮水不限。

3. 预防

加强饲养，饲喂定时定量。在更换优质饲料、舍饲转为放牧及过饥时，要适当予以控制，以防采食过多。加强管理，防止脱缰偷食，一旦脱缰偷食，即应限制饮水。

任务五　肝脏和胰腺疾病的诊断与治疗

肝脏是动物体内最大的腺器官，也是动物体的物质代谢中心。肝脏的功能很复杂，除胆汁参与肠道的消化吸收外，还参加糖类、脂肪和蛋白质的代谢过程。

肝脏疾病在各种家畜和家禽中都有发生，危害性很大。最近二十年来，随着医学科学的发展，在兽医临床上有关家畜和家禽肝脏疾病的诊断及其防治问题，已经逐步引起人们普遍的注意和重视。

原发性肝脏疾病，主要是由于内源性或外源性的毒素或病毒而引起。继发性的则主要见于胃肠道疾病、心血管疾病、造血器官疾病、代谢疾病、某些传染病和寄生虫病以及全身败血症等的经过中。常见的肝脏疾患有肝炎、肝营养不良、肝脂肪变性、肝淀粉样变性、肝硬变、肝肿大、肝变位、肝破裂、肝脓肿等，导致黄疸、下痢、便秘、腹痛、水肿、消瘦、出血性素质、神经病症及感光过敏等形形色色的临床综合征。

子任务一　急性实质性肝炎的诊治

任 务 资 讯

1. 了解概况

急性实质性肝炎是由于传染性和中毒性因素侵害肝实质所引起，导致肝细胞炎症、变性和坏死，发生黄疸、消化功能障碍和一定的神经症状。本病，马、牛、猪、羊以及各种家禽都有发生，危害性很大，应当引起重视。

2. 认知病因

急性实质性肝炎，不论是原发性或继发性的，其病因主要是传染性与中毒性，通常见于下列因素。

（1）长期饲喂霉败饲料　特别是含有黄曲霉毒素的饲料更危险，或因采食了有毒植物而引起。也有由于砷、磷、锑、六氯乙烷、四氯化碳、硫酸铜、氯酸钾、萘、甲酚等化学药品和毒物的中毒而发生。

（2）传染性因素　如传染性胸膜肺炎、出血性败血症、马传染性贫血、流行性感冒、流行性脑炎、牛恶性卡他热、猪丹毒、钩端螺旋体病、蜂窝织炎、肝片吸虫病、血吸虫病、血孢子虫、锥虫病以及其他一些细菌感染等，常常伴发实质性肝炎。或因胃肠炎肠道内产生的腐解物质被吸收，通过血液循环侵害到肝实质，引起肝脏炎性病理变化。

但在大叶性肺炎、坏疽性肺炎、心脏衰弱等病程中，由于循环障碍，肝脏长期淤血，二氧化碳和有毒的代谢产物的蓄积，肝窦状隙内压增高，肝脏实质受到压迫，引起肝细胞营养不良，导致门静脉性肝炎的病理现象。

（3）发病机制　本病的发生主要是因受到传染性与中毒性因素的侵害，肝细胞发生变性、坏死和溶解，即引起肝脏的代谢和解毒功能的严重障碍，导致肝炎的临床病理现象。

在肝脏实质性炎性变化过程中，胆汁的形成和排泄受到影响，大量的胆红素滞积，毛细胆管扩张、破裂，从而流入血液和窦状隙，则血液中的胆红素增多，引起黄疸。

由于胆汁排泄障碍，血液中胆酸盐过多，刺激血管感受器，反射性地引起迷走中枢兴奋，心跳减慢，并因排泄到肠道内的胆汁减少或缺乏，既影响脂肪的消化和吸收，又使肠道弛缓，蠕动缓慢，故在病的初期发生便秘。继而肠内容物腐解和分解加剧，脂肪吸收障碍，发生下痢，粪色灰淡，有强烈臭味。并因肠道中维生素 K 的合成与吸收减少，凝血酶原降低，故形成出血性素质。

肝脏是一个重要的物质代谢器官，当发生急性实质性肝炎时，首先糖类的代谢发生障碍，糖类的异生作用不能正常进行，即影响到从乳酸、蛋白质和脂类合成糖原的过程。血液中的脂类和乳酸含量增高，肝糖原减少，血糖降低，肝脏解毒功能障碍，往往引起酸中毒。又因焦磷酸硫胺素和辅酶 A 缺乏，影响丙酮氧化脱羧，所以血液中丙酮酸含量升高。其次，脂肪代谢障碍，血液中脂类增多，肝细胞脂肪变性，则对脂肪的氧化相应地加强，形成多量酮体，从而导致酸中毒现象。最后，蛋白质代谢障碍，影响氨基酸脱氨基、氨基转换和尿素的合成；结果，血氨过高时，氨可扩散入脑，并与三羧酸循环中的 α-酮戊二酸结合产生谷氨酸，继而生成谷氨酰胺；由于 α-酮戊二酸减少，三羧酸循环障碍，影响脑细胞的能量供应，因而昏迷。肝细胞蛋白质分解所形成的酪氨酸、亮氨酸以及肝细胞内的谷丙转氨酶、谷草转氨酶、精氨酸酶以及乳酸脱氢酶与鸟氨酸氨基甲酰转移酶等，大量进入血液中，所以血清学试验转氨酶显著升高。并因肝脏合成蛋白质功能显著降低，血浆内的白蛋白、纤维蛋白原减少，胶体渗透压下降，引起水肿。

3. 识别症状

急性实质性肝炎的临床症状有黄疸、消化不良、便秘或下痢、腹痛、神经症状、水肿、出血性素质以及血清学反应变化等。

病的初期，病畜消化不良、全身无力、体温升高或正常，继之可视黏膜有不同程度的黄染，但有的黄疸不明显。皮肤瘙痒，脉搏徐缓、有的疾速。常有腹痛现象，初便秘、后下痢，间或便秘与下痢交互出现，臭味难闻，粪色灰绿或淡褐色。

肝脏肿大，叩诊肝浊音区扩大；触诊时，病畜往往有疼痛表现。后躯无力，步态蹒跚；个别病例伴发关节疼痛或轻度咽炎。严重病例，肝脏解毒功能降低，发生自体中毒；往往极度兴奋，共济失调，抽搐或痉挛。

尿液变化，尿色发暗，有时似油状。病初尿胆素含量增加，其后胆红素含量增多，尿中含有蛋白质、肾上皮细胞及管型。血清学检查病畜血清中胆红素量多。

此外，急性肝炎转为慢性时，长期消化功能紊乱，异嗜，消瘦，营养障碍，颌下、腹下与四肢下端往往发生水肿。如继发肝硬变，则呈现肝脾综合征，发生腹腔积液。

任 务 实 施

1. 诊断

首先应根据病畜消化不良、黄疸、肝区叩诊与触诊敏感、容易兴奋或昏迷，结合尿胆红素和尿胆素检查，尿混浊度升高；谷丙转氨酶，特别是乳酸脱氢酶与鸟氨酸氨基甲酰转移酶增多等综合征，进行分析，确诊不难。但在临床实践中，必须注意与下列疾病鉴别诊断。

（1）急性胃肠卡他　黄疸轻微，无热症，肝区检查与肝功能试验无变化；病情轻，经过治疗，容易康复。

（2）急性肝营养不良　乍然看来，与本病相似，但往往呈地方性流行，肝脏实质坏死溶解和吸收后肝脏体积缩小；代谢功能和解毒功能降低或消失，呈现进行性黄疸；中枢神经系统严重紊乱。

（3）肝硬变　通常都具有慢性胃肠炎、黄疸、肝脾综合征，逐渐消瘦，发生腹腔积液，病情发展缓慢。

（4）牛血孢子虫病　稽留热型，周期性发作，渐进性贫血，黄疸，血红蛋白尿，红细胞内有血孢子虫，与本病显然不同。

2. 治疗

首先应排除病因，着重采取限饲疗法，保肝利胆，清肠止酵，促进消化功能，减少腐酵产物吸收，加强护理，有利于康复过程。

（1）排除病因，加强护理　首先应使病畜保持安静，注意休息，避免刺激和兴奋；饲喂富含维生素、多汁容易消化的富含糖类的饲料，给予优良青干草、胡萝卜，或放牧；限制饲喂富含蛋白质的饲料。实际上高价蛋白质饲料，既能增强营养，又可加速肝组织细胞的再生过程。因此，在发病期间可考虑饲喂适量的豆类或谷物饲料；但含有多量脂肪的饲料，则应禁止。

（2）保肝利胆　按常规疗法，通常用 25% 葡萄糖注射液，牛、马 500～1000ml；猪、羊 50～100ml，静脉注射，每天 1～2 次。或用 5% 葡萄糖生理盐水，牛、马 2000～3000ml，猪、羊 100～500ml；5% 维生素 C 溶液，牛、马 30ml，猪、羊 5ml；5% 维生素 B_1 溶液，牛、马 100ml，猪、羊 2ml，混合静脉注射，每天 1～2 次。必要时，可用 2% 葡萄糖醛酸内酯（肝泰乐）溶液，牛、马 100～150ml；猪、羊 30～50ml，静脉注射，每天 2 次。为了利胆，可以应用适量人工盐内服，小剂量氨甲酰胆碱或毛果芸香碱，皮下注射，促进胆汁分泌与排泄。另外，还应给予复合维生素 B、酵母片内服，以改善新陈代谢，增进消化功能。

（3）清肠止酵　可用硫酸钠或硫酸镁，牛、马 300g，配成 5% 的浓度，加鱼石脂 10～20g，内服；也可以用水杨酸钠或乌洛托品等，内服，均有益。

按中兽医辨证施治的原则，如果肝胆湿热、胆汁外溢、黄疸鲜明，则应利湿消炎，清热泻火，牛、马宜用茵陈汤加味：茵陈 200g、栀子 80g、大黄 40g、黄芩 60g、板蓝根 200g，水煎去渣，内服。

3. 预防

本病的预防，应注意经常性饲养，防止霉败饲料、有毒植物以及化学毒物的中毒；加强防疫，防止感染，增强肝脏功能，保证家畜健康。

子任务二　胰腺炎的诊治

任 务 资 讯

1. 了解概况

胰腺炎包括急性胰腺炎和慢性胰腺炎两种类型。急性胰腺炎是在致病因素作用下，使胰腺分泌的消化酶激活而发生的自身及周围组织的消化现象。特点是发病急、病情重、并发症多。慢性胰腺炎是胰腺实质慢性渐进性坏死与纤维化，使其分泌功能减退的疾病，临床上以反复发作性腹痛、消化吸收障碍和糖尿病为特征。犬和猫易患本病。

2. 认知病因

（1）病因　常见的致病原因有胆道疾病、十二指肠液反流、胰管梗阻、腹部外伤、手术损伤、甲状旁腺功能亢进引起的高钙血症、食入脂肪过多引起的高脂血症以及营养缺乏等。

在各种致病因素作用下，胰蛋白酶原被激活成胰蛋白酶，该酶除对胰腺本身发生消化作用外，还能促使其他酶原变成活性酶，如弹性硬蛋白酶原成为弹性硬蛋白酶，使血管壁弹性纤维溶解引起坏死出血性胰腺炎；磷脂酶 A 原变成磷脂酶，使胆汁中的卵磷脂变成溶血卵磷脂，后者具有细胞毒性作用，可引起胰腺细胞坏死；胰血管舒缓素原变成胰血管舒缓素，可引起胰腺及全身血管扩张，通透性增高，导致胰腺水肿与休克；胰脂肪酶原被激活而引起胰腺周围脂肪坏死。活性胰酶还通过血液和淋巴液运至全身，引起胰腺外器官的损害。

如果致病因素较弱而长期反复作用，则使胰腺的炎性、坏死与纤维化呈渐进性发展，最后导致整个胰腺硬化、萎缩及内、外分泌功能减弱或消失，出现糖尿病和严重的消化不良。

（2）病理变化

① 急性胰腺炎。胰腺肿大，质地松软，呈灰黄色或橙黄色，切面多汁，小叶结构模糊。病理组织学检查可见胰腺实质呈明显营养不良，常有大的坏死灶，血管充血，小叶间结缔组织水肿，有的血管周围出现轻度增生。此外，可见胰腺周围脂肪的坏死性炎症和其他器官（心、肺、肝、脑）发生肿胀、出血或坏死。

② 慢性胰腺炎。胰腺缩小，切面干燥。病理组织学检查，在胰腺小叶周围或小叶内可见纤维组织大量增生，小叶明显缩小，实质内有营养不良灶和坏死灶，胰腺管壁增厚。

3. 识别症状

（1）急性胰腺炎　出现明显的腹痛和呕吐，粪便常含有血液，若溢出的活性胰酶累及肝脏和胆囊，则可并发黄疸。胰岛素的突然释放，可引起低血糖。钙与腹腔中被消化的坏死脂肪组织结合，可引起低血钙，甚至休克。

（2）慢性胰腺炎　表现为反复腹痛和呕吐，每次持续几天后，在间歇期为隐痛或无痛，有些病犬的间歇期长达数月至数年。随着病变的加重，急性发作变得频繁，最后成为持续性时，才可能辨认为本病。较常见的症状是经常排出大量橙黄色或黏土色有酸败臭味的粪便，其中含有未消化的食物。由于吸收不良、并发糖尿病而表现为贪食。

任 务 实 施

1. 诊断

（1）急性胰腺炎　可根据剧烈腹痛，严重呕吐，血清中淀粉酶和脂肪酶活性明显增高而确定。也可进一步用补体结合反应检查血中胰腺抗体，或用放射免疫扩散法测定尿中胰腺抗体，得到可靠的论断依据。

（2）慢性胰腺炎　可根据血清中缺乏胰蛋白酶，粪中含有脂肪和不消化的肉类纤维以及用补体结合反应检查血中胰腺抗体作出确诊。胰腺发生纤维变性时，血清中淀粉酶和脂肪酶不升高。

2. 治疗

（1）急性胰腺炎　最重要的是尽早治疗，用杜冷丁镇痛效果好（不宜用吗啡），马静脉注射 250～500mg（肌内注射量加倍），牛肌内注射 50mg，犬和猫经口给予或肌内注射10～20mg/kg 体重。溴化丙胺太林或硫酸阿托品对胰腺分泌有阻抑作用，对较轻病例可限制炎症的蔓延。静脉输入电解质液，使降低的血容量、血压和肾功能恢复正常。应用抗生素（强力霉素、氨苄青霉素为首选）制止坏死组织的继发感染。应禁食，以减少胰液的分泌，静脉输液供给营养物质。

（2）慢性胰腺炎　应饲喂高蛋白、高糖类、低脂肪的饲料，并混入胰酶颗粒，可维持粪便正常。山梨醇酐油酸酯加入饲料中，可增进脂肪的吸收，犬每次 1g。长期应用胆碱可预防脂肪肝的发生，牛每次 15g，每日 23 次。只要不发生糖尿病，则预后良好。在胰腺内分泌功能减退时，必须用胰岛素治疗，这种病例预后不良。

3. 预防

预防上主要是加强饲养管理，应饲喂全价日粮，避免营养不良或脂肪过剩（犬、猫）；搞好卫生防疫，定期驱虫，防止感染。

任务六　腹膜疾病的诊断与治疗

子任务一　腹膜炎的诊治

任 务 资 讯

1. 了解概况

腹膜炎是腹膜各种炎症的总称。按发病的范围，分为弥漫性腹膜炎和局限性腹膜炎；按病程经过，分为急性腹膜炎和慢性腹膜炎；按病因可分为原发性腹膜炎和继发性腹膜炎；按渗出物的性质，可分为浆液性腹膜炎、纤维蛋白性腹膜炎、浆液纤维蛋白性腹膜炎、出血性腹膜炎、化脓性腹膜炎及腐败性腹膜炎。各种家畜都有发生，但以马和牛最多见。

2. 认知病因

（1）原发性腹膜炎　通常由于受寒、感冒、过劳或某些理化因素的影响，机体防卫功能降低，抵抗力减弱，易受到大肠埃希菌、沙门杆菌、化脓杆菌、链球菌、葡萄球菌等条件致病菌的侵害而发生。猫可发生特有的传染性腹膜炎。

（2）继发性腹膜炎　主要见于腹腔和盆腔器官感染性炎症的蔓延或转移；腹腔和盆腔器官的破裂或穿孔，胃肠道和生殖道中的异物和微生物直接侵入腹膜而引起；腹壁的创伤、腹腔的手术或穿刺而感染，也可能成为某些疾病的症状或继发症，如猪瘟、猪丹毒、棘球蚴病、肝片吸虫病等。

3. 识别症状

（1）急性弥漫性腹膜炎　除严重的毒血症病例外，最常见的症状是腹痛，表现为拱背、腹壁紧张、不愿运动、持续站立，强迫行走则步态谨慎、缓慢移动，每走一步发出呻吟；不愿活动，不愿排粪排尿，一旦排尿时，尿量很多。体温升高（牛体温变化不明显），呼吸浅表疾速，胸式呼吸明显，脉搏快而弱，精神沉郁，食欲降低或废绝。初期肠蠕动音增强，其后蠕动减少而微弱，继而肠管扩张，小动物可发生呕吐。

触诊腹壁紧张、不安，叩诊则疼痛加重，腹腔内渗出液多时呈水平浊音。直肠检查，直肠内蓄有粪便（黏性、色黑而恶臭），腹膜敏感、粗糙，胃、肠穿孔者可摸到渗出液中有饲料或粪渣。

（2）急性局限性腹膜炎　临床症状与弥漫性者相似，症状较轻，仅在病变区触诊和叩诊时，才表现敏感和疼痛，体温中度升高，脉搏稍加快。

（3）慢性腹膜炎　由于发生粘连而影响了消化道的正常活动，表现消化不良和顽固性下痢，逐渐消瘦，其他症状不明显。直肠检查可感知腹膜面粗糙和粘连情况。

任 务 实 施

1. 诊断

根据病史和症状可以作出初步诊断。小动物用 X 射线检查，可确诊腹腔积液和大肠臌胀，马和牛可用 A 型超声诊断仪探查出腹腔积液的水平段，有助于确诊。为了与腹腔积液鉴别，可用腹腔穿刺液进行李凡他试验，阳性者为腹膜炎性渗出液。

2. 治疗

治疗原则为消炎止痛，防止炎性渗出，促进炎性渗出物的吸收，保护心脏功能，增强病畜抵抗力。对腹壁疝、腹腔脏器穿孔或破裂引起的腹膜炎，应及时进行外科手术治疗。发病后的最初 2 天内应禁食，经静脉给予营养药物，随病情的好转，可喂给适量的流质饲料或青草。

为了迅速制止炎症的发展，应用大剂量的抗生素同时做腹腔和肌内注射。青霉素 2000 万 IU、链霉素 400 万 IU 或庆大霉素 400 万 IU、0.25％普鲁卡因液 300ml，5％葡萄糖液 500～1000ml，加温 37℃，大家畜一次腹腔内注射，小动物视体重大小酌减，每天 1 次，连用 3～5 天。

减轻疼痛可用安乃近、双氯灭痛肌内注射或经口给予，大家畜可用水合氯醛或镇静、安定药。用缓泻剂或进行灌肠解除便秘，内服鱼石脂，防止肠臌气。

另外，根据患畜体质状况，可用 10％葡萄糖酸钙注射液 100～200ml，40％乌洛托品液 20～30ml，维生素 C 10～15g，生理盐水 3000～4000ml，混合后马、牛 1 次静脉注射。

3. 预防

预防在于避免各种不良因素的刺激和影响，特别是及时治疗各种原发疾病和防止腹腔器官感染。

子任务二　腹水症的诊治

任 务 资 讯

1. 了解概况

腹腔内积聚过量的液体，称之为腹腔积液，俗称"腹水"。可发生于各种动物，而以犬、猫、羊多见，牛、马次之。多为继发，呈慢性经过。根据积液的性状，有漏出液、渗出液、乳糜液之分，甚至可能出现尿液。

2. 认知病因

（1）腹腔漏出液　最常见于慢性肝脏疾病，尤其是吸虫类寄生虫（如片形吸虫、血吸虫、华支睾吸虫等）寄生于肝脏所引起的肝硬变；其次是营养不良性衰竭疾病、慢性肾脏疾病、充血性心力衰竭等。在这些疾病状态下，往往造成低蛋白血症，使血管内血液胶体渗透压下降或静脉回流发生障碍，使毛细血管内静脉压升高。所有这些都将促使血管内的液体成分通过毛细血管壁漏出。肝硬变时，门脉压升高，肝窦内压力随之增高，因肝窦壁比一般的毛细血管壁有更高的通透性，因而导致液体从窦壁多量漏出，形成大量淋巴液，当超过胸导管所能通流的容量时就从肝包膜及腹腔内小淋巴管溢出进入腹腔。这是肝硬变时更易发生腹腔积液的原因，常称腹水。

（2）腹腔渗出液　见于多种原因引起的弥漫性腹膜炎，如细菌性腹膜炎、结核性腹膜炎、猪传染性腹膜炎；内脏器官扭转、穿孔、破裂所引起的腹膜炎；腹腔手术后感染所引起的腹膜炎等。发生炎症时，由于受到致病因素的直接损害和组织分解产物的作用，致使发炎区内的毛细血管壁内皮细胞之间的黏合质的胶体性状发生改变，细胞之间的裂孔扩大，通透性增高，使血液内分子较大的蛋白质也可通过毛细血管壁而渗出。炎症愈严重，范围愈大，这种渗出现象就愈明显。弥漫性腹膜炎往往有大量渗出液蓄积在腹腔中。

（3）乳糜液　见于腹腔内结核、恶性肿瘤或丝虫病、外伤等引起的淋巴管或胸导管、乳糜池阻塞与损伤后大量乳糜流入腹腔，产生乳糜性腹腔积液。

由尿道结石、尿道炎、尿道周围炎所致的尿道阻塞以及膀胱麻痹而造成的尿闭，在没有得到及时而正确治疗的情况下，往往可导致膀胱破裂，尿液流入腹腔，同时刺激腹膜发生炎性渗出，生成尿液性的腹腔积液。

3. 识别症状

多量腹腔积液，腹下部明显膨大，站在病畜的正后观腹围呈梨形，触诊腹壁有波动感，冲击腹壁有振水响声，腹腔穿刺有多量的液体流出。病畜精神较差，行动迟缓，食欲减退。若伴有肝病或恶性肿瘤，则日见消瘦，可视黏膜苍白、黄染；若伴有心力衰竭，则听诊心音微弱、心搏增数、体表静脉怒张等；若伴有肾脏疾病，则全身水肿；若伴有腹膜炎，则体温升高，站立时常四肢集于腹下，低头拱背，触诊腹壁敏感，强迫行走，步态谨慎；由尿道阻塞而导致膀胱破裂者，病畜由腹痛不安转为安静，常伏地而卧，没有排尿动作。

任务实施

1. 诊断

根据临床表现及腹腔穿刺对腹腔积液不难诊断。但要确定腹腔积液的原因，还必须对穿刺液的性状做进一步检查。腹腔积尿，由尿液量的多少及病程的长短，可呈淡黄色至淡茶色，有尿臭味，加热味更浓。

2. 治疗

针对原发病治疗的同时，为促进漏出液或渗出液的吸收和排出，可应用利尿药（双氢克尿噻、利尿素）和强心剂（安钠咖、洋地黄）以及用高渗葡萄糖、10%葡萄糖酸钙静脉注射。有大量积液时，可实施腹腔穿刺放液，注意不可一次放液量过大，以防发生虚脱。对于膀胱破裂引起的腹腔积尿，需实施膀胱修补手术及尿道手术，同时用大量灭菌盐水清洗腹腔，并尽量排除清洗液，注入青霉素-普鲁卡因注射液，以消除由尿液刺激而引起的腹膜炎症。

技能训练一　前胃弛缓的诊断与治疗

【目的要求】

1. 掌握前胃弛缓的诊断方法与治疗措施。
2. 掌握前胃弛缓的用药原则和治疗注意事项。

【诊断准备】

1. 材料准备

体温计、听诊器、注射器、输液器、16号或20号针头、酒精棉球、穿刺针、胃导管、试管、一次性注射器、一次性输液器、显微镜、载玻片、盖玻片、目测八联试纸（尿液分析试条）、广泛pH试纸等。

2. 药品准备

人工盐或硫酸钠、液体石蜡油、鱼石脂、75%酒精、氨甲酰胆碱注射液（或新斯的明注射液、毛果芸香碱注射液）、10%葡萄糖注射液、50%葡萄糖注射液、10%安钠咖注射液、维生素C注射液、10%葡萄糖酸钙注射液、5%碳酸氢钠注射液、四君子汤、八珍散、微生态制剂等。

3. 病例准备

临床病例。

【诊断方法和步骤】

1. 病史调查

对患病牛、羊进行病史调查，内容包括：饲养管理状况如饲草的种类、来源、品质，有否发霉、变质的情况，有否突然变更饲料、饲草，饲喂方法、制度等有否变化，饮水是否充足，使役情况如何，有否经长途运输等；发病情况如发病时间、临床表现等；治疗情况如有无进行治疗、治疗方法、使用药物疗效情况等。

2. 临床检查

(1) 检查整体状况　精神状况检查、体温、脉搏、呼吸检查、脱水情况检查、排粪排尿情况等。

(2) 检查瘤胃　视诊瘤胃体积的变化；听诊瘤胃蠕动音强弱，蠕动次数多少，每次蠕动持续的时间；触诊瘤胃内容物形状、胃壁松弛程度等。

(3) 检查网胃、瓣胃　听诊网胃、瓣胃蠕动音等。

3. 实验室检查

(1) 尿液检查　检查尿酮体、尿液酸碱度等，判断机体代谢紊乱及酸碱平衡紊乱情况，为治疗提供参考。

(2) 瘤胃微生物活力检查　必要时进行瘤胃穿刺取瘤胃液，测定pH值及瘤胃纤毛虫活力。

① 瘤胃液pH值。瘤胃正常pH值为5.5～7.5，根据测得的瘤胃液pH值判断发病牛(羊)酸碱平衡及瘤内环境变化情况。

② 纤毛虫数量与活力。采集瘤胃液显微镜检查纤毛虫的数量和活力，根据纤毛虫数量的减少和活力减退的情况，对发病牛(羊)前胃弛缓发生的程度进行判断，从而为在治疗时如何采取措施恢复瘤胃微生物的活性起到指导作用。

【治疗措施】

本病的治疗原则是除去病因、兴奋瘤胃、防腐止酵、防止脱水和酸中毒、恢复瘤胃微生物的活性。

可按以下治疗思路进行治疗。

1. 清理胃肠，防腐止酵

根据发病牛、羊的体重大小而定，成年牛用量为鱼石脂20～30g、酒精70～80ml，人工盐或硫酸镁300～500g，加常水3000～5000ml，胃管灌服，小牛或羊酌减。

2. 兴奋瘤胃

氨甲酰胆碱注射液皮下注射，牛1～2mg，羊0.25～0.5mg或新斯的明，牛10～20mg，羊2～4mg或毛果芸香碱，牛30～50mg，羊5～10mg，皮下注射。但对病情危急、心脏衰弱、妊娠母牛，则必须禁止应用，以防流产。

3. 补液、缓解酸中毒

牛、羊发生前胃弛缓时，会继发不同程度的脱水、酸中毒、酮病，同时肝功能也会受到一定的影响，要采取补液、补能、保肝、缓解酸中毒等措施，治疗继发症。可用10%葡萄糖注射液或50%葡萄糖注射液、10%安钠咖注射液、10%葡萄糖酸钙注射液、5%碳酸氢钠注射液、葡萄糖醛酸钠注射液等，静脉注射，以补充体液、补充能量、缓解酸中毒、保肝、调节代谢紊乱。输液量根据病程长短、发病严重程度、发病牛羊食欲和饮欲情况定，病程长、症状严重、食欲及饮欲减少明显的病例用量大，病程短、症状轻的病例用量小，这要根据具体实际病例灵活掌握。

4. 调整瘤胃内环境

调整瘤胃内环境，恢复瘤胃微生物菌群活性，提高食欲，促进反刍。当瘤胃液的 pH 值降低时，可内服碳酸氢钠片，当瘤胃液 pH 值升高时可用稀乙酸 20～40L，或常醋适量内服，以调节瘤胃内环境，然后使用微生态制剂，以恢复瘤胃内微生物菌群的活性，促进瘤胃消化功能恢复。如果没有微生态制剂，也可采健康牛、羊瘤胃液，给病牛、羊灌服接种。

5. 中药治疗

根据发病原因可采用以下方剂进行治疗。

(1) 加味四君子汤　以牛为例：党参 100g、白术 75g、茯苓 75g、炙甘草 25g、陈皮 40g、黄芪 50g、当归 50g、大枣 200g，煎水去渣内服，每天 1 剂，连用 2～3 剂。适用于用因饲养失调而病程不是太长的病例，小牛或羊酌减。

(2) 加味八珍散　以牛为例：党参 50g、白术 50g、茯苓 40g、当归 50g、熟地黄 50g、白芍 40g、川芎 40g、黄芪 50g、升麻 25g、山药 50g、陈皮 50g、干姜 25g、甘草 25g、大枣 200g，煎水去渣内服，每天 1 剂，根据病情连服数剂，适用于久病虚弱、气血双亏的病例。小牛或羊酌减。

(3) 加味厚朴温中汤　以牛为例：厚朴 50g、陈皮 50g、茯苓 50g、草豆蔻 40g、广木香 25g、干姜 40g、桂心 40g、苍术 40g、当归 50g、茴香 50g、砂仁 25g、甘草 25g，煎水去渣内服，每天 1 剂，根据病情，连用数剂。适用于因寒证而引起病牛口色淡白、耳鼻俱冷、口流清涎、水泻的病例。小牛或羊酌减。

另外，突然受寒，也可用红糖 250g，生姜 200g（捣碎），开水冲，候温内服，具有和脾暖胃、温中散寒的功效。

6. 医嘱

对发病牛、羊，病初禁食 1～2 天后，饮水不限，然后饲喂适量富有营养、容易消化的优质干草或进行放牧或进行适当的牵遛，以增加运动，促进消化功能。

【作业】

1. 病例讨论：教师指导学生分组讨论，讨论内容有前胃弛缓的发病原因、诊断方法、治疗措施、鉴别诊断以及如何预防等，教师将学生实习操作中出现的问题进行归纳总结，提出临床工作注意事项。

2. 写出实习报告。

技能训练二　牛瘤胃积食的诊断与治疗

【目的要求】

1. 了解瘤胃积食的发病原因和预防措施。

2. 掌握瘤胃积食的诊断方法和治疗措施。

3. 掌握瘤胃积食和瘤胃臌气的鉴别诊断。

【诊断准备】

1. 材料准备

牛或羊、体温计、听诊器、注射器、输液器、16 号或 20 号针头、酒精棉球、胃导管、人工盐或硫酸钠、液体石蜡、鱼石脂、氨甲酰胆碱注射液、5％葡萄糖氯化钠注射液、复方氯化钠注射液、10％葡萄糖注射液、10％安钠咖注射液、维生素 C 注射液、10％葡萄糖酸钙注射液、5％碳酸氢钠注射液等。

2. 病例准备

临床病例。

【诊断方法和步骤】

1. 病史调查

对患病牛、羊进行病史调查，内容包括：饲养管理状况如饲草的种类、饲喂方法、饮水情况、发病时间、治疗情况等。

2. 临床检查

（1）检查整体状况　精神状况检查，测量体温，检查脉搏，观察有无呼吸困难、有无脱水情况，检查可视黏膜色泽、腹围大小及排粪、排尿情况等。

（2）检查瘤胃　视诊瘤胃体积大小；听诊瘤胃蠕动音强弱，蠕动次数多少，每次蠕动持续的时间；触诊瘤胃内容物充实程度等。

（3）尿液检查　检查尿液酸碱度，判断是否发生酸中毒及酸中毒的程度等。必要时检查尿液酮体含量，给治疗提供更多的信息。

3. 瘤胃积食与瘤胃臌气的鉴别诊断

从发病原因、症状特征进行鉴别诊断。

【治疗措施】

（一）保守治疗

瘤胃积食治疗的关键重在清理瘤胃内的积存内容物，保守治疗可按以下方法进行。

1. 禁食与运动

积食发生后对发病动物要禁食，饮水要视积食情况采取不限水或少量多次饮水，并做适当的牵遛运动，以促进内容物运转外排。

2. 按摩

为了促进瘤胃蠕动，对发病牛、羊可实行瘤胃按摩，方法是先灌服一定量的温水，然后对瘤胃进行按摩，每次 5～10min，每隔 30min 一次。

3. 清理胃肠

用人工盐或硫酸钠 300～500g、液体石蜡或植物油 2000～3000ml、鱼石脂 15～20g、75%酒精 50～100ml、常水 6000～10000ml（牛、羊酌减），混合 1 次内服。应用泻剂后，再加氨甲酰胆碱注射液，牛 1～2mg，羊 0.25～0.5mg，皮下注射；或用毛果芸香碱、新斯的明等瘤胃兴奋药，兴奋前胃神经，促进瘤胃内容物运转与排除。但心脏功能不全或孕牛忌用。

4. 补液、强心、缓解酸中毒

根据临床检查结果，对脱水牛（羊）要用 5%葡萄糖氯化钠注射液或复方氯化钠注射液进行补液，用 10%安钠咖强心；根据尿液酸碱度及可视黏膜检查，发病动物发生酸中毒时用 5%碳酸氢钠缓解酸中毒。

5. 促进食欲和反刍

通过采取以上治疗措施，待发病牛（羊）瘤胃内的积食已经排除，体况得到调整时，如食欲和反刍仍恢复不到正常时，可按牛 10%氯化钠溶液 100～200ml、10%葡萄糖酸钙溶液 500ml、10%安钠咖注射液 20～30ml，静脉注射，羊酌减；同时使用微生态制剂，恢复或提高瘤胃微生物活性，促进食欲恢复和反刍。

（二）手术治疗

对保守治疗无效时，应尽快实施瘤胃切开术，取出胃内容物，并用 1%温食盐水洗涤。必要时，接种健康牛瘤胃液，加强饲养和护理，促进康复过程。术后按常规抗菌消炎和护理。

手术治疗操作要点如下。

① 术部除毛、消毒。

② 保定。羊右侧卧保定，牛六柱栏站立保定。

③ 麻醉。羊可采取全麻，牛腰旁神经干传导麻醉，结合术部局麻。

④ 手术过程。常规打开腹腔，按瘤胃切开术操作方法切开瘤胃、清除瘤胃内容物 1/2 或 2/3，切忌全部清除，然后缝合瘤胃，关闭腹腔。

⑤ 术后护理。用青霉素抗菌消炎，根据发病牛（羊）的体质状况采取补液、补能措施，同时，使用瘤胃微生物态制剂，提高瘤胃微生物活性。

【作业】

1. 病例讨论：教师指导学生分组讨论，讨论内容有瘤胃积食的发病原因、诊断方法、治疗措施、与瘤胃膨气的鉴别诊断以及如何预防等，教师将学生实习操作中出现的问题进行归纳总结，提出临床工作注意事项。

2. 写出实习报告。

技能训练三　牛创伤性网胃炎的诊断与治疗

【目的要求】

1. 了解牛创伤性网胃炎的发病原因及危害性。

2. 掌握牛创伤性网胃炎的诊断技术。

3. 掌握牛永久性磁笼投放技术。

【诊断准备】

1. 材料准备

听诊器、体温计、穿刺针、磁笼投放器、开口器、磁笼、叩诊板、木棍、叩诊锤、16 号或 20 号针头、注射器、输液器、酒精棉球、青霉素、链霉素、5％葡萄糖氯化钠注射液、复方氯化钠注射液、10％葡萄糖注射液、维生素 C 注射液、普鲁卡因注射液等。

2. 病例准备

临床病例或模拟病例。

【诊断方法和步骤】

1. 问诊

向畜主了解日常饲养管理情况，养牛环境状况，患牛何时发病，症状有何特点。

2. 患牛行为观察

仔细观察病牛的精神状态，观察病牛站立、起卧、行走、采食饮水时的行为表现，判断有无创伤性网胃炎的症状特征。

3. 网胃区检查

用叩诊锤或拳头叩击网胃区或剑状软骨区触诊，或用一根木棍通过剑状软骨区的腹底部猛然抬举，给网胃施加强大压力，观察病牛表现。用双手将鬐甲部皮肤捏成皱襞，观察病牛表现及有无背部下凹现象。

4. 血象检查

病牛采血检查，有无白细胞总数增多、核左移、淋巴细胞减少现象。一般白细胞增多达 11000～16000，其中嗜中性粒细胞增至 45％～70％，淋巴细胞减少为 30％～45％，结合病情分析，具有实际临床诊断意义。

5. X射线诊断

有条件的可进行X射线检查，可获得确切诊断。

6. 金属探测仪诊断

使用金属探测仪检查网胃区，可获得阳性结果。

【治疗措施】

1. 手术疗法

进行瘤胃切开术，掏出瘤胃内容物，通过瘤网胃口术者将手伸进网胃内，找到金属异物，缓慢去除金属异物，然后常规缝合瘤胃和关闭腹腔，术后抗菌消炎，加强护理。

去除金属异物的注意事项。

（1）寻找金属异物要仔细，以免遗漏，并且动作要轻缓。

（2）找到金属异物先不要急着拔出来，要认真探知金属异物与网胃组织的嵌合或包埋情况，以防拔出异物操作不当，导致网胃壁损伤。

（3）在拔出异物时要根据术者探知的具体情况，采取边旋转、边拔出的方法，以防将网胃肌肉组织随异物拔出，造成网胃穿孔或较大面积的损伤。

（4）在清除刺入网胃壁上的金属异物后，还应认真检查网胃内是否还有其他异物，如果有一并取出，同时将磁笼放入网胃。

2. 保守疗法

（1）让病牛保持前躯高后躯低的姿势，以减轻腹腔脏器对网胃的压力，促使异物退出网胃壁。

（2）使用青霉素（40000万IU）与链霉素（800万IU），分别肌内注射，连用3～5天。

（3）投放磁铁吸取网胃内金属异物，同时应用青霉素和链霉素，肌内注射，治愈率约达50％，但有少数病例复发。

此外，加强饲养管理，使病牛保持安静，先禁食2～3天，其后给予易消化的饲料，并适当应用防腐止酵剂、高渗葡萄糖或葡萄糖酸钙溶液，静脉注射，增进治疗效果。

【作业】

1. 病例讨论：教师指导学生分组讨论创伤性网胃炎的发病原因、诊断方法、治疗措施、网胃磁笼投放操作要点，教师将学生实习操作中出现的问题进行归纳总结，提出临床工作注意事项。

2. 写出实习报告。

技能训练四 奶牛皱胃变位的诊断与治疗

【目的要求】

1. 了解奶牛皱胃变位的类型、发生原因、预防措施。

2. 掌握奶牛皱胃变位的诊断方法。

3. 掌握奶牛皱胃变位的治疗方法。

【诊断准备】

1. 材料准备

体温计、穿刺针、pH试纸、听诊器、叩诊板、叩诊锤、一次性注射器、一次性输液器、酒精棉球、碘酊棉球、16号或20号针头、保定栏、手术刀、10号缝合线、缝合针、止血钳、持针钳、巾钳、大拉钩、组织镊、纱布、青霉素、链霉素、5％葡萄糖氯化钠注射液、复方氯化钠注射液、10％葡萄糖注射液、维生素C注射液、止血敏注射液、10％葡萄糖酸钙、盐酸普鲁卡因、微生态制剂、健胃散等。

2. 病例准备

临床病例。

【诊断方法和步骤】

1. 问诊

患牛发病时间、症状表现、排粪情况、治疗情况、胎次等。

2. 临床检查

听诊结合叩诊左（右）侧肋骨中上部有无钢管音、16 号穿刺针取胃液，用 pH 试纸检测 pH 值是否为酸性，若为酸性结合症状可以确诊，并判断是左方变位还是右方变位。

3. 实验室检查

静脉采血检测血清钙、血清钾含量，采尿检查尿液 pH 值、尿酮体含量，判断患牛是否继发低血钙、低血钾、代谢性酸中毒、酮病等。

【治疗措施】

1. 保守治疗

对已确诊的皱胃左（右）方变位，若不做手术，可采取皱胃穿刺放气以减少皱胃内压力，同时使用 654-2 注射液肌内注射，缓解皱胃壁平滑肌的紧张性，并控制采食，减少腹腔压力，这样有的病例可以恢复，但治愈率很低，因此在有手术条件的情况下，不建议大家使用保守治疗，因为奶牛皱胃左方变位多发生在产后不久，此时奶牛体质较差，皱胃变位后严重影响其采食，营养不能得到充分满足，如果采取保守治疗不能奏效，会导致病程延长，患牛的体质会更差，很容易继发低血钙、低血钾、酸中毒和酮病等症。用滚转的方法治疗奶牛皱胃变位在临床上可以尝试，但也不提倡，因为奶牛体重大、操作困难，再者"滚转疗法"并不适合所有的变位类型。

2. 手术治疗

（1）术前处理 术前要对奶牛的体质状况进行全面检查，要检测血清钙、血清钾、尿酮、尿液 pH 值等，并根据检测结果进行术前补钙、补钾、补糖、缓解酸中毒等治疗，以调整患牛的体质，保证手术成功率。同时在术前对皱胃进行穿刺放气减压，便于手术时整复皱胃。

（2）根据诊断结果在左侧或右侧肷窝处剃毛。

（3）保定 六柱栏站立保定、腰旁神经干（第 13 肋间神经、髂腹下神经、髂腹股沟神经）传导麻醉结合术部局麻。

（4）常规打开腹腔、皱胃复位、皱胃固定、常规关闭腹腔。

（5）术后抗菌消炎、补液、补能、通便，术后前 2 天禁食但不限水，在粪便排通后可以让术牛采食少量适口性强、营养丰富的青绿饲料，以后逐步增加，使用微生态制剂增强瘤胃微生物活性，促进患牛康复。

【作业】

1. 病例讨论：教师指导学生讨论以下内容。

（1）奶牛皱胃变位的原因。

（2）奶牛皱胃左方变位与右方变位在临床上的发生率，与胎次的关系，与妊娠分娩、与季节、与应激的关系等。

（3）不同类型皱胃变位术部选择的优缺点。

（4）手术治疗皱胃变位的术前、术中、术后技术操作要点。

2. 写出实习报告。

技能训练五　犬胃肠炎的诊断与治疗

【目的要求】

1. 了解犬胃肠炎的发病原因、类型、预防措施。
2. 掌握犬胃肠炎的临床症状、诊断方法及治疗措施。
3. 掌握犬胃肠炎与胃肠卡他等症的鉴别诊断。

【诊断准备】

1. 材料准备

体温计、听诊器、棉签、载玻片、盖玻片、显微镜、酒精棉球、一次性注射器、一次性输液器、血液分析仪等。

2. 药品准备

环丙沙星注射液或庆大霉素注射液、654-2 或阿托品注射液、维生素 K_3 注射液、维生素 B_1 注射液、维生素 C 注射液、胃复安注射液、安络血注射液、止血敏注射液、复方氯化钠注射液、5%葡萄糖氯化钠注射液、10%低分子右旋糖酐注射液、10%氯化钾注射液、5%碳酸氢钠注射液、木炭末、鞣酸蛋白等。

3. 病例准备

借助兽医院临床病例或人工复制病例。

【诊断方法和步骤】

1. 人工复制病例

用腐败肉食饲喂试验犬或用腐败奶灌服试验犬，诱发胃肠炎。

2. 临床诊断

（1）对临床病例要问诊临床资料，包括发病时间、饲养状况、症状表现、用药情况、治疗效果等。

（2）对病犬进行临床检查：测量体温、心率、呼吸频率，检查可视黏膜的色泽、脱水程度（表 1-1），观察病犬的姿势、精神状态等。

（3）听诊胃肠蠕动音。

（4）采集粪便做粪便检查，判断粪便内的附含物，疑似细菌性胃肠炎者可做粪便培养。

（5）采集血液，进行全血血细胞计数，分析血细胞数的变化。

（6）注意与其他疾病的鉴别诊断。

表 1-1　犬脱水程度的临床判断

程度	体重减少/%	精神状态	皮肤弹性实验持续时间/s	口腔黏膜	眼窝下陷	毛细血管再充盈时间	需补充液量/(ml/kg 体重)
轻度	5~8	稍差	2~4	轻度干涩	不明显	稍增长	30~50
中度	8~10	差,喜卧少动	6~10	干涩	轻微	增长	50~80
重度	10~12	极差,不能站	20~45	极干涩	明显	超过 3s	80~120

【治疗措施】

1. 消除炎症

细菌性胃肠炎需用环丙沙星、庆大霉素等抗生素类药物治疗；病毒性胃肠炎需用抗病毒药物并配合应用抗生素防止细菌继发感染。

2. 止吐止泻

对严重呕吐的犬，可肌内注射胃复安 1.5mg/kg 体重或 654-2 或阿托品 1～2mg，腹泻剧烈不止时可用鞣酸蛋白、木炭末等经口给予。

3. 对症治疗

（1）见血便者，可选用安络血、止血敏配合维生素 K$_3$ 以止血。

（2）调整体液平衡　根据病犬体重大小和脱水程度静脉滴注 5％葡萄糖氯化钠注射液，每日脱水严重的加适量 10％低分子右旋糖酐注射液，以扩充血容量和疏通微循环。

（3）纠正酸中毒　按每千克体重加入 5％碳酸氢钠溶液 1～3ml 或 11.2％乳酸钠溶液 0.5～1.5ml，先静脉输入 1/3 量，另 2/3 量缓慢输入。

4. 加强护理

把病犬安置在温度适宜的地方，症状有所缓解后，可少量喂给糖盐水及易消化的食物，对幼犬可进行腹部温敷。

【作业】

1. 病例讨论：在教师的指导下，学生可分组讨论以下内容。

（1）不同类型胃肠炎的临床症状特点。

（2）胃肠炎的临床诊断方法和治疗药物选择。

（3）犬胃肠炎脱水的补液原则和补液方法。

（4）胃肠炎对症治疗措施。

（5）胃肠炎的预防措施。

（6）拟写 2～3 个犬胃肠炎的治疗处方，并讨论每一处方的治疗针对性。

2. 写出实习报告。

能 力 拓 展

以下技能项目可根据学校实习条件的实际情况，或进行人工复制病例、或利用在校外实习基地病例、或借助学校实习兽医院的临床病例来完成，要求以学生为主体，分组进行，教师对学生的诊断和治疗过程进行指导，并对各组的治疗方案和治疗效果进行评价，指出存在的问题，旨在进一步提高学生对动物消化系统疾病的临床诊疗技能和学习效果。

1. 犬肠套叠的诊断与治疗。

2. 断奶仔猪腹泻的诊断与治疗。

3. 奶牛皱胃溃疡的诊断与治疗。

4. 羊瓣胃阻塞的诊断与治疗。

要求：讨论治疗思路、写出治疗处方、实施治疗措施并护理好发病动物，同时还要做好病例总结。

复习与思考

1. 反刍动物前胃弛缓的发病原因有哪些？临床症状表现有哪些特点？

2. 临床治疗前胃弛缓的方法有哪些？治疗原则是什么？如何从中医角度解释该病的

发生？

   3. 如何区别瘤胃积食和瘤胃臌胀？

   4. 创伤性网胃炎的诊断要点有哪些？

   5. 试述前胃疾病治疗的注意事项。

   6. 奶牛皱胃左方变位和右方变位的发病原因有哪些？其诊断要点有哪些？

   7. 奶牛皱胃变位手术治疗的要点有哪些？

   8. 胃肠炎的补液原则是什么？

   9. 奶牛皱胃溃疡的发病原因有哪些？如何治疗和预防？

  10. 犬胃扩张-扭转综合征的临床发病特点是什么？治疗要点有哪些？

  11. 如何解读动物肝脏疾病的生化检查指标？

  12. 如何诊断和治疗腹膜炎？

项目二　呼吸系统疾病

在兽医内科疾病中，呼吸系统各器官疾病的发病率较高，引起呼吸器官疾病的原因很多，如受寒感冒，化学性、机械性刺激，过度疲劳等，均能降低呼吸道黏膜的屏障作用和机体的抵抗力，从而导致呼吸道常在菌及外源性细菌的大量繁殖，引起呼吸器官的病理性过程。在很多传染病如猪肺疫、流行性感冒、传染性支气管炎、传染性胸膜肺炎及某些寄生虫的寄生或移行等均可引起呼吸器官的病理变化。本章主要讲述呼吸系统疾病的病因、临床症状、诊断方法、治疗和预防措施等。

【知识目标】

1. 了解呼吸系统疾病的发病特点。
2. 掌握呼吸系统常见疾病的发病原因、发病机制及诊疗技术。
3. 掌握常见呼吸系统疾病的鉴别诊断及用药原则。

【技能目标】

通过本章内容的学习，让学生具备能够正确诊断和治疗畜禽感冒、支气管炎、肺炎、胸膜炎的能力和呼吸系统疾病的重症护理技术。

任务一　感冒的诊断与治疗

任 务 资 讯

1. 了解概况

感冒是由于受寒冷的影响，机体防御功能降低，引起以上呼吸道感染为主的一种急性热性病。一年四季尤以春、秋气候多变时多见，各种家畜均可发生。

2. 认知病因

本病主要是由于寒冷的突然袭击所致，如厩舍条件差，受贼风吹袭；舍饲的家畜突然在寒冷的气候条件下露宿；使役出汗后被雨淋风吹等。

寒冷因素作用于全身时，机体屏障功能降低，上呼吸道黏膜的血管收缩，分泌减少，气管黏膜上皮纤毛运动减弱，致使呼吸道常在菌大量繁殖。由于细菌产物的刺激，引起上呼吸道黏膜的炎症，因而出现咳嗽、流鼻液，甚至体温升高等现象。

3. 识别症状

病畜精神沉郁，食欲减退，体温升高，结膜充血，甚至羞明流泪，眼睑轻度水肿，耳尖、鼻端发凉，皮温不整。鼻黏膜充血，鼻塞，初流水样鼻液，随后转为黏液或黏液脓性。咳嗽，呼吸加快，肺泡音粗粝，并发支气管炎时，多出现干、湿啰音。心跳加快，口黏膜干燥，舌苔薄白。牛感冒除具有以上症状外，鼻镜干燥，并出现反刍减弱，瘤胃蠕动沉衰等前胃弛缓症状。猪多怕冷，喜钻草堆，仔猪尤为明显。一般如能及时治疗，可很快痊愈，如治疗不及时，特别是幼畜则易继发支气管肺炎。

任务实施

1. 诊断

本病根据受寒冷作用后突然发病；体温升高、咳嗽、流涕、皮温不整、羞明流泪等上呼吸道炎症的症状、不具传染性、解热镇痛药迅速治愈即可作出诊断。本病应与流行往感冒相区别，流行性感冒由流行性感冒病毒引起，传播迅速，有明显的流行性，往往大批发生，依此可与感冒鉴别。牛流行热热型为稽留热，有时出现运动障碍。

2. 治疗

（1）西医疗法　以解热镇痛为主，常用药有安乃近、安基比林、安痛定、青霉素、头孢类等。

（2）中药治疗　中药治疗以解表清热为主。

① 风热感冒。出现体表灼热、鼻液黏稠、干痛咳嗽、黏膜潮红、尿短赤时，可用银翘散：金银花45g、连翘45g、桔梗24g、薄荷24g、牛蒡子30g、豆豉30g、竹叶30g、芦根45g、荆芥30g、甘草18g，水煎灌服（牛、马）。如咳嗽较重，上方加：杏仁、贝母。

② 风寒感冒。如发热较轻，咳嗽、鼻流清涕、小便清长时，可用杏苏散：杏仁18g、桔梗30g、紫苏30g、半夏15g、陈皮21g、前胡24g、甘草12g、枳壳21g、茯苓30g、生姜30g，共为末，开水冲服（牛、马）。

3. 预防

除加强饲养管理，增强机体耐寒性锻炼外，主要应防止家畜突然受寒。如防止贼风吹袭，使役出汗时不要把家畜拴在阴冷潮湿的地方，冬季气候突然变化时注意加强防寒措施等。

任务二　支气管炎的诊断与治疗

任务资讯

1. 了解概况

急性支气管炎是各种畜禽易患的常见病，系支气管黏膜及黏膜下深层组织的炎症，常以重剧咳嗽及呼吸困难为特征。急性支气管炎常见于马、犬、牛、猪。慢性支气管炎常累及支气管黏膜下基膜及结缔组织，形成支气管周围炎，临床特征是持续性咳嗽和迁延性病程。

2. 认知病因

（1）急性支气管炎

① 病原感染　如流感、猪支原体肺炎、继发细菌感染时，更使支气管炎症变得重剧。在犬，常发生咳嗽，感染的主要是犬乙型腺病毒、副流感病毒，还有犬Ⅰ型腺病毒、犬瘟热病毒、呼肠孤病毒、犬肝炎病毒、支气管败血波氏杆菌等。

② 机体抵抗力下降　畜禽呼吸道具有较强的防御功能。在正常情况下，进入呼吸道内的尘埃、异物或细菌，可被支气管壁的淋巴小结所过滤，被支气管黏膜的白细胞所吞噬，或由支气管腺分泌的黏液所滞留，并可通过打喷嚏、咳嗽反射、黏膜纤毛运动等特异性和非特异性防御机制而得以清除。寒冷、天气骤变、长途运输应激、断奶、畜舍通风不良、湿度过大等是引发支气管炎的条件。幼畜、老龄动物及营养不良的动物（如维生素A缺乏症）抵抗力低下，更易受到微生物的入侵。

③ 空气质量不良　吸入热空气、烟气、灰尘、有害气体、异物，可直接刺激支气管黏膜发生炎症，进而感染病原菌；支气管炎也可由真菌、寄生虫引起（如牛、羊、猪的肺丝

虫、猪蛔虫幼虫）。

（2）慢性支气管炎 常由于急性支气管炎的致病因素未能及时消除，病程迁延；或致病因素长期反复作用重复感染，炎症迁延，致使动物抵抗力下降。这些都可使支气管炎长期存在，呈慢性经过。

当心脏或肠道疾病存在时，影响到肺循环，或某些慢性传染病或寄生虫病（鼻疽、结核、肺线虫等）均可继发慢性支气管炎。真菌性或变应性支气管炎常呈慢性经过，这也可能是慢性间质性肺炎的前驱症状。

3. 识别症状

（1）急性支气管炎 按炎症部位不同，可分为（大）支气管炎和细支气管炎。

① 大支气管炎。其主要症状是咳嗽。初期呈干性痛咳、短咳，以后转为湿咳。病初可见少量浆液性鼻汁，以后则变为黏液性至黏液脓性。呼吸困难不明显。体温正常或升高0.5～1℃。胸部检查，初期可听到干啰音，当分泌物增多，渗出物较稀时，可听到湿啰音，多数为大、中水泡音。

② 细支气管炎。全身症状较重，食欲减退，中热或高热，脉搏增数，呼吸困难，常呈呼气性呼吸困难，结膜发绀，鼻汁量少，弱痛咳，胸部听诊有干啰音或小水泡音。叩诊代偿性肺泡气肿区，呈过清音，肺界后移。

（2）慢性支气管炎 炎症呈慢性经过，炎性浸润及增生变化明显，而且炎症累及到支气管周围，发生支气管周围炎，严重时可导致支气管狭窄或扩张。炎症的迁延，黏膜长期受到刺激，致使动物呈现咳嗽。有可能发展成慢性肺泡气肿。

拖延数月甚至数年的咳嗽是本病的特征性表现。当动物进出畜舍、饮水、采食、运动或气候骤变时，都可引发阵发性剧烈干咳。痰量较少，有时混有少量血液，急性发作并有细菌感染时，则咳出黏液脓性痰液。人工诱咳阳性。

病畜体温一般无明显升高。整体状态如无其他并发症则无明显改变。当发生支气管狭窄和肺泡气肿时，则出现呼气性呼吸困难，特别在运动、劳役之时。

任 务 实 施

1. 诊断

（1）急性支气管炎 依据咳嗽、鼻腔分泌物、胸部理学检查、热型，确诊支气管炎不难。X射线检查，一般不见异常，细支气管炎时，可见肺纹理增强，肺野模糊，肺浊音界扩大。应注意支气管炎与细支气管炎的鉴别。根据体温、全身症状轻重、胸部检查结果，容易区别。要结合流行病学特点，尽可能地将散发性支气管炎与具有支气管炎的某些传染病区别开来。

（2）慢性支气管炎 肺部听诊，可有各种啰音，并随炎症的迁延，渗出物浓稠，而呈现干啰音。肺泡音强盛，当发生肺气肿时肺泡音减弱或消失。叩诊一般无明显异常，当发生肺气肿时可出现过清音和肺界后移。X射线检查，当出现支气管周围炎时，肺纹理明显。慢性变应性支气管炎，支气管渗出物中富含嗜酸性粒细胞，细菌检查常为阴性。由于长期食欲缺乏和疾病消耗，病畜逐渐消瘦，有的发生贫血。

2. 治疗

重点进行消炎、止咳和祛痰，并将患畜置于清洁、通风、温暖环境，喂以易消化饲料、青草。

（1）抗菌消炎 常用的药物有青霉素、头孢曲松钠，必要时配合地塞米松。当痰液浓稠而排除不畅时，要使用祛痰剂。如氯化铵（大动物8～15g，小动物0.2～1g）、吐酒石（大动物 2～4g，小动物 0.2～1g）。咳嗽剧烈而频繁时，可应用止咳剂，如复方樟脑酊（大动物 50～100ml，猪、羊 10～30ml，犬 1～5ml）、复方甘草合剂（大动物 15～60ml，猪、羊 15ml，犬 1～5ml）、杏仁水（大动物 20～40ml，小动物 0.5～2ml）。有条件的，可行蒸气吸入疗法。

（2）中药疗法

① 外感风寒引起者，宜疏风散寒、宣肺止咳。可选用荆防散和止咳散加减：荆芥、紫菀、前胡各 30g，杏仁 20g，紫苏叶、防风、陈皮各 24g，远志、桔梗各 15g，甘草 9g，共研末，马、牛（猪、羊酌减）一次开水冲服。也可用紫苏散：紫苏、荆芥、防风、陈皮、茯苓、桔梗各 25g，姜半夏 20g，麻黄、甘草各 15g，共研末，生姜 30g，大枣 10 枚为引，马、牛（猪、羊酌减）一次开水冲服。

② 外感风热引起者，宜疏风清热、宣肺止咳。可选用款冬花散：款冬花、知母、浙贝母、桔梗、桑白皮、地骨皮、黄芩、金银花各 30g，杏仁 20g，马兜铃、枇杷叶、陈皮各 24g，甘草 12g，共研末，马、牛（猪、羊酌减）一次开水冲服。也可用桑菊银翘散：桑叶、杏仁、桔梗、薄荷各 25g，菊花、金银花、连翘各 30g，生姜 20g，甘草 15g，共研末，马、牛（猪、羊酌减）一次开水冲服。

3. 预防

本病的预防，主要是加强平时的饲养管理，圈舍应经常保持清洁卫生，注意通风、透光以增强动物的抵抗力。动物运动或使役出汗后应避免受寒冷和潮湿的刺激。

任务三　肺炎的诊断与治疗

子任务一　卡他性肺炎的诊治

任 务 资 讯

1. 了解概况

卡他性肺炎又称支气管肺炎、小叶性肺炎，是各种动物，特别是老龄、幼畜以及营养不良、缺乏锻炼动物易发生的一种常见病。其特点是支气管及所累及的肺小叶（单个或一群肺小叶）呈现卡他性炎症，病灶内有浆液性分泌物、脱落的上皮细胞和白细胞。

2. 认知病因

（1）机体抵抗力下降　绝大多数原发病例，是在条件性病因作用下，由兼性致病常在菌感染而发病。这些条件性病因可归纳为过劳、长途运输、畜舍卫生不良、营养不良、受凉等。在这些因素作用下，机体的防御能力减弱、特异性和非特异性保护机制作用降低，成为肺部感染的基础。在条件病因中，寒冷刺激的危害更为明显。在寒冷刺激下，一方面内脏中血液分布出现一种温度反射性改变，肺静脉痉挛、肺实质充血以及肺泡中被含红细胞的血清所充满；另一方面白细胞被潴留于肺脏引起一种受凉性白细胞减少症以及小血栓的形成，细胞和毛细血管的胶态改变。身体自然防御功能损害及新陈代谢的变化。

在削弱身体抵抗力的条件性病因共同作用下，附生于黏膜的微生物起到致病作用。致病性病原有巴氏杆菌、肺炎球菌、猪嗜血杆菌、坏死杆菌、副伤寒杆菌、铜绿假单胞菌、化脓杆菌、马流产沙门菌、马棒状杆菌、链球菌、葡萄球菌等。

吸入热空气、烟气、刺激性气体等物理、化学致病因素，亦可引起卡他性肺炎。

（2）病原感染　可发生于传染病，临床上常见有流感、传染性支气管炎等，另外在羊痘、结核、犬瘟热、恶性卡他热、口蹄疫、放线菌病、支原体肺炎过程中，可作为继发症或伴随症状而发生卡他性肺炎。卡他性肺炎也可继发于寄生虫病，如猪的肺线虫、仔猪蛔虫感染，也见有卡他性肺炎的表现。

（3）其他因素　生殖系统、乳房细菌感染发生血源性传播时，在肺可形成脓毒性病灶，如侵害支气管系统，即发生继发性支气管肺炎。

3. 识别症状

体温升高 1.5～2℃，弛张热型。脉搏数随体温升高而增多，病初尚充实，以后变弱。有一定程度的混合性呼吸困难，呼吸浅表，呼吸次数增加。初期为干性痛咳，随着渗出物的增多，咳嗽转为湿性，疼痛也随之减轻。咳嗽时，可见一定量的鼻腔分泌物。在马，分泌物较少，牛、羊及猪分泌物呈黏液或黏液脓性。

肺部叩诊，病灶如位于肺表面，且直径在 3～4cm 以上，可叩出浊音区，浊音区周围常出现过清音。

听诊时，病灶区呼吸音减弱。听到捻发音及湿啰音。当渗出物阻塞了肺泡及支气管时，肺泡呼吸音消失；当小叶性肺炎病灶相互融合时可听到支气管呼吸音。在其他健康部位，则肺泡音增强。

X 射线检查，显示肺纹理增强，伴有小片状模糊阴影。

血液学检查，可见白细胞总数增加，嗜中性粒细胞增多，核左移，单核细胞增多，嗜酸性粒细胞缺乏。有并发症而转归不良的患畜，白细胞总数减少，嗜酸性粒细胞减少以至消失，单核细胞减少。当淋巴细胞增多，嗜酸性粒细胞出现，嗜中性粒细胞正常时，预示转归良好。

治疗不及时或继发肺脓肿，病程延长，不易痊愈。继发于传染病的，预后多不良。

任 务 实 施

1. 诊断

原发性卡他性肺炎，依据病程、病史调查、卡他性肺炎的临床症状、弛张热、肺部病理学检查：叩诊小片浊音区，听诊肺泡呼吸音减弱或消失，有捻发音，咳嗽，呼吸困难及 X 射线检查所见可确诊，确诊不难。但要与下列疾病相区别。

支气管炎、细支气管炎易与卡他性肺炎相混淆。支气管炎肺部叩诊、听诊的变化与卡他性肺炎不同，而且咳嗽较重，分泌物较多；细支气管炎咳嗽重，分泌物多，肺泡呼吸音增强甚至粗糙，但缺乏捻发音。这两种病的 X 射线检查很少有特征性变化，或见有纹理增强，特别在细支气管炎之际。

要注意传染性疾病、寄生虫性疾病时伴发或继发卡他性肺炎，作出原发病的诊断。还应与非典型大叶性肺炎、肺脓肿、沉积性肺炎相鉴别。

2. 治疗

患畜应置于温暖、湿润的环境，通风良好，配合食饵疗法，给予柔软优质青干草及清洁饮水，在寒冷冬季最好饮用温水。

治疗原则为抗菌消炎、止咳祛痰、防止渗出及维护心脏功能。

（1）抗菌消炎　常采用抗生素、磺胺类药物。最好能采取鼻分泌物做药敏试验，选择用药。青霉素、链霉素合用，有较好疗效。必要时，可选用红霉素、四环素、土霉素、氯霉素。多采用静脉注射方式。按常规剂量，配于葡萄糖液或生理盐水中，一日 1～2 次。磺胺类药物，常用磺胺嘧啶（SD）或长效磺胺类［如磺胺甲噁唑（SMZ）、磺胺二甲基嘧啶（SM_2）、磺胺间甲氧嘧啶（SMM）、磺胺甲氧嗪（SMP）等］，并配合增效剂［甲氧苄啶（TMP）］，如 SMP-TMP、磺胺嘧啶/甲氧苄啶（SD-TMP）注射液，对控制感染及促进炎性渗出物的消散有明显作用。

以青霉素（240万~480万U）、链霉素（400万~600万U）溶于3%普鲁卡因10~20ml，再加蒸馏水至60ml，一次气管内注射，每日一次，经2~4次可愈（大动物用量）。

（2）止咳祛痰　当分泌物黏稠，咳嗽严重时，可应用止咳祛痰剂。

（3）中药疗法　可选用加味麻杏石甘汤：麻黄15g、杏仁8g、生石膏90g、金银花30g、连翘30g、黄芩24g、知母24g、玄参24g、生地黄24g、麦冬24g、天花粉24g、桔梗21g，共为研末，蜂蜜250g为引，马、牛一次开水冲服（猪、羊酌减）。也可用瓜蒌根100g（捣碎），鸡蛋清10个，麻油、蜂蜜各160ml，温水冲，一次灌服；或用生石膏150g，地骨皮80g，侧柏叶50g，蜂蜜150ml，水煎，一次灌服，均能收到较好的效果。

（4）对症疗法　要针对心脏功能减弱及呼吸困难采取相应措施。强心剂常用咖啡因类、樟脑类，必要时可用洋地黄类（如毒毛旋花子苷K）。当动物乏氧明显时，宜采用输氧疗法，可用氧气袋鼻腔输给。比较方便又效果明显的方法是用医用双氧水（3%）以生理盐水10倍稀释后静脉注射1~3L（马），具有良好的作用。

3. 预防

加强饲养管理，避免淋雨受寒、过度劳役等诱发因素。供给全价日粮，健全完善的免疫接种制度，减少应激因素的刺激，增强机体的抗病能力。及时治疗原发病。

子任务二　纤维素性肺炎的诊治

任 务 资 讯

1. 了解概况

又称大叶性肺炎、格鲁布性肺炎，是累及整个肺叶的一种急性纤维素性炎症过程。以高热稽留、铁锈色鼻液、肺部广泛浊音区和病理的定型经过为其临床特征。可发生于马、牛、羊、猪等动物，且体质强壮营养良好者易发。

2. 认知病因

（1）病因　可分为传染性和非传染性两种。

① 非传染性纤维素性肺炎　多为散发，其致病微生物主要是肺炎双球菌，还有链球菌、铜绿假单胞菌、巴氏杆菌等常在菌。但病的发生要有条件性致病因素的同时作用，如任何一种过度劳役（疲乏的长途迁移，火车或船舶运输，动物无效的站立尝试，摔倒等）；治疗的药浴；胸廓的暴力施加；畜舍卫生环境不佳；受凉对促进病的发生有重要作用；吸入烟尘或刺激性气体。在削弱抵抗力的条件病因作用下，附生于黏膜的微生物可获得一定的致病性而导致本病的发生。

有研究者认为，该病的发生有类似变态（过敏）反应的病理过程。病原的初次作用，可使机体致敏。如同变态反应，是在事先抗体致敏或肺组织致敏的基础上发生的。例如，有实验证明，家兔事先以肺炎球菌免疫，然后气管内注射肺炎球菌提取物，可成功地引发典型病例；多次注射马血清亦可引起发病；常在菌可作用于肺，当全身或局部（肺）受到条件致病因素的作用下，原常在菌（或新的一次感染）均可在过敏的基础上引起肺充血、出血、渗出（浆液性及纤维蛋白性）等毛细血管壁迅速受到损害的病理改变；病的特点是突然发生，并迅速扩散整个肺叶；发病率随年龄的增长而升高；初生畜发病，是子宫内预先致敏的结果。

② 传染性纤维素性肺炎　其病原比较明确，如马胸疫、牛肺疫、猪肺疫；犬、猫、兔等巴氏杆菌引起的纤维素性肺炎。

③ 其他因素　在某些疾病过程中，作为继发症或伴随症状，也会有纤维素性肺炎的发

生，如猪瘟、炭疽、血斑病、犊牛副伤寒、禽霍乱等。

（2）**病理变化** 自然病例，病程明显分为四个阶段。

① 充血期。数小时至一昼夜，为间质与实质高度充血与水肿期。肺毛细血管充盈，肺泡上皮脱落，渗出液为浆液性，并有红细胞、白细胞的积聚。但肺泡内仍有一定量空气。剖检时，可见肺组织容积略大，富有一定弹性，病变部分呈黑蓝红色，切面光泽而湿润，流出紫红色血液、气管内富有泡沫。

② 红色肝变期。大约持续两昼夜。肺泡内渗出物凝固，主要由纤维蛋白构成，其间混有红细胞、白细胞，肺泡内已不含空气。剖检时，病变肺组织肝变，切面呈颗粒状，像红色花岗石样，可沉于水底。

③ 灰色肝变期。持续约两昼夜。白细胞大量出现于渗出部位，渗出物开始脂肪变性，病变部呈灰色（灰色肝变）或黄色（黄色肝变）。剖检时，病变处如黄灰色花岗石样，坚硬程度不如红色肝变期。

④ 溶解期。肺泡内细菌被吞噬、杀灭，白细胞及细菌死后释放出的蛋白溶解酶，使纤维蛋白溶解，经淋巴吸收，部分经气管排除。肺泡上皮再生，功能得以恢复。但个别情况下，溶解作用不佳，结缔组织增生、机化，最终导致肉样变。极少数情况下，局部有坏死，形成脓肿，或因腐败菌继发感染而形成肺坏疽。

3. 识别症状

（1）**全身症状** 突发高热，大动物体温可达 40～41℃以上，呈稽留热型，并持续到溶解期。动物精神状态不佳，衰竭。食欲丧失，反刍停止。反刍兽、猪等卧地，而马匹常站立，前肢叉开。结膜充血，黄染。心跳次数在病初体温升高 2～3℃时，可增加 10～15 次，与体温升高不完全一致（一般情况下，发热动物体温每升高 1℃，心跳次数增加 10 次左右），这可能反映体温升高伴有过敏因素在内。

（2）**呼吸系统症状** 可见干咳气喘，呼吸困难，在肝变期可能出现铁锈色鼻汁，此系渗出物中红细胞的血红蛋白在酸性环境下变成含铁血黄素所致。但应注意，在马，这一症状并非必然出现。或有，其量也较少。至消散期，动物呈湿性咳。

（3）**肺的理学检查** 叩诊时，多数在肘后的部位出现过清音至浊音。健康部位则可有代偿性过清音或臌音。马的浊音区多从肘后下部开始，逐渐扩展至胸部后上方，范围广大，上界多呈弓形，弓背向上（图 2-1，图 2-2）。听诊时，在充血期，可有肺泡音增强、干啰音及湿啰音，进一步发展，可听到捻发音，呼吸音减弱甚至消失。在肝变期，可出现支气管呼吸

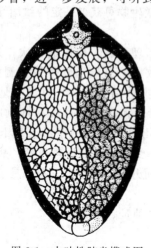

图 2-1 大叶性肺炎模式图

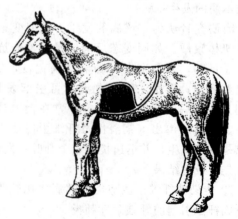

图 2-2 大叶性肺炎弧形浊音区

音。至溶解期，可重新出现各种啰音及肺泡呼吸音。

（4）血液学变化　白细胞总数增加，淋巴细胞比例下降，单核细胞消失，嗜中性粒细胞增多。红细胞减少、血小板数下降，血沉加快。

尿液量在肝变期减少，比重增加，氯化物减少。至消散期，尿量增多，比重开始下降，尿内氯化物出现，尿素含量增加。因纤维蛋白分解随尿排出，可出现一时性蛋白尿。

（5）X射线检查　病变部呈明显而广泛的阴影。非典型病例也经常见到，特点是病程较短，体温升高也不十分明显。

任 务 实 施

1. 诊断

依据本病的定型经过，高热稽留、铁锈色鼻汁、肺部听叩诊时的特点变化，不难诊断。凡怀疑纤维素性肺炎之病例，首先要考虑到由特殊病原引起传染性疾病的可能。如排除不了传染病时，要按防制传染病的措施采取相应的手段。

2. 治疗

治疗原则为抗菌消炎，控制继发感染，制止渗出和促进炎性产物吸收。首先应将病畜置于通风良好，清洁卫生的环境中，供给优质易消化的饲料。

（1）抗菌消炎　选用土霉素或四环素，剂量为每日 $10\sim30mg/kg$ 体重，溶于5％葡萄糖溶液 $500\sim1000ml$，分2次静脉注射，效果显著。也可静脉注射氢化可的松或地塞米松，降低机体对各种刺激的反应性，控制炎症发展。大叶性肺炎并发脓毒血症时，可用10％磺胺嘧啶钠溶液 $100\sim150ml$，40％乌洛托品溶液 $60ml$，5％葡萄糖溶液 $500ml$，混合后马、牛一次静脉注射（猪、羊酌减），每日1次。

（2）制止渗出和促进吸收　可静脉注射10％氯化钙或葡萄糖酸钙溶液。促进炎性渗出物吸收可用利尿药。当渗出物消散太慢，为防止机化，可用碘制剂，如碘化钾，马、牛 $5\sim10g$；或碘酊，马、牛 $10\sim20ml$（猪、羊酌减），加在流体饲料中或灌服，每日2次。

（3）中药治疗　可用清瘟败毒散：石膏 $120g$、犀牛角 $6g$（或水牛角 $30g$）、黄连 $18g$、桔梗 $24g$、淡竹叶 $60g$、甘草 $9g$、生地黄 $30g$、栀子 $30g$、牡丹皮 $30g$、黄芩 $30g$、赤芍 $30g$、玄参 $30g$、知母 $30g$、连翘 $30g$，水煎，马、牛一次灌服。

（4）对症治疗　体温过高可用解热镇痛药，如复方氨基比林、安痛定注射液等。剧烈咳嗽时，可选用祛痰止咳药。严重的呼吸困难可输入氧气。心力衰竭时用强心剂。

3. 预防

基本同支气管炎、卡他性肺炎，尤应注意防止条件病因的作用。当怀疑是特殊病原引起的，要采取相应的防治措施。

子任务三　坏疽性肺炎的诊治

任 务 资 讯

1. 了解概况

坏疽性肺炎，又称异物性肺炎、吸入性肺炎，是指肺组织在腐败菌作用下发生的腐败分解。

2. 认知病因

吸入或误咽至呼吸道的异物，如小块饲料、黏液、血液、脓汁、呕吐物，偶见投药时误投的药物。凡引起咽炎、咽麻痹等吞咽障碍的一些疾病，很容易引起坏疽性肺炎。

另外，发生肺脓肿的病例，若继发腐败菌感染，也可发生肺坏疽；或见于卡他性肺炎、纤维素性肺炎基础上的腐败菌感染。

偶见于胸部创伤、肋骨骨折，或反刍兽前胃异物刺入肺脏所致。

腐败菌分解坏死的肺组织，形成蛋白质及脂肪分解产物，其中含腐败性细菌、脓细胞、腐败的组织与磷酸铵镁结晶等，具有一种干性恶臭。肺坏疽病灶如与呼吸道沟通，则腐败的组织经呼吸道排除而形成肺空洞。

3. 识别症状

最显著的早期症状是呼出气带干臭或腐臭气味，开始在病畜附近或当患畜咳嗽之际能有所觉察，其后远处也可闻到。鼻分泌物也散发腐败臭味，呈污秽褐灰色红或绿色。在咳嗽或低头时有大量的分泌物流出。把这些分泌物收集于容器内，可见分为三层，上层为黏性的，有泡沫；中层为浆性液体，内含絮状物；下层为脓液，混有很多大小不一的肺组织块。在显微镜下检查，可看到肺组织碎片、脂肪滴、棕色至黑色的色素颗粒、血细胞及细菌、弹性纤维。如将渗出物加 10% 氢氧化钾溶液煮沸，离心显微镜检查沉淀，可见由肺组织分解出来的弹性纤维。

胸部叩诊，病灶靠近肺表面且面积较大时，可叩出半浊音或浊音；若已形成空洞，可叩出鼓音；空洞被致密组织包围，又充满空气，呈金属音；空洞与支气管相沟通，可呈现破壶音。听诊时，可听到支气管呼吸音或各种啰音，若空洞与支气管沟通，可听到空瓮性支气管呼吸音。

动物体温一般都升高，稽留、寒战、高度委顿、虚弱，表明毒血症的存在。

X 射线检查，可见局限性阴影，当空洞形成时，显现透明区。

伴有毒血症时，通常在一周之内归于死亡，个别可延续较长时间。吸入性肺坏疽，治疗及时，可望治愈。

任 务 实 施

1. 诊断

根据呼出气味、污秽恶臭的鼻液以及鼻液检出弹性纤维，再结合其他理学检查，可以确诊。但要与腐败性支气管炎、支气管扩张和副鼻窦炎相区别：腐败性支气管炎缺乏高热及肺浸润的病征，鼻液中无弹性纤维。支气管扩张因渗出物积聚在扩张的支气管内，发生腐败分解，呼出气体及鼻液也可能有腐败气味，但渗出物随剧烈咳嗽可排出体外，无弹性纤维，全身症状轻微。

副鼻窦炎因化脓多出现在单侧性鼻液中，全身症状不明显，肺部叩诊和听诊无异常。

2. 治疗

治疗要点在于迅速排除异物，制止肺组织的腐败性分解以及对症疗法。

（1）促进异物排出 为促进分泌物的排除，可令动物站在前低后高的位置，将头放低，以利于分泌物的排出。同时反复应用呼吸兴奋剂，如樟脑制剂，也可用 2% 盐酸毛果芸香碱 5~10ml 皮下注射（大动物），以促进支气管分泌物和异物排出。

（2）抗菌消炎 用青霉素、链霉素或林可霉素、丁胺卡那霉素等，每日肌内注射，磺胺药物或 914，也有相当好的疗效。

（3）防止自体中毒 可静脉注射樟脑酒精液（含 0.4% 樟脑、6% 葡萄糖、30% 酒精、0.7% 氯化钠的灭菌水溶液），马、牛每次 200~250ml，猪、羊用量酌减，每日一次。当病畜呼吸困难，气体代谢障碍时，可应用双氧水静脉注射。

（4）中药疗法

① 芒硝 15g、贝母 38g、铅丹 11g、寒水石 18g，共研为细末，再加猪板油 200g、蜂蜜

150g，用开水冲调，一次灌服。

② 蜂蜜 350～700g，鸡蛋清 15～25 个，醋 350ml，冰片 4g（研为末），混合后，一次灌服。

③ 薏苡仁 70g、苇茎 95g、冬瓜子 72g、桃仁 40g、黄芩 38g、赤芍 34g、栀子 48g、桔梗 38g、连翘 49g，共同煎水，取汁一次灌服。

3. 预防

由于本病发展迅速，病情难以控制，临床上疗效不佳，死亡率很高。因此，预防本病的发生就显得很重要。

（1）动物通过胃管投药时，必须判断胃管正确投入食管后方可灌入药液。对严重呼吸困难或吞咽障碍的病畜，不能强制性经口投药。麻醉或昏迷的动物在未完全清醒时，不应让其进食或灌服食物及药物。

（2）经口投服药物或食用油时，应尽量使头部低下，每次少量灌服，且不宜过快，以使动物及时吞咽，不至于呛入气管。

（3）绵羊药浴时，浴池不能太深，将头压入水中的时间不能过长，以免动物吸入液体。

子任务四　霉菌性肺炎的诊治

任 务 资 讯

1. 了解概况

霉菌性肺炎是真菌所致肺的慢性炎症。可发生在各种畜禽（牛、马、猪、犬、猫等）。在家禽还伴有气囊和浆膜的霉菌病。

2. 认知病因

致病性霉菌常见有曲霉菌属（*Aspergillus*）、隐球菌属（*Cryptococcus*）、组织胞浆菌属（*Histoplasma*）、球孢子菌属（*Coccidioides*）、皮炎芽生菌属（*Blastomyces*）；还见有毛霉属（*Mucor*）、青霉属（*Penicillium*）、放线菌属（*Actinomyces*）及放线杆菌属（*Actinobacillus*）。

图 2-3　烟曲霉菌　　　　　　　　　图 2-4　葡萄状白霉菌

这些霉菌的孢子在潮湿环境下很容易发育，在自然界分布很广。健康畜禽在自然条件下对霉菌有相当的抵抗力。机体抵抗力减弱，可促进肺霉菌病的发生。尤其在环境及饲料中尘埃很多的时候，更容易感染。霉菌感染常与细菌感染并发。马、牛多为曲霉菌属的烟曲霉菌感染（图 2-3），家禽主要是葡萄状白霉菌（图 2-4）、土曲霉菌、青霉菌（图 2-5）所引起。肺脏被霉菌感染，引起局部炎症，出现粟粒大至豌豆大的结节，或散在或融合。结节中间形

图 2-5 青霉菌

成脓肿，脓汁排出形成空腔。脓性分泌物呈灰色、黄色、绿色。家禽霉菌感染，主要侵害肺和气囊，肺部的粟粒样结节呈白色或黄色，切面干酪样，气囊有黄色干酪样苔膜。这种结节在脾、肝脏亦可发现。

3. 识别症状

患畜常表现卡他性肺炎的症状，从鼻孔中流出污秽黏液，显微镜下可查出霉菌菌丝，病情较为严重者，机体衰竭，消瘦，病程迁延。犬常受荚膜组织胞浆菌（*Histoplasma capsulatum*）、皮炎芽生菌（*Blastomyces dermatitidis*）感染，常以肺炎或全身感染为特征，呈现呼吸困难，脓性鼻液，消瘦，贫血，或皮下结节形成。

家禽表现呼吸困难，有脓性分泌物，消瘦及腹泻。

任务实施

1. 诊断

依据流行病学、症状、病理学检查。多数可作出初步诊断。为了确诊，可对病灶组织进行菌丝和孢子检查，或进行培养检菌。现已建立特异性检查法，如用荚膜组织胞浆菌素（histoplasmin）做犬的皮内试验，用皮炎芽生菌素（blastomycin）做补体结合试验。

2. 治疗

根据病情，可选用下列方法。

（1）硫酸铜　1：3000硫酸铜溶液，让其饮用，连用3～5天，或个别畜禽灌服。大动物600～2400ml，羊、猪120～480ml，家禽3～5ml，每日一次，连用3～5次。

（2）碘化钾内服　大动物2～6g；小动物0.5～2g；禽8mg，每日3次。

（3）制霉菌素　大动物250万～500万IU，家禽每千克饲料加入35万～70万IU，连用5～7天。

（4）克霉唑　克霉唑是广谱抗霉菌药，毒性小，内服容易吸收，剂量为马、牛10～20g，猪、羊1.5～3g，分两次内服。雏鸡每100只1g，混于饲料中。

（5）广谱抗霉菌药　氟康唑对念珠菌、隐球菌、环孢子菌、荚膜组织胞浆菌等引起的深部霉菌感染有较好疗效，而且该药水溶性好，体内分布广泛，吸收快，血药峰值高，在主要器官、组织、体液中具有较好渗透能力，不良反应较轻。但因价格昂贵，可用于犬、猫等宠物和价值较高的经济动物。

3. 预防

防止饲草和饲料发霉，避免使用发霉的垫草、饲料，禁止动物接触霉烂变质的草堆。加强饲养管理，应每日清扫禽舍，并消毒饮水器，以防止饮水器周围滋生霉菌。注意畜舍通风换气，防止畜舍过度潮湿，均可有效预防本病的发生。

子任务五　化脓性肺炎的诊治

任务资讯

1. 了解概况

化脓性肺炎，也可称肺脓肿，是各种家畜，特别幼畜及营养不良、体质衰弱家畜容易发生的较为常见的疾病。

2. 认知病因

本病多为其他部位病变的病理性产物（特别是被感染的栓子），通过血液或淋巴液转移至肺，引起肺的化脓性炎症。皮下蜂窝织炎、淋巴结炎、黏液囊炎、肢体或蹄甲部化脓、泌尿生殖系统化脓性炎症、乳房炎均可伴发肺部转移。初生畜败血症也易发生化脓性肺炎。

卡他性肺炎、纤维素性肺炎、异物性肺炎、真菌性肺炎继发化脓菌感染。

化脓性栓子栓塞于肺内血管或淋巴管时，即可形成化脓灶。化脓灶可扩大、融合，或散发于多处。潘群元（1993）曾报道奶牛右肺膈叶前下方小儿头大的脓肿。

3. 识别症状

先表现有原发病的基本症状，久治不愈或时好时坏。病畜呼吸促迫，口鼻流出中等量白色泡沫状液，呼吸音粗粝，间有啰音和支气管呼吸音。如病灶位于肺表面，叩诊可发现浊音区。化脓灶累及血管，致使血管壁破裂，可出现肺出血或咯血，鼻腔分泌物为脓性，内含弹性纤维和脂肪晶粒，也许还含有肺组织碎片。患畜因脓毒血症，在短期或1～2周死亡，或死于胸膜炎。当化脓灶被结缔组织包围而形成脓肿时，多取慢性经过，在环境应激或有其他感染的影响下，脓肿突然扩散，产生致死性的化脓性支气管炎、胸膜炎或脓胸。

任 务 实 施

1. 诊断

根据临床表现，如呼吸粗粝、脓性鼻液、叩诊肺部有浊音区或有空洞音区等，有条件可进行 X 射线检查多有助于诊断，必要时进行血液培养以明确脓毒血症的存在。

2. 治疗

用青霉素、链霉素、磺胺类及时治疗，以制止炎症进一步发展，促使机化。但一般效果不一定理想。必要时应用氯化钙疗法并配合自家血疗法。

3. 预防

为防止抗体其他部位感染引起的病原转移，要积极治疗原发病。同时，加强饲养管理，提高机体抵抗力，减少发病。

任务四　胸膜炎的诊断与治疗

任 务 资 讯

1. 了解概况

胸膜炎是以胸膜发炎并伴有胸膜的纤维蛋白沉着或胸腔内积聚炎性渗出物为特征的一种常见多发病。本病见于马、牛、猪、犬等各种动物。

2. 认知病因

急性原发性胸膜炎比较少见。病原微生物常与受凉、劳累、长途运输等条件因素共同作用，引起发病。胸壁挫伤、穿透创、胸膜腔肿瘤，亦可引起胸膜炎。

胸膜炎常继发或伴发于传染病经过中，其中巴氏杆菌病、结核、鼻疽、流感、链球菌感染、猪丹毒等，临床上常伴有胸膜炎或胸膜肺炎。马胸疫、牛肺疫、猪肺疫以胸膜炎（或胸膜肺炎）为主症。

3. 识别症状

病的早期，呼吸浅表而快速，动物呈痛苦表情。呼吸运动以腹式为主，胸壁运动受到抑制而呈断续性呼吸。病畜站立，两肘外展，特别是马匹，一般都不卧下。听诊时出现胸膜摩擦音，随呼吸运动而反复出现，如果同时有肺炎存在，可听到啰音或捻发音。如当炎症波及心包心外膜及胸膜脏层，可随心跳和呼吸的节律在心肺交界处听到心包胸膜摩擦音。触诊胸壁常有痛性反应。叩诊或触压胸壁，可引起反射性弱痛咳。患畜的体温与脉搏均有改变，其改变程度视病原的毒力而异。大多数动物食欲减退或废绝，精神状态可因毒血症而沉郁、衰竭。

如果渗出液的量较多，使病侧的胸膜壁层与脏层分离，疼痛减轻，胸膜的摩擦状态有所缓解。听诊呼吸音或啰音强度都有所减弱，听起来好像很遥远。当胸膜腔内既有渗出液又有气体时，则随呼吸运动或体位的改变，可听到胸腔拍水音，叩诊显水平浊音。呼吸困难明显加剧，腹式呼吸非常明显。当一侧胸膜炎的渗出液量特别多，充满了胸腔，以致肺脏被压迫而膨胀不全时，听诊该侧肺呼吸音、异常音响均消失，叩诊呈一侧性浊音（而不是水平浊音），且同时在对侧胸壁下 1/3 处显现水平浊音，这是因为大量渗出液将纵隔挤偏，以致与对侧胸壁下部相接触的缘故。动物的乏氧更为明显，很容易造成死亡。

当胸膜炎转为慢性病程时，呼吸困难因粘连还要持续一段时间。在牛，因结核引起的胸膜炎可能缺乏明显症状，但呈反复发作性咳嗽、消瘦。

炎性渗出期，尿量减少，浓缩，常含有蛋白，氯化物含量下降；在吸收恢复期，尿量增多。血液学检查，可见嗜中性粒细胞增多，核左移。

任 务 实 施

1. 诊断

典型的胸膜炎比较容易作出诊断。依据胸膜摩擦音或水平浊音，可以确诊。X 射线检查或胸腔穿刺（马在第 6～7 肋间；牛在第 6～8 肋间；猪在第 7～8 肋间；犬在第 5～8 肋间）对确诊极有帮助。

鉴别诊断，应注意与胸腔积液区别。后者不伴高热、胸壁不敏感，穿刺液为漏出液，且可查出引起胸腔积液的可能原因（如心功能障碍、肾炎、稀血症等）。

预后：干性与局限性胸膜炎多能恢复；慢性者经过持久。常有并发症，可降低动物的使用价值。继发或伴发于传染病的，转归不良。

2. 治疗

治疗原则为抗菌消炎，制止渗出及促进渗出物的吸收和排除。患畜应放在通风良好、温暖、安静的环境。给予易消化的富含营养的草料。适当限制饮水。

（1）抗菌消炎 应用青霉素或土霉素胸腔内注射，可收到良好效果。为促进炎症产物吸收，可采用钙制剂、乌洛托品、水杨酸制剂等（参阅"肺炎的诊断与治疗"）。有时也可在动物胸壁涂搽 10%樟脑酒精或松节油搽剂（松节油 65%、樟脑 0.5%）。透热疗法等理疗，有条件者也可应用。强心、利尿药是常采用的药物，视动物状态而用。

（2）促进渗出液排出 渗出液积聚过多而呼吸窘迫时，可进行胸腔穿刺排液，这一措施必须与减少渗出、促进渗出液吸收消散的疗法相配合。每次放液不宜过多，排放速度也不宜过快。并可将抗生素直接注入胸腔。如穿刺针头或套管被纤维蛋白堵塞，可用注射器缓慢抽取。化脓性胸膜炎，在穿刺排出积液后，可用 0.1%雷佛奴尔溶液，2%～4%硼酸溶液或 0.01%～0.02%呋喃西林溶液反复冲洗胸腔，然后直接注入抗生素。

（3）制止渗出 可静脉注射 5%氯化钙溶液或 10%葡萄糖酸钙溶液，每日一次。

3. 预防

加强饲养管理，供给平衡日粮，增强机体的抵抗力。防止胸部创伤，及时治疗原发病。

技能训练　肺炎的诊断与治疗

【目的要求】

1. 了解不同类型肺炎的发病病因。

2. 掌握不同类型肺炎的临床症状、特征、诊断方法、治疗措施等。

3. 掌握肺炎的中西医结合治疗的原则和方法。

【诊断准备】

1. 材料准备

保定架、保定绳、听诊器、叩诊锤、叩诊板、温度计、一次性注射器、针头、一次性输液器、酒精棉、3%～5%碘酊、镊子、中药煎药器与喂药器、X射线机及X射线片看片机。

2. 药品准备

复方氨基比林或安乃近注射液、青霉素或头孢拉定、头孢噻呋、链霉素、注射用水、地塞米松注射液、鱼腥草注射液、氯化铵、氨茶碱、尼可刹米注射液、10%葡萄糖注射液、10%葡萄糖酸钙注射液、维生素C注射液、麻杏石甘汤等。

3. 病例准备

犬、牛、羊，可借助临床病例，也可以人工复制病例。

【诊断方法和步骤】

1. 人工复制病例

（1）灌服失误法　以羊为实验动物，将3%～5%的碘酊适量通过胃导管误入气管灌入肺内，致实验动物得肺炎。

（2）气管注射法　将3%～5%的碘酊通过颈部气管下1/3处注入气管流入肺内，致实验动物得肺炎。

（3）肺内注射法　将3%～5%的碘酊直接注射到实验动物的肺内，致实验动物得肺炎。

2. 临床诊断

（1）视诊与嗅诊　测量体温、呼吸频率和心率，观察发病动物的精神、呼吸类型、鼻端湿润程度、鼻液的性质、鼻液的颜色、是否咳嗽、是否发喘、可视黏膜是否潮红或发绀及发绀的程度等，并嗅闻呼出气体有无异味。

（2）听诊　听诊肺部呼吸音的变化、判断有无捻发音、啰音及啰音的性质等。

（3）叩诊　用叩诊板、叩诊锤叩诊肺部有无浊音、空洞音、过清音，并判断各种异常音的范围大小。

（4）X射线检查　用X射线机对胸部各方位（正位、背位、左侧位、右侧位）进行透视、拍片，并进行洗片、阅片，确诊肺炎的类型及程度。

【治疗措施】

1. 西医治疗

（1）抗菌消炎　青霉素、链霉素或头孢类药物肌内注射或静脉注射。

（2）对症治疗　体温升高用安乃近或安基比林注射液肌内注射；止咳平喘用氨茶碱；呼吸困难时肌内注射尼可刹米，必要时输氧；祛痰用氯化铵；减少肺部因炎症而导致的渗出可在输液时加入10%葡萄糖酸钙、地塞米松、维生素C注射液等。

2. 中医治疗

（1）麻杏石甘汤加味　麻黄15g、杏仁8g、生石膏90g、金银花30g、连翘30g、黄芩24g、知母24g、玄参24g、生地黄24g、麦冬24g、天花粉24g、桔梗21g，共为研末，蜂蜜

250g 为引，牛一次开水冲服（猪、羊酌减）。

（2）清瘟败毒散　石膏 120g、犀牛角 6g（或水牛角 30g）、黄连 18g、桔梗 24g、淡竹叶 60g、甘草 9g、生地黄 30g、栀子 30g、牡丹皮 30g、黄芩 30g、赤芍 30g、玄参 30g、知母 30g、连翘 30g，水煎，牛一次灌服，猪、羊酌减。

【作业】

1. 病例讨论：在教师的指导下讨论以下内容。

（1）实习病例的各项诊断依据。

（2）X 射线检查及洗片的操作要领。

（3）肺炎常用治疗药物及配伍禁忌。

（4）中西医结合治疗呼吸道疾病的优势。

2. 写出实习报告。

能 力 拓 展

以下技能项目可根据学校实习条件的实际情况，或进行人工复制病例，或利用在校外实习基地病例，或借助学校实习兽医院的临床病例来完成，要求以学生为主体，分组进行，教师对学生的诊断和治疗过程进行指导，并对各组的治疗方案和治疗效果进行评价，指出存在的问题，旨在进一步提高学生对畜禽呼吸系统疾病的临床诊疗技能和学习效果。

1. 犬感冒的诊断与治疗。

2. 猪传染病胸膜肺炎的诊断与治疗。

3. 犊牛急性支气管炎的诊断与治疗。

要求：讨论治疗思路、写出治疗处方、实施治疗措施并护理好发病动物，同时还要做好病例总结。

复习与思考

1. 动物呼吸衰竭如何救治？

2. 上呼吸道感染的治疗原则和用药方法是什么？

3. 急性支气管炎的发病原因和治疗原则是什么？

4. 肺炎有几种类型？如何进行鉴别诊断？

5. 如何进行胸膜炎的诊断和治疗？

6. 如何进行胸腔穿刺和胸腔封闭？

项目三　心血管系统与血液疾病

心血管系统和血液疾病对动物的健康状况乃至生命有着至关重要的影响作用，严重病情常因无法挽救而死亡，因此在做任何系统疾病检查时，必须注意血液循环状态的检查，以及早发现异常，采取预防和治疗措施，避免造成经济损失。心血管系统与血液疾病多继发或并发于许多传染性疾病、普通病、中毒性疾病、微量元素缺乏等过程中，饲养管理不当也可引发心血管系统和血液疾病，因此，预防动物心血管系统与血液疾病必须采取综合措施。

【知识目标】

1. 了解心血管系统与血液疾病的发病原因、发病特点、常见疾病、致病原理及临床症状。
2. 掌握常见心血管系统疾病的诊断与鉴别诊断及中西医治疗原则。
3. 掌握心血管系统常用药物的临床应用。

【技能目标】

通过本章内容的学习，让学生具备能够正确诊断和治疗犬、牛、羊、马等动物的心力衰竭、循环衰竭、贫血和动物的输血疗法等技能，并具备心血管系统危重症的现场救治能力和技术。

任务一　心血管系统疾病的诊断与治疗

子任务一　心力衰竭的诊治

任　务　资　讯

1. 了解概况

心力衰竭又称心脏衰弱、心功能不全，是因心肌收缩力减弱，引起外周静脉过度充盈，呼吸困难，皮下水肿、发绀，甚至心搏骤停和突然死亡的一种综合征。按其病程可分为急性和慢性；按其病因可分为原发性和继发性；按其发生部位可分为左心衰竭、右心衰竭和全心衰竭。各种动物均可发生。马和犬发病居多。

2. 认知病因

（1）急性心力衰竭　主要发生于使役不当或过重的役畜，尤其是饱食逸居的家畜突然进行重剧劳役，长期舍饲的育肥牛或猪长途驱赶等；在治疗过程中，静脉输液量过多；注射钙制剂和砷制剂等药物时速度过快；麻醉意外；雷击、电击、心肌脓肿、肺动脉主干栓塞；急性心肌弥漫性损害时心肌收缩力明显减退；急性心包积血或积液使心室舒张受到限制等。还常继发于急性传染病（马传染性贫血、马传染性胸膜肺炎、口蹄疫、猪瘟等）、寄生虫病（弓形虫病、住肉孢子虫病等）以及肠便秘、胃肠炎、日射病等经过中。未成年的警犬开始调教时，由于环境突变，惩戒过严和训练量过大，易发生急性应激性心力衰竭。

急性心力衰竭时，由于心排血量明显减少，主动脉和颈动脉压降低，而右心房和腔静脉压增高，反射性地引起交感神经兴奋，发生代偿性心动过速，增加排血量，可短暂地改善血液循环。然而，心动过速时心肌的氧耗量增加，心室舒张期缩短，冠状血管的血流量减少，氧供给不足。当心率超过一定限度时，心室充盈不充足反而使心排血量降低。此外，交感神经兴奋使外周血管收缩，心室压力负荷加重，同时肾素-血管紧张素-醛固酮系统被激活，肾小管对钠盐的重吸收增加，引起钠和水滞留，心室的容量负荷加剧，影响心排血量，最终导致代偿失调，发生急性心力衰竭。

(2) 慢性心力衰竭（充血性心力衰竭）　除长期重剧使役外，常继发于多种亚急性和慢性感染、心脏本身的疾病（心包炎、心肌炎、心肌变性、心脏扩张和肥大、心瓣膜病、先天性心脏缺陷等）、中毒病（棉籽饼中毒、霉败饲料中毒、含强心苷的植物中毒等）、甲状腺功能亢进、幼畜白肌病、慢性肺泡气肿、慢性肾炎以及禽的慢性呋喃唑酮中毒等。

在高海拔地区，棘豆草丛生牧地上放牧的青年牛易发右心衰竭。肉牛采食大量曾饲喂过马杜拉霉素或盐霉素作抗球虫药的肉鸡粪，因这些聚醚离子载体对心肌的潜在毒性能引起心力衰竭。

慢性心力衰竭时，既增加心跳频率，又使心脏长期负荷过重，心室肌张力过度，刺激心肌代谢，增加蛋白质合成，心肌纤维变粗，发生代偿性肥大，心肌收缩力增强，心排血量增加，以此维持机体代谢的需要。然而，肥厚的心肌静息时张力较高，收缩时张力增加速度减慢，致使氧耗量增加，肥大心脏的贮备力和工作效率明显降低。当劳役、运动或其他原因引起心动过速时，肥厚的心肌处于严重缺氧的状况；心肌收缩力减退，收缩时不能将心室排空，遂发生心脏扩张，导致心力衰竭。

心力衰竭进入失代偿期，组织缺血、缺氧，产生过量的丙酮酸、乳酸等中间代谢产物，引起酸中毒。并因静脉血回流受阻，全身静脉淤血，静脉内压增高，毛细血管通透性增大，发生水肿，甚至形成胸腔积液、腹腔积液和心包积液。左心衰竭时，肺静脉淤血，肺内毛细血管内压急剧升高，可迅速发生肺水肿。右心衰竭时，体循环淤血，全身水肿。

3. 识别症状

急性心力衰竭病畜多表现高度呼吸困难，眼球突出，步态不稳，突然倒地，阵发性抽搐，常在出现症状后数秒钟到数分钟内死亡。病程较长者，精神极度沉郁，卧地不起，食欲废绝，结膜发绀，浅表静脉怒张，全身出汗，高度呼吸困难。因肺水肿，肺区听诊有广泛水泡音，两侧鼻孔流出多量含细小泡沫的鼻液。心动疾速，第一心音高朗，第二心音极弱，几乎听不到，或高度心动徐缓，心律失常，脉律不整，脉细弱，几乎不感于手，常在 12～24h 内死亡。

慢性心力衰竭，病畜精神沉郁，食欲减退，不愿运动，使役能力降低，易疲劳和出汗。运动后呼吸和脉搏频率恢复正常状态所需的时间延长。随着疾病的发展，病畜体重减轻，心率加快（牛在休息时可达 130 次/min），第一心音增强，第二心音减弱，有时出现相对闭锁不全性收缩期杂音，心律失常。心区叩诊心浊音区增大。左心衰竭时有明显的呼吸困难，结膜发绀。右心衰竭时，颈静脉怒张，颌下、颈部、胸腹下及四肢下部水肿，肝脏肿大，其尾状突常凸出于右侧肋弓之后。由于各组织器官淤血及缺氧，还可出现腹泻和咳嗽，尿中出现蛋白、肾上皮细胞和管型，并有反应迟钝、知觉障碍、痉挛等症状。

心区 X 射线检查和 M 型超声心动图检查，常常可发现心脏增大，心室肌增厚或心室腔扩大。

任 务 实 施

1. 诊断

根据发病原因、心率加快、第一心音增强、第二心音减弱、脉搏微弱、浅表静脉怒张、结膜发绀、水肿和呼吸困难等症状，可作出诊断。心电图、X 射线检查和 B 型超声心动图检查资料有助于判定心脏肥大和扩张，对本综合征的诊断有辅助意义。应注意与其他伴有水肿（寄生虫病、肾炎、贫血、妊娠等）、呼吸困难（有机磷中毒、急性肺气肿、牛再生草热、过敏性疾病等）和腹腔积液（腹膜炎、肝硬化等类症）的疾病进行鉴别。

2. 治疗

（1）急性心力衰竭　急性心力衰竭往往来不及救治。病程较长的可参照慢性心力衰竭使用强心苷药物。麻醉时发生的室纤颤或心搏骤停，可采用心脏按摩或电刺激起搏，也可试用极小剂量肾上腺素心内注射。

（2）慢性心力衰竭　治疗原则是加强护理，限制运动。减轻心脏负担，增强心肌收缩力和排血量，并及时采用对症治疗。

首先应将患畜置于安静厩舍休息，给予柔软易消化的饲料，以减少机体对心脏排血量的要求，减轻心脏负担。

① 静脉放血。对于有严重呼吸困难的病畜，可采取静脉放血作为紧急治疗措施。放血量以每千克体重 4～8ml 为宜。放血后呼吸困难迅即解除，此时缓慢静脉注射 25% 葡萄糖溶液 500～1000ml，有改善心肌营养、增强心脏功能之功效。

② 利尿。为消除水肿和钠、水潴留，最大限度地减轻心室容量负荷，应限制钠盐摄入，给予利尿药，常用双氢克尿噻，马、牛 0.5～1.0g；猪、羊 0.05～0.1g，犬 25～50mg 内服，或呋塞米（速尿）按 2～3mg/kg 体重内服或 0.5～1.0mg/kg 体重肌内注射，每天 1～2 次，连用3～4 天，停药数日后再用数日。

③ 强心。常用洋地黄类药物，但应注意，洋地黄类药物长期应用易蓄积中毒，成年反刍动物不宜内服。由心肌炎等心肌损害引起的心力衰竭禁用。临床上应用洋地黄制剂时，一般先在短期内给予足够的剂量（洋地黄化剂量），以后每天给予一定的维持量。在马，先按 0.016～0.022mg/kg 体重静脉注射地高辛（digoxin, lanoxin），经 2.5～4h 后再按 0.008～0.011mg/kg 注射第二次，即可达到洋地黄化（指征为心脏情况改善、心率较原来缓慢、利尿等）。以后，每 24h 给予维持剂量（0.008～0.011mg/kg 体重）。在牛，洋地黄化剂量为洋地黄毒苷按每 100kg 体重用 3mg 肌内注射，或地高辛按每 100kg 体重用 0.88mg（0.0088mg/kg 体重）静脉注射。维持量为上述剂量的 1/8～1/5。在犬，洋地黄化剂量为地高辛按每千克体重用 0.07～0.22mg 内服，维持量为上述剂量的 1/8～1/3。此外，马、牛还可使用苯甲酸钠咖啡因，按 5～10g 内服，或用 20% 溶液 10～20ml 肌内注射。

④ 减慢心率。马、牛等大家畜用复方奎宁注射液 10～20ml 肌内注射，每天 2～3 次；犬用普萘洛尔（心得安）2～5mg 内服，每天 3 次，有良好效果。

近年来，对于持续时间较长或难治的心力衰竭，在犬、猫等小动物中已开始应用小动脉扩张剂，如肼苯哒嗪（hydralazine）按 0.5～2.0mg/kg 体重，每天 2 次；静脉扩张剂，如硝酸甘油、异山梨醇、二硝酸酯等；兼有扩张小动脉和静脉而降低血压的制剂，如哌唑嗪（prazosin）按 0.02～0.05mg/kg 体重，每天 2 次；醛固酮拮抗剂，如螺内酯（安体舒通）（spironolactone）按 10～50mg/kg 体重，每天 3 次，兼有利尿效果；血管紧张素转换酶抑制剂，如巯甲丙脯酸（captopril）按 0.5～1.0mg/kg 体重，每天 3 次，有缓解症状、延长存活时间的功效。

⑤ 辅助治疗。针对出现的症状，给予健胃、缓泻、镇静等制剂，还可使用三磷酸腺苷（ATP）、辅酶 A、细胞色素 C、维生素 B_6 和葡萄糖等营养合剂，作为辅助治疗。

⑥ 中药治疗

a. 参附汤。党参 60g、熟附子 32g、生姜 60g、大枣 60g，水煎 2 次，候温灌服于牛、马。

b. 营养散。当归 16g、黄芪 32g、党参 25g、茯苓 20g、白术 25g、甘草 16g、白芍 19g、陈皮 16g、五味子 25g、远志 16g、红花 16g，共为末，开水冲服，每天 1 剂，7 剂为一疗程。

3. 预防

对役畜应坚持经常锻炼与使役，以提高其适应能力，同时也应合理使役，防止过劳。在输液或静脉注射刺激性较强的药液时，应掌握注射速度和剂量。对于其他疾病引起的继发性心力衰竭，应及时根治其原发病。

子任务二　心肌炎的诊治

任 务 资 讯

1. 了解概况

心肌炎以心肌兴奋性增高和收缩功能减退为病理生理学特征。按病程分为急性和慢性；按病因分为原发性和继发性；按病变范围分为局限性和弥漫性。临床上以急性非化脓性心肌炎比较常见，且多数继发于急性传染病和中毒病的经过中。犬的原发性心肌炎占 32.7%，继发性心肌炎占 16.7%。

2. 认知病因

通常继发或并发于某些传染病、寄生虫病、脓毒败血症和中毒病的经过中。

马的急性心肌炎常见于炭疽、传染性胸膜肺炎、急性传染性贫血、传染性支气管炎、大叶性肺炎、支气管性肺炎、马腺疫、脑脊髓炎、马血孢子虫病、幼驹脐炎、败血症和脓毒败血性疾病（蜂窝织炎、子宫内膜炎、肺坏疽、化脓坏死过程等）的经过中。

牛的急性心肌炎常见于传染性胸膜肺炎（由霉形体所致）、口蹄疫、牛瘟、布氏杆菌病、结核病等的经过中。局灶性化脓性心肌炎多数继发于菌血症、败血症以及瘤胃炎-肝脓肿综合征、乳房炎、子宫内膜炎等伴有化脓灶的疾病以及网胃异物刺伤心肌。

猪的急性心肌炎常见于猪的脑心肌炎、伪狂犬病、猪瘟、猪丹毒、猪口蹄疫和猪肺疫等的经过中。

犬的心肌炎主要见于细小病毒感染，其他病毒如犬瘟热病毒、犬疱疹病毒、伪狂犬病疱疹病毒以及弓形虫、锥虫感染也可诱发心肌炎。

军用毒物、汞、砷、磷、锑以及夹竹桃中毒、血清病、青霉素和磺胺类药物过敏、高血钾、心包炎和心内膜炎的蔓延，都可致发本病。

慢性心肌炎常见于风湿病、慢性败血症和其他慢性疾病的经过中，往往是急性心肌炎反复发作和延续发展的结果。

心肌炎的发生多数是病原体直接侵害心肌的结果，或者是病原体的毒素和其他毒物对心肌的毒性作用。在风湿病、药物过敏以及多数传染性因子引起的心肌炎的发生上，外来或自体抗原产生的免疫反应起着重要的作用。

心肌的炎性变化，首先影响到它本身的生理特性，导致心肌收缩功能减退，兴奋性增加，自律性受到干扰，传导性受阻，由此引起一系列病理过程。

心肌收缩功能减退，主要由部分或大部分心肌细胞变性、坏死、崩解引起，由此影响心排血量，终于发生失代偿，导致心力衰竭。从而引起各组织器官缺血、缺氧；肺、肝、肾、胃肠等内脏器官淤血；出现浅表静脉怒张、皮下水肿、体腔积液、肺充血和水肿、呼吸困难、结膜发绀、消化功能紊乱等一系列心力衰竭综合征的临床表现。心肌收缩功能减退，还可出现脉搏逸脱以及交替脉。

心肌兴奋性增高，轻微刺激影响，心率即骤然加速，恢复的时间延长。

心肌的炎灶往往成为异位兴奋灶，而产生异位心律，表现为频繁出现单源性或多源性期前收缩，甚至阵发性心动过速。炎症波及心脏传导系统，常发生房室阻滞，造成心室搏动缺失，严重者引起房室脱节。

3. 识别症状

由急性传染病引起的心肌炎，绝大多数有发热，精神沉郁，食欲减退和废绝。最突出的临床表现是心率增快，且与体温升高的程度不相称。安静时的心率，病马可达 60～90 次/min，病牛可达 90～100 次/min。轻微运动，心率即迅速增加到 100 次/min 以上。运动停止后，心率增速仍可持续较长的时间。

听诊心脏，病初第一心音增强、分裂或混浊，第二心音减弱。心腔扩大而房室瓣相对闭锁不全时，可听到收缩期杂音。重症病例，出现奔马律或有频繁的期前收缩。濒死期心音减弱。

脉搏在病初增数而充实，以后变得细弱，与强盛的心搏动非常不相称。严重者出现脉搏短缺，交替脉，脉律不齐。

病至后期，动脉血压下降，马和牛的动脉最高压降至 10666～11999Pa（80～90mmHg），动脉最低压降至 7999～9333Pa（60～70mmHg）。

重症弥漫性心肌炎患畜，很快陷入急性心力衰竭，浅表静脉怒张，颌下、颈部、胸腹下和四肢下部水肿，结膜发绀，高度呼吸困难。

猪的脑心肌炎常无明显临床症状而突然死亡。病程稍长的病猪精神高度沉郁，食欲废绝，呕吐，呼吸困难，尚有震颤、蹒跚和瘫痪等神经症状，最终因急性心力衰竭而死亡。

心电图检查，病初呈窦性心动过速，继之出现程度不同的单源性或多源性期前收缩。随着病程的发展，可出现心房纤颤、阵发性心动过速、房室传导阻滞和房室脱节。病至后期，R（或 S）波电压降低、变钝。猝死的病例多数有心室纤颤。慢性心肌炎时，心肌上遗留瘢痕灶，往往有间断性的期前收缩和永久性的传导阻滞。

任 务 实 施

1. 诊断

根据病史和临床表现进行综合诊断。在病史上，应注意是否同时伴有急性感染或中毒病，或者在不久以前有急性感染史。临床表现中尤其应注意心率增速与体温升高不相适应，心律失常，心腔扩大，动脉血压下降和心力衰竭。

心功能试验对本病的诊断有重要意义，即先测定患畜在安静状态下的心率，随后令其作100～200m 的驱赶运动，再测定其心率。病畜稍微运动，心率骤然加速，运动停止后，甚至经 2～3min，心率仍继续增加，经过较长时间的休息才能恢复运动前的心率。

应与心包炎、心内膜炎和心肌变性进行鉴别诊断。

急性心肌炎和心包炎都有心率增速、心脏增大和心力衰竭，但后者出现心包摩擦音或心包拍水音。牛创伤性心包炎尚有一段时间的前胃弛缓病史。

急性心肌炎和急性心内膜炎均可出现心跳疾速和心力衰竭，但后者有位置比较固定的心内性杂音，心脏超声显像可见瓣膜的病变。

急性心肌炎和心肌变性的病因和临床表现都比较相似，心功能试验对两者的鉴别诊断有重要意义。心肌变性的病畜做驱赶运动后，心率恢复的时间与健康动物相似。

2. 治疗

治疗原则是积极治疗原发病，增强心肌收缩功能，减轻心脏负担，改善心肌营养。

（1）积极治疗原发病　可根据病因使用抗生素、磺胺类药物或特效解毒剂、高免血清等。

（2）正确使用强心剂　病初不宜使用强心剂，因使用强心剂后会使兴奋性已增高的心肌过度兴奋，迅速发生心力衰竭，此时宜在心区进行冷敷。如有结膜高度发绀和呼吸困难，可进行氧气吸入，吸入速度大动物以 5～10L/min 为宜，中、小动物酌减。心肌炎后期心肌收缩功能减退，治疗时可使用 20％樟脑油注射液或 20％苯甲酸钠咖啡因注射液 10～20ml，皮下注射或肌内注射，隔 4～6h 用药一次。特别应指出的是，洋地黄及其制剂是本病的禁用药物。因为它有增强心肌兴奋性，延缓传导性，延长心脏舒张期的作用，会使心肌炎的病畜过早发生心力衰竭，甚至死亡。

（3）增加心肌营养　改善心脏传导系统的功能，可静脉注射 25％葡萄糖注射液。马和牛用 500～1000ml，每天 1～2 次。还可使用三磷酸腺苷 15～20mg、辅酶 A 35～50IU、细胞色素 C 15～30mg、肌苷、环化腺苷酸等促进心肌代谢的药物。同时可参照心力衰竭，使用双氢克尿噻、速尿等利尿药以及血管扩张药。

在治疗的同时，应加强病畜的护理。将其置于安静的厩舍，避免外界的刺激和运动，给予易消化而富有营养的饲料，限制钠盐的摄入等。

3. 预防

在于平时对家畜的饲养管理和使役等方面给予足够的关心和照顾，使家畜增强抵抗力，防止发病和根治其原发病。

子任务三　循环衰竭的诊治

任 务 资 讯

1. 了解概况

循环衰竭又称外周循环衰竭、循环虚脱，是血管舒缩功能紊乱或血容量不足引起心排血量减少，组织灌注不良的一系列全身性病理综合征。由血管舒缩功能引起的外周循环衰竭，称为血管性衰竭。由血容量不足引起的，称为血液性衰竭。循环衰竭的临床特征为心动过速、血压下降、低体温、末梢部厥冷、浅表静脉塌陷、肌肉无力乃至昏迷和痉挛。

2. 认知病因

（1）病因　循环衰竭的病因较为复杂，大致可分为以下几种。

① 血容量突然减少。大手术失血过多，肝、脾等内脏破裂，胃肠道疾病较严重时引起的呕吐和腹泻等导致严重脱水，大面积烧伤使血浆大量丧失，中毒过程中引起脱水，各类型的心脏病等，都发生心力衰竭，心脏输出血量减少，血压急剧下降，导致循环衰竭。

② 剧痛和神经损伤。手术、外伤和其他伴有剧烈疼痛的疾病、脑脊髓损伤、麻醉意外等使交感神经兴奋或血管运动中枢麻痹，周围血管扩张，血容量相对降低。

③ 严重中毒和感染。出血性败血症、脓毒血症、穿孔性急性腹膜炎、大叶性肺炎、流行性脑炎以及感染创等，其中各种细菌毒素，特别是革兰阴性细菌，肠道细菌内毒素的侵害，以及支原体、病毒、血液原虫、溶血性大肠埃希菌、金黄色葡萄球菌，或继发感染等过程中，先是因交感素分泌增多，内脏与皮肤等部分的毛细血管和小动脉收缩，血液灌注量不

足，引起缺血、缺氧，产生组胺与 5-羟色胺，继而毛细血管扩张或麻痹，形成淤血，渗透性增强，血浆外渗，导致微循环障碍，发生虚脱。

④ 变态（过敏）反应。注射血清和其他生物制剂，使用青霉素、磺胺类药物产生的变态（过敏）反应，血斑病和其他过敏性疾病的过程中，产生大量血清素、组胺、缓激肽等物质，引起周围血管扩张和毛细血管床扩大，血容量相对减少。

（2）病理变化　循环衰竭，因其病因复杂，其机制也较为复杂，但不论何种原因引起的循环衰竭，其基本的病理演变过程是大致相同的。

① 初期（代偿期）。血容量急剧下降，有效循环血量减少，静脉回心血量和心排出量均不足，引起血压下降。交感-肾上腺素系统兴奋，大量分泌儿茶酚胺，心率加快，内脏与皮肤的毛细血管痉挛收缩，血压升高，血液重新分配，以保证脑和心脏得到相对充足的供应，维持生命活动。此外，肾灌注不足引起肾素分泌增加，通过肾素-血管紧张素-醛固酮系统，引起钠、水潴留，血容量增加，在一定程度上起代偿作用。

② 中期（失代偿期）。由于毛细血管网缺血，组织细胞发生缺血性缺氧，局部组织发生酸中毒，血管对儿茶酚胺的敏感性降低，使儿茶酚胺的释放量增加，以维持血管收缩。由于组织缺氧，释放出大量组胺、5-羟色胺，加上缓激肽和细菌毒素的直接作用，使小动脉和微动脉紧张度降低，前毛细血管松弛，促使大部分或全部毛细血管扩张，有效循环血量更加不足，血压急剧下降，组织细胞的缺血、缺氧状态更加严重，促进外周循环衰竭的发展。由于心脑缺血、缺氧，动物陷于高度抑制状态。

③ 后期。随着病情的发展和恶化，组织酸中毒加剧，外周局部血液 pH 值降低，酸性血液在细菌、青霉素等的作用下，发生弥散性血管内凝血，形成血栓，造成微循环衰竭。病畜脉微欲绝，有出血倾向，发生水肿，陷于昏迷状态。

病畜剖检时，发现全身各个器官都有明显的病理学变化。心脏扩张，心脏内充盈血液，毛细血管充血，肠壁淤血、出血，全身静脉淤血，特别是肝、脾、肾的静脉淤血，肺水肿和淤血，胃肠黏膜坏死。

3. 识别症状

（1）初期　精神轻度兴奋，烦躁不安，汗出如油，耳尖、鼻端和四肢下端发凉，黏膜苍白，口干舌红，心率加快，脉搏快弱，气促喘粗，四肢与下腹部轻度发绀，显示花斑纹状，呈玫瑰紫色，少尿或无尿。

（2）中期　随着病情的发展，病畜精神沉郁，反应迟钝，甚至昏睡，血压下降，脉搏微弱，心音混浊，呼吸疾速，节律不齐，站立不稳，步态踉跄，体温下降，肌肉震颤，黏膜发绀，眼球下陷，全身冷汗黏手，反射功能减退或消失，呈昏迷，病势垂危。

（3）后期　血液停滞，血浆外渗，血液浓缩，血压急剧下降，微循环衰竭，第一心音增强，第二心音微弱，甚至消失，脉搏短缺。呼吸浅表疾速，后期出现陈-施二氏呼吸或间断性呼吸，呈现窒息状态。

因发病的原因不同，所以临床上会出现其各自病因的特殊症状。因血容量减少所引起的循环衰竭，结膜高度苍白，呈急性失血性贫血的现象；因剧烈呕吐和腹泻引起的，皮肤弹性降低，眼球凹陷，血液浓缩，发生脱水症状；因严重感染引起的，有广泛性水肿、出血和原发性疾病的相应症状；因过敏引起的，往往突然发生强直性痉挛或阵发性痉挛，排尿排粪失禁，呼吸微弱等变态反应的临床表现。此外，犊牛实验性感染休克时，心电图出现"峰状"T 波，其电压逐渐升高，室性心动过速，S-T 段上升，末期 QRS 综合波时限延长。

任 务 实 施

1. 诊断

根据失血、失水、严重感染、变态（过敏）反应或剧痛的手术和创伤等病史，再结合黏膜发绀或苍白、四肢厥冷、血压下降、尿量减少、心动过速、烦躁不安、反应迟钝、昏迷或痉挛等临床表现可以作出诊断。也可通过具有循环衰竭迹象而查不出心脏异常但存在已知的原发性病因作出诊断，此时，应注意原发性病因所引起的特殊症状，从而确诊。

本病必须与心力衰竭进行鉴别诊断。循环衰竭是因静脉回心血量不足，使浅表大静脉充盈不良而塌陷，颈静脉压和中心静脉压低于正常值；心力衰竭时，因心肌收缩功能减退，心脏排空困难，使静脉血回流受阻而发生静脉系统淤血，浅表大静脉过度充盈而怒张，颈静脉压和中心静脉压明显高于正常值。

2. 治疗

首先应根据病情发展过程，确定治疗原则，采取措施进行急救。一般治疗原则为：补充血容量，纠正酸中毒，调整血管舒缩功能，保护重要脏器的功能，及时采用抗凝血治疗。

（1）补充血容量　常用乳酸钠林格液（0.167mol/L 乳酸钠与林格液按 1∶2 混合）作为平衡电解质溶液静脉注射，同时给予 10% 低分子（相对分子质量 2 万～4 万）右旋糖酐溶液 1500～3000ml，可维持血容量，防止血管内凝血。也可注射 5% 葡萄糖生理盐水、生理盐水、葡萄糖溶液等。补液量通过测定中心静脉压监控，以防引起肺水肿或并发症，或者根据体况按 20～40ml/kg 体重补液。也可根据皮肤皱褶试验、眼球凹陷程度、尿量、血细胞比容来判断和计算补液量。

（2）纠正酸中毒　用 5% 碳酸氢钠注射液，牛、马 1000～1500ml；猪、羊 100～200ml 静脉注射；或在乳酸钠林格液中按 0.75g/L 加入碳酸氢钠，与补充血容量同时进行。

（3）调整血管舒缩功能　使用 α 肾上腺素能受体阻断剂（氯丙嗪，苄胺唑啉）、β 肾上腺素能受体兴奋剂（异丙肾上腺素，多巴胺）、抗胆碱能药（山莨菪碱，阿托品）等扩张血管药较佳。常用山莨菪碱 100～200mg 静脉滴注，每隔 1～2h 重复用药一次，连用 3～5 次。硫酸阿托品，马、牛 0.08g，羊 0.05g，皮下注射，可缓解血管痉挛，增加心排出量，升高血压，兴奋呼吸中枢。氯丙嗪 0.5～1.0mg/kg 体重肌内注射或静脉注射，可扩张血管、镇静安神，适用于精神兴奋、烦躁不安、惊厥的病畜。如果病畜的血容量已补足，循环已改善，但血压仍低，可用异丙肾上腺素或多巴胺。异丙肾上腺素，马、牛 2～4mg，每 1mg 混于 5% 葡萄糖注射液 1000ml 内，开始以 30 滴/min 左右的速度静脉滴注，如发现心动过速、心律失常，必须减慢或暂停滴入。

（4）保护脏器功能　对处于昏迷状态且伴发脑水肿的病畜，为降低颅内压，改善脑循环，可用 25% 葡萄糖溶液，马、牛 500～1000ml，猪、羊 40～120ml，静脉注射；20% 甘露醇注射液，马、牛 1000～2000ml，猪、羊 100～250ml，静脉注射，每隔 6～8h 重复注射一次。当出现陈-施二氏呼吸时，可用 25% 尼可刹米注射液，马、牛 10～15ml，猪、羊 1～4ml，皮下注射，以兴奋呼吸中枢，缓解呼吸困难。当肾功能衰竭时，给予双氢克尿噻，马、牛 0.5～2.0g；猪、羊 0.05～0.1g，犬 25～50mg，内服。此外，为了改善代谢功能，恢复各重要脏器的组织细胞活力，增进治疗效果，还应考虑应用三磷酸腺苷、细胞色素 C、辅酶 A、肌苷等制剂。

（5）抗凝血　为了减少微血栓的形成，减少凝血因子和血小板的消耗，可用肝素 0.5～1.0mg/kg 体重，溶于 5% 葡萄糖溶液内静脉注射，每 4～6h 一次。同时应用丹参注射液效果更佳。

（6）中医治疗

① 循环衰竭，如气阴两虚，心悸气促、口干舌红、无神无力、眩晕昏迷，宜用生脉散：党参 80g、麦冬 50g、五味子 25g；热重者加生地黄、牡丹皮；脉微加石斛、阿胶、甘草，水煎去渣，内服。

② 若因正气亏损、心阳暴脱，自汗肢冷，心悸喘促，脉微欲绝，病情危重，则应大补心阳、回阳固脱，宜用四逆汤：制附子 50g、干姜 100g、炙甘草 25g，必要时加党参，水煎去渣，内服。

目前，已将生脉散和四逆汤制成针剂，中西医结合，起到协同功效。

3. 预防

应加强护理，避免受寒、感冒，保持安静，避免刺激，注意饲养，给饮温水。病情好转时给予大麦粥、麸皮或优质干草等增加营养。

任务二　贫血的诊断与治疗

子任务一　失血性贫血的诊治

任　务　资　讯

1. 了解概况

贫血的确切定义是全身循环血液中红细胞总容量减少至正常值以下。但临床上一般所谓的贫血，指的是单位体积循环血液中血细胞比容、血红蛋白量和（或）红细胞数低于正常值。贫血不是独立的疾病，而是由许多不同原因引起或各种不同疾病伴有的综合征。作为贫血基础的疾病多达百种，需要加以分类，以便检索和鉴别诊断。为此，贫血本身可从病因、形态、再生反应三个角度来区分类型。按病因及致病作用分为四大类型，即失血性贫血、溶血性贫血、营养不良性贫血和再生障碍性贫血。贫血的病因学分类是检索贫血病因的重要依据。

2. 认知病因

属急性失血的，有各种创伤（意外或手术），侵害血管壁的疾病，如大面积胃肠溃疡、寄生性肠系膜动脉瘤破裂、鼻疽或结核肺空洞；造成血库器官破裂的疾病，如肝淀粉样变、脾血管肉瘤；急性出血性疾病，如牛霉败草木犀病、华法令中毒、蕨类植物中毒、马血斑病、驹同族免疫性血小板减少性紫癜、犬自体免疫性血小板减少性紫癜、幼犬第 X 因子缺乏、消耗性凝血病等。

属慢性失血的，有胃肠寄生虫病（如钩虫病、圆线虫病、血矛线虫病、球虫病等）、胃肠溃疡、慢性血尿、血管新生物、血友病、血小板病等。

失血使血压下降，回心血量减少，主动脉、肺动脉充盈不足，颈静脉窦血压下降，交感神经兴奋，肾上腺素和去甲肾上腺素分泌增加，心搏加快、血管收缩、动员血库（脾、肝、皮下血管丛）血液进入血管，补充血液量。

短时间失血量达 50%～60% 即休克、虚脱或死亡。急性出血性贫血：由于红细胞急剧下降，血液携氧功能降低，血氧供应不足，血管壁通透性增强（局部酸性物质过多引起），促进组织液进入血管。但由于血浆内蛋白质缺乏，血细胞减少，血液黏滞度降低，血流加快，出现心搏增速、瞳孔散大、汗腺分泌增加（马）。大出血后可刺激造血器官加速造血，血中可出现有核（点彩红细胞，红细胞中可见），同时末梢血液中嗜中性粒细胞增加。

3. 识别症状

失血性贫血的临床表现，取决于失血总量的多少和失血速度的快慢。

（1）急性失血性贫血 起病急，可视黏膜苍白，体温低下，四肢发凉，脉搏细弱，出冷黏汗，乃至陷于低血容量性休克而迅速死亡。

血液学变化大，出血后的一昼夜内，组织间液大量渗入血管，致使血液稀薄，红细胞数、血红蛋白量及血细胞比容平行减少，呈正细胞正色素性贫血，红细胞无大改变。其后，通常在大出血后的 4～6 天，骨髓代偿增生达到顶峰，末梢血液出现大量网织红细胞、多染性红细胞、嗜碱性点彩红细胞以及各种有核红细胞，而且由于铁质的大量流失和铁贮备的耗竭，陆续出现淡染性红细胞。在骨髓红细胞系代偿增生的同时，粒细胞系和巨核细胞系也相应地增生。因此末梢血液内的血小板数和白细胞数也增多，并伴有嗜中性粒细胞比例增高和核左移。

（2）慢性失血性贫血 起病隐蔽，可视黏膜在此期间逐渐变得苍白，随着反复经久的血液流失，血浆蛋白不断减少，铁贮备最后耗竭，病畜日趋瘦弱，贫血渐进增重，后期常伴有四肢和胸腹下水肿，乃至体腔积液。

（3）血液学变化 特点是正细胞低色素性贫血，伴有血浆蛋白减少、血清间接胆红素降低、白细胞和血小板轻度增多。血片上不仅有大小正常的淡染红细胞和小的淡染红细胞，而且还有一些巨大而淡染的红细胞。

任 务 实 施

1. 诊断

急性失血性贫血的诊断并不困难，主要根据临床症状及发病情况作出诊断。

2. 治疗

（1）急性失血性贫血

① 止血。失血性贫血时应立即止血，避免血液大量丧失，方法如下。

a. 局部止血：外部出血时，具有损伤且能找到出血的血管时，可应用外科止血方法进行结扎或压迫止血。较好的方法是电热烧烙止血。

b. 全身止血：内出血及加强局部止血时应用。选用 5% 的安络血注射液，马、牛 5～20ml，猪、羊 2～4ml，肌内注射，每日 2～3 次。止血敏，马、牛 10～20ml，猪、羊 2～4ml，肌内注射或静脉注射。4% 的维生素 K_3 注射液，马、牛 0.1～0.3g，猪、羊 8～40mg，肌内注射，一日 2～3 次。凝血质注射液，马、牛 20～40ml，猪、羊 5～10ml。10% 的氯化钙注射液，马、牛 100～150ml，静脉注射。

c. 输血：小量输血能加强血液凝固，又能刺激血管运动中枢，反射性地引起血管的痉挛性收缩，加强了血液凝固的作用。同种家畜的相合血液，马、牛 100ml，静脉输入。

② 提高血管充盈度

a. 输血：大量输血不仅有止血作用，还可补充血液量和增加抗体。病畜输入异体血后，可兴奋网状内皮系统，促进造血功能，提高血压。马、牛可输 2000～3000ml。

b. 补液：应用右旋糖酐和高渗葡萄糖溶液可补充血液量。右旋糖酐 30g、葡萄糖 25g，加水至 500ml，静脉注射，马、牛 500～1000ml，猪、羊 250～500ml。

③ 补充造血物质。硫酸亚铁，马、牛 2～10g，猪、羊 0.5～2g，内服。枸橼酸铁铵，马、牛 5～10g，猪 1～2g，内服，每日 2～3 次；维生素 B_{12} 等肌内注射。

（2）慢性失血性贫血 治疗要点是切实处置原发病和全面补给造血物质。应给予富含蛋白质、维生素及矿物质的饲料，并加喂少量铁制剂。

3. 预防

加强饲养管理，避免外伤，一旦发生出血性外伤事故，要尽快止血，同时做好对其他疾病的预防，减少内出血的发生。

子任务二 溶血性贫血的诊治

任 务 资 讯

1. 了解概况

溶血性贫血是由于某种原因使红细胞平均寿命缩短、破坏增加，并超过骨髓造血代偿能力所引起的一种贫血。主要临床特征为黄疸，肝脏及脾脏增大，血液学检查是血红蛋白过多的巨细胞性贫血。本病可发生于幼驹、犊牛、仔猪、狗崽或小猫。

2. 认知病因

(1) 急性溶血 有细菌感染，包括钩端螺旋体病、溶血性梭菌病（牛和羊的细菌性血红蛋白尿病）、A 型产气荚膜杆菌病以及能产生溶血毒素的链球菌和葡萄球菌感染；血液寄生虫病，包括血孢子虫病、锥虫病、住白细胞虫病（禽）、疟疾（禽）；同族免疫性抗原-抗体反应，包括马、猪、犬等新生畜溶血病、疫苗（血苗）接种、不相合血输注；溶血性化学毒，包括美蓝（猫）、醋氨酚（退热净）、非那唑吡啶、铜、铅、萘、皂素、煤焦油衍生物；溶血生物毒，包括蛇毒、野洋葱、黑麦草、蓖麻素；物理因素，包括大面积烧伤、犊牛水中毒、暂时性冷性血红蛋白尿病；低磷酸盐血症（牛产后血红蛋白尿病）。

(2) 慢性溶血 有血液寄生虫病，包括血巴尔通体病，附红细胞体病；自体免疫性抗原-抗体反应，包括自体免疫性溶血性贫血、红斑狼疮、马传染性贫血、白血病、边虫病；微血管病，包括血管肉瘤、播散性血管内凝血；红细胞先天内在缺陷，包括丙酮酸激酶缺乏（犬、猪、牛的先天性溶随性贫血）、细胞形态异常。

各种原因引起溶血时，释放出大量血红蛋白，血红蛋白被网状内皮细胞转变为胆红质。胆红质游离在血浆中，不溶于水而溶于有机溶剂，所以是脂溶性的，血清范登白试验呈间接反应强阳性。当游离胆红质随血液循环到达肝脏后，经葡萄糖醛酶转换酶的作用，大都分形成葡萄糖醛酸胆红质，其余的与硫酸结合形成胆红质硫酸酯和极少部分的结合胆红质，血清范登白试验呈直接反应阳性。

游离胆红质进入肝脏后，经肝细胞的摄取、结合、排泄，随胆汁经总胆管排入肠道，在结肠被细菌还原为无色的粪（尿）胆原，在大肠下段与氧结合为粪胆素，随粪排出体外。粪胆素增加时，粪色深暗。小部分尿胆素原进入血液循环，然后经肾脏随尿排出，尿胆素增加则尿色加深；大部分尿胆素原在肝脏经肝细胞氧化为结合胆红素，经胆汁排出，形成所谓胆红素的肠肝循环。通过血液将胆红质带到各组织器官，因而临床上出现黄疸，严重时贫血、黄疸并发，可视黏膜黄染或苍白，是溶血性贫血的又一特征。

3. 识别症状

(1) 急性溶血性贫血 发病快速、病程短急，多系血管内溶血所致。严重的背部疼痛、四肢酸痛、寒战、高热，患畜并发狂躁、恶心、呕吐、腹胀、腹痛等胃肠道症状。由于溶血迅速，血红蛋白大幅度下降；血管内溶血出现血红蛋白尿，发病 12h，出现黄疸。体温正常、低下或升高，取决于致发溶血的病因。由细菌、病毒或血液寄生虫等病原体所致的急性溶血病，多伴有中热乃至高热；由化学毒、生物毒等非病原体所致的急性溶血病，体温多正常或低下。可视黏膜苍白并伴有轻度至中度黄染。但恒有血红蛋白血症和血红蛋白尿症。重症的，可暴发溶血危象，即由于血红蛋白晶体堵塞肾小管而出现急性尿闭等肾衰体征，或由于核黄疸而出现各种神经症状。

血液学变化呈正细胞正色素型贫血；血清呈金黄色，黄疸指数偏高，间接胆红质多，血小板增数。

（2）慢性溶血性贫血　发病隐蔽、病程缓长、病情弛张不定、发作期和缓解期反复交替，多属血管外溶血即网内系溶血所致。有贫血、黄疸、肝脾肿大三种类型。主要表现：可视黏膜逐渐苍白，气短。黄疸愈加严重，但不见血红蛋白血症和血红蛋白尿症，也不显溶血危象。若溶血未超过骨髓的代偿能力，则不出现贫血。由于肝脏消除胆红素的功能很强，黄疸转为轻度。长期持续性溶血，可并发胆石症和肝功能损害，血液中可出现大量的胆固醇、类脂质和脂肪。

血液学变化呈正细胞低色素型贫血；黄疸指数颇高，间接胆红质甚多，常伴有一定量的直接胆红质；血象显示大量网织红细胞、多染性红细胞、有核红细胞等各种幼稚型红细胞。

任务实施

1. 诊断

查明原发病，结合临床三大特征：贫血、黄疸、肝脾肿大，血清胆红质间接反应明显，尿胆素增加等进行综合分析，并通过血液学检查：红细胞减少，大小不等，尤其是网织红细胞增多，可以确诊，但应与下列疾病进行鉴别诊断：

（1）急性黄疸性肝炎　有黄疸或肝脾肿大，但无明显贫血，血液学指标正常。

（2）先天性胆红素代谢功能缺陷　因先天性肝细胞酶缺陷或肝细胞对胆红素的转运及排泄障碍所引起，具有先天性非溶血性黄疸，无明显贫血，网织红细胞不增高，脾不增大。

2. 治疗

溶血性贫血的治疗要点是，消除感染，给予易消化、营养丰富的饲料，排除毒物，输血换血。

凡感染和中毒所致的急性溶血性病畜，只要感染被控制或毒物被排出，则贫血本身一般无需治疗，可由骨髓的代偿性增生而迅速自行恢复。但急性溶血性贫血常因血红蛋白阻塞肾小管而引起少尿、无尿，甚至肾功能衰竭，应及早输液并使用利尿剂。对新生畜溶血病，可行输血。输血时力求一次输足，不要反复输注，以免因输血不当而加重溶血。最好换血、输血，即先放血后输血或边放血边输血，以除去血液中能破坏病畜自身红细胞的同种抗体以及能导致黄疸的游离胆红质。犊牛水中毒，通常在暴饮后 2~3h 发病，重的迅即死亡，不及救治，轻的经数小时即能耐过而自愈。肾上腺皮质激素疗法：强泼尼松注射液，肌内注射或静脉注射，马、牛 0.05~0.15g，猪、羊 0.01~0.02g。其他治疗方法参照"急性出血性贫血"。

3. 预防

主要是积极预防能引起溶血的各类疾病的发生，如细菌性疾病、血液原虫病、各类中毒性疾病，加强饲养管理，注意饲草、饲料安全等。

子任务三　营养不良性贫血的诊治

任务资讯

1. 了解概况

红细胞的生成，除需要有健全的造血功能和红细胞生成素的刺激作用以外，还需要某些营养物质，包括蛋白质、铁、铜、钴、维生素 B_6、维生素 B_2 和叶酸等，作为造血原料或辅助成分。上述任何物质的缺乏都会导致贫血，统称营养性贫血。

2. 认知病因

属血红素合成障碍的，有铁缺乏、铜缺乏、维生素 B_6 缺乏、铅中毒（抑制血红素合成过程）和钼中毒（造成铜缺乏）。

属核酸合成障碍的，有维生素 B_{12} 缺乏、钴缺乏（影响维生素 B_{12} 合成）、叶酸缺乏和烟酸缺乏（影响叶酸合成）。

属蛋白质合成障碍的，有饥饿及消耗性疾病的蛋白质不足、赖氨酸不足。

属机制复杂或不明的，有泛酸缺乏、维生素 E 缺乏和维生素 C 缺乏。

3. 识别症状

（1）缺铁性贫血　起病徐缓，可视黏膜逐渐苍白，体温不高，病程较长。

血液学变化呈小细胞低色素型贫血，红细胞平均直径偏小，红细胞中心淡染区显著扩大。血清铁减少。

（2）缺钴性贫血　多见于缺钴地区的牛羊，具群发性，起病徐缓，食欲减损且反常，异嗜污物和垫草，消化紊乱顽固不愈而渐趋瘦弱，可视黏膜愈益苍白，体温一般不高，病程很长，可达数月乃至数年。

血液学变化呈大细胞正色素型贫血。血片上可见到较多的大红细胞乃至巨红细胞，并出现分叶过多的嗜中性粒细胞。

任 务 实 施

1. 诊断

根据临床症状及血液学检查结果进行诊断。

2. 治疗

营养性贫血的治疗要点是，补给所缺造血物质，并促进其吸收和利用。

（1）缺铁性贫血　通常应用硫酸亚铁，配合人工盐，制成散剂，混入饲料中喂给，或制成丸剂投给。大家畜开始每日 $6\sim8g$。$3\sim4$ 日后逐渐减少到 $3\sim5g$，连用 $1\sim2$ 周为一疗程。为促进铁的吸收，可同时用稀盐酸 $10\sim15ml$，加水 $500\sim1000ml$ 灌服，每日一次。

对仔猪的缺铁性贫血：取黑木耳（干品）200g，用温水浸泡 2h 后，将木耳充分剁碎，然后拌入适量的面粉，加入温水调成稀糊状，待仔猪出生后，每头喂一汤匙再将其放回舍中吃奶，隔天喂 1 次；仔猪开食后，每天在其饲料中添加适量经浸泡、剁碎的黑木耳。

（2）缺铜性贫血　非但不缺铁，反而有大量含铁血黄素沉积。因此，只需补铜而切莫加铁，否则会造成血色病。通常应用硫酸铜口服或静脉注射，牛 $3\sim4g$，羊 $0.5\sim1g$，溶于适量水中灌服，每隔 5 天一次，$3\sim4$ 次为一疗程。静脉注射时，可配成 0.5% 硫酸铜溶液，牛 $100\sim200ml$，羊 $30\sim50ml$。

（3）缺钴性贫血　可直接补钴或应用维生素 B_{12}。绵羊可用维生素 B_{12} $100\sim300\mu g$ 肌内注射，每周一次，$3\sim4$ 次为一疗程。此法耗费昂贵，不宜大量用。通常应用硫酸钴内服，牛 $30\sim70mg$，羊 $7\sim10mg$，每周一次，$4\sim6$ 次为一疗程。

3. 预防

加强饲养管理、保证动物获得充足而全面的营养是预防营养不良性贫血的重要措施，因此，在日常饲养管理中一定要注意饲料、饲草的营养配比和质量。

子任务四　再生障碍性贫血的诊治

任务资讯

1. 了解概况

再生障碍性贫血是由多种原因引起的，以骨髓造血功能衰竭为特征，造血干细胞数量减少和（或）功能异常所致的红细胞、嗜中性粒细胞、血小板减少的综合病症。临床表现为贫血、感染和出血。

2. 认知病因

红细胞起源于骨髓中的原血细胞，即多能干细胞。多能干细胞经过增殖、分化进而发育为原始红细胞，再经过三次有丝分裂，即经过早幼红细胞、中幼红细胞和晚幼红细胞阶段而发育成熟，排出胞核，进入骨髓窦，然后释放入循环血液中。红细胞寿命长的动物如马、牛、绵羊和山羊；红细胞寿命短的动物，其红细胞是离开骨髓窦之后逐渐成熟的。

属骨髓受细胞毒性损伤：放射线（放射病）、化学毒、植物毒（如蕨类植物中毒）、真菌毒素（如马穗状葡萄菌毒病、梨孢镰刀菌毒病）。

属感染因素：猫白血病病毒、传染性泛白细胞减少症病毒、犬欧利希氏病、牛羊的毛圆线虫病等。

属骨髓组织萎缩：粒细胞白血病、淋巴细胞白血痫、网状内皮组织增生、转移性肿瘤、骨髓纤维化。

属红细胞生成素减少：慢性肾脏疾病和内分泌疾病，包括垂体功能低下、肾上腺功能低下、甲状腺功能低下。

前三种因素，系损害于骨髓内的多能干细胞，使红细胞系、粒细胞系和巨核细胞系造血功能全面发生障碍，因而循环血液中不仅红细胞减少，粒细胞和血小板也减少，导致全血细胞减少症；后一种因素，则系抑制体内红细胞生成素的生成和释放，因而循环血液中惟独红细胞减少。

3. 识别症状

除继发于急性放射病者外，一般起病较慢，但可视黏膜苍白有增无减，全身症状越来越重，而且伴有出血性素质综合征，常常发生难以控制的感染，预后不良。

血液学变化：以全血细胞减少为其特点，即红细胞、粒细胞和血小板均减少。另一特点是，尽管贫血十分严重，末梢血液却不显示骨髓的再生反应，网织红细胞反而减少，血片上几乎看不到多染性红细胞等各种幼稚红细胞。穿刺骨髓液中脂肪滴增多，有核细胞甚少，而淋巴细胞比例增高。但起因于红细胞生成素不足的再生障碍性贫血，其血液中惟独红细胞减少，其骨髓内也惟独红系细胞偏少，而粒红比相对增高。

任务实施

1. 诊断

根据临床症状和血液学检查结果进行诊断。

2. 治疗

再生障碍性贫血的治疗要点是，除去病因、激励骨髓造血功能。鉴于此类贫血的原发病常难根治，致发的骨髓功能障碍多不易恢复，反复输血维持生命又失去经济价值，故以往概不予治疗。若治疗可进行如下方法。

① 消除病因。目前认为可引起再生障碍性贫血的药物应用时宜慎重，并严密观察。有感染时可选用广谱抗生素，忌用氯（合）霉素。

② 一般处理。一是给予足够的营养和适当的休息；二是尽可能地避免不必要的肌内注射和静脉穿刺。如白细胞数低于正常值较大，应予以短期隔离，以防感染。

③ 提高造血功能。比较有效的药物是睾酮类，如丙酸睾酮、氟羟甲睾酮等，辅以中药治疗，效果明显。同时可采用早期脾切除术。

④ 输血。参照"急性出血性贫血"。

近年有国外报道，骨髓移植术和胎肝移植术已开始试用于治疗动物的再生障碍性贫血，目前正处于实验研究阶段。

3. 预防

对原发病应及早进行治疗，避免慢性化过程、感染及进行性出血。慎重选用药物，禁止滥用药物，必须使用时应定期检查血液学变化，以便及时减量或停药。

任务三　红细胞增多症的诊断与治疗

任 务 资 讯

1. 了解概况

红细胞增多症指的是循环血液中红细胞的数量显著超过正常情况（可达 $70\times10^{12}/L$），血红蛋白量和血细胞比容也相应增高（分别可达 200g/L 和 70%）。它同贫血一样，不是独立的疾病，而是许多疾病的临床表现，是一种综合征，有相对性红细胞增多症和绝对性红细胞增多症两种。

2. 认知病因

（1）相对性红细胞增多症　这类红细胞增多症，是由于血液浓缩而造成循环血液中红细胞数量的相对增多。严格地说，这种情况不是红细胞增多症，因而称为"假性红细胞增多症"，简称"假红"。

相对性红细胞增多症发生于两种情况：一种是由于腹泻、呕吐、多尿、出汗、失饮等使机体脱水；另一种是由于休克状态使水分由血浆转向组织间或细胞内。

（2）绝对性红细胞增多症　这类红细胞增多症，又分为原发性和继发性两种，是由于骨髓红系细胞增生极度活跃而造成的循环血液中红细胞数量的绝对增多。

3. 识别症状

（1）相对性红细胞增多症　其特征是，血细胞比容增高，血浆总蛋白亦增高，血浆总容量锐减，红细胞总容量正常，病程很短（数小时至数日），随着脱水或休克状态的解除，即自行恢复。

（2）绝对性红细胞增多症　特征是，血细胞比容增高而血浆总蛋白不高，血液总容量和红细胞总容量倍增而血浆总容量不增，且病程很长（数月乃至数年）。主要临床表现包括皮肤和可视黏膜发绀、眼底血管和可视黏膜微血管扩张充盈、烦渴多尿、出血性素质、神经肌肉功能紊乱，大多数有白细胞增多症、血小板增多症和脾肿大。

任 务 实 施

1. 诊断

红细胞增多症，可按下列层次和思路确定诊断。

（1）红细胞增多症的确认　对可视黏膜充血发绀的病畜，进行血液常规检验。凡血细胞比容超过 40%，血红蛋白超过 150g/L，红细胞数超过 $10\times10^{12}/L$ 的，即可诊断为红细胞增多症。

（2）相对性和绝对性红细胞增多症的鉴别　对红细胞增多症病畜，在临床表现上应着眼于起病之缓急、病程之长短、脱水或休克体征之有无；在临床检验上应侧重血浆总蛋白测定，血液容量测定（通常用伊文思蓝稀释法）和骨髓细胞分类计数。

其发病急，病程短，有明显脱水或休克体征，血浆总蛋白随血细胞比容增高而相应增高，骨髓红系细胞不增生（粒红比正常），血浆总量不减少，且红细胞总量基本正常的，为相对性红细胞增多症，即"假红"；其起病缓，病程长，无明显脱水或休克体征，血细胞比容容量增高而血浆总蛋白不高，骨髓红系细胞增生极度活跃（粒红比降低），血浆总量不减而血液总容量和红细胞总量显著增多甚而倍增的，为绝对性红细胞增多症。

（3）原发性和继发性红细胞增多症的鉴别　对绝对性红细胞增多症病畜，在临床上和病理学上应注意有无夹杂症，在检验上应做气学分析，并创造条件做血浆及尿中红细胞生成素测定（生物测定法）。

其除红细胞绝对增多带来的功能障碍和体征外，不认其他夹杂症，且动脉血氧饱和度正常（＞90％），而红细胞生成素减少乃至消失的，为原发性红细胞增多症，即"真红"；其可认其他夹杂症，而红细胞生成素显著增多的，为继发性红细胞增多症，即"继红"。

2. 治疗

相对性红细胞增多症（假红）和继发性红细胞增多症（继红），原发病一经解除，红细胞增多症亦即消退，无需特殊治疗。

原发性红细胞增多症（真红），迄今尚不能根治，目前多采用保守疗法。一种是反复放血，使血容量和血液黏滞性恢复或接近正常，促进临床症状的缓解。静脉一次放血量，犬100～200ml，马、牛2000～4000ml，每隔2～4天一次，直至红细胞数和血细胞比容接近正常为止。另一种是实施化疗，应用骨髓抑制剂（如马利兰、环磷酰胺、苯丙酸氮芥等），以巩固和延长放血疗法的缓解效果。

任务四　血小板异常的诊断与治疗

任务资讯

1. 了解概况

血小板减少性紫癜是动物中最常见、最主要的出血性疾病，动物出血性疾病中约有75％属于此类。按其病因，有原发和继发之分。原发性血小板减少性紫癜，业已查明与免疫机制有关，属于免疫血液病范畴，包括同族免疫性血小板减少性紫癜和自体免疫性血小板减少性紫癜；继发性血小板减少性紫癜，亦称"症状性血小板减少性紫癜"，通常作为综合征而伴随于某些疾病的经过中。前者少见，均发生于新生仔猪、幼驹和仔犬；后者多见，可发生于各种动物。

本病的特征是，皮肤、黏膜、关节、内脏的广泛出血，出血时间延长，血块收缩不良，血小板数减少和血管脆性增强。

2. 认知病因

（1）原发（特发）性血小板减少性紫癜　主要由于同族免疫或自体免疫产生抗血小板抗体，使循环血小板凝集并在脾脏等网状内皮系统中遭到滞留或破坏。作为抗原-抗体反应，当然也会对血管壁造成一定的损伤。其发生出血，显然是由于在止血过程中具有多方面功能的血小板数量极度减少所致。

（2）继发（症状）性血小板减少性紫癜　多由其他疾病所引起并伴随于其他疾病的经过

之中，有的是由于骨髓的血小板生成障碍，有的是由于循环血小板的破坏（消耗）过度，或者是两者兼而有之。主要原发病因有以下几个方面。

① 感染。某些细菌性、病毒性、血液寄生虫性或钩端螺旋体疾病，如最急性型马传染性贫血、牛血孢子虫病、猪和犬出血性黄疸型钩端螺旋体病以及各种动物的巴氏杆菌病等，均可使血小板过多破坏，加上病原体对血管壁的直接损害作用，往往伴发血小板减少性紫癜。

② 播散性血管内凝血。许多疾病恶化而陷于中毒性休克状态时，常发生重剧的弥散性血管内凝血过程，血小板连同其他凝血因子被大量消耗，继发消耗性出血综合征，其中包括消耗性血小板减少性紫癜。

③ 骨髓损害。在白血病、恶性肿瘤转移、骨髓纤维化等骨髓器质性病变，以及 X 射线电离辐射、牛蕨类植物中毒、三氯乙烯豆粕中毒时，骨髓受到不同程度的损害。除红细胞系、粒细胞系损害分别表现为贫血和粒细胞减少外，巨核细胞系损害表现为血小板生成障碍，致发紫癜。此类紫癜，骨髓象中巨核细胞显著减少乃至消失，特称无巨核细胞型血小板减少性"紫癜"。

3. 识别症状

血小板减少性紫癜的基本临床表现为，肢体各部皮肤和眼、口、鼻、腔等处黏膜的出血斑点；鼻汁、粪便、尿液、眼房液乃至胸腹腔穿刺液混血；黏膜和皮下大块出血，形成大小不等的血肿；脑脊髓局灶性出血，因部位而呈现相应的神经症状。此外，不同病因和病型的血小板减少性紫癜，还有各自的临床表现。

（1）新生畜同族免疫性血小板减少性紫癜　出生时外观健康活泼，吃母乳后数小时（幼驹）或数日（仔猪）突然发病，除可视黏膜显示出血斑点外，常见血液自鼻黏膜外渗或涌流（鼻衄）。有的皮肤广泛渗血，血液由毛孔渗出，呈露滴状，浸染被毛，布满全身（幼驹）；有的于胸腹下部、腋窝、股内以及耳后皮下出血，形成大小不等的血肿（仔猪和仔犬）；有的四肢关节肿胀（关节内或皮下出血），触之捏粉样，有痛感；有的发生肺出血，呼吸困难，听诊有干啰音或湿啰音，大多数病畜可于停吮母乳后 2～3 天出血停止，病情好转，并逐步康复。再吮母乳，随即复发。用此乳汁代哺另窝新生畜，亦可能发病。

（2）自体免疫性血小板减少性紫癜　多突然发病，查有某种感染或反复接受过某种药物的病史（有时不易查明），其基本临床表现与一般的血小板减少性紫癜并无不同，只是病程有其特点。急性型的甚少，大多在数月乃至数年间反复发作，几度缓解，取慢性经过。由感染所起的，可取其血清与同种动物的正常血小板悬液做血小板凝集试验，多呈阳性反应。

（3）继发性血小板减少性紫癜　除血小板减少性紫癜固有的基本临床表现外，还夹杂有原发病的临床表现。其原发病多属重剧性疾病，因而无论临床所见和检验所见，都显得错综复杂、变化多端。骨髓象依原发病的性质而不同，可为巨核细胞型或无巨核细胞型。

（4）实验室检查　血小板数减少，轻症 $100 \times 10^9 / L$ 左右，重症不及 $10 \times 10^9 / L$，甚而几乎消失；血小板象异常，如奇形怪状，大小不均，染色深浓，颗粒稀少，透明体部与颗粒部的界限模糊；出血时间延长，轻的 10min 上下，重的超过半小时；血块收缩不良，有的全不收缩，分离不出血清。凡血小板生成障碍所致者，几乎或全然看不到巨核系细胞（无巨核细胞型血小板减少性紫癜）；凡血小板消耗或破坏过度所致者，则巨核系细胞数正常或增多，幼巨核细胞和原始巨核细胞比例增高，显示骨髓巨核细胞系增生活跃（巨核细胞型血小板减少性紫癜），但往往可见巨核细胞畸形，细胞质内有空泡，颗粒稀少，周边缺乏血小板形成区带。

![任务实施]

1. 诊断

"出血体征"是出血性疾病共有的临床表现，必须首先做出血性疾病初筛检验。其中，出血时间延长，血块收缩不良，血管脆性试验阳性（或阴性）的，指示为血小板异常的出血病。如果血小板计数正常，即提示是血小板功能障碍性疾病；如果血小板计数显著减少，则为血小板减少性紫癜。接着做骨髓象检验，凡巨核细胞型的，表明起因于血小板破坏或消耗过多；凡无巨核细胞型的，则表明起因于血小板生成不足，或破坏过多和生成不足兼而有之。最后参照发病情况、疾病经过及其他临床表现和检验结果，确定是原发性的还是继发性的，并配合血小板凝集试验等特殊检验，确定是免疫性的还是非免疫性的，以及是同族免疫性血小板减少性紫癜还是自体免疫性血小板减少性紫癜。

2. 治疗

本病的治疗原则是，除去病因、减少血小板破坏和补充循环血小板。常用的疗法是使用免疫抑制剂、输全血或血浆、脾切除术。

对新生畜同族免疫性血小板减少性紫癜，要立即停吮母乳，找保姆畜代哺。要使病畜保持安静，减少活动，以免出血加剧。必要时可输给新鲜血或富含血小板的新鲜血浆（PRP）。输血液或血浆时，针头要涂上硅酯。输液瓶和输液管要用塑料制品，抗凝剂要用乙二胺四乙酸二钠盐（简称 EDTA），要避免产生气泡，以最大限度地减少血小板在输注操作中的耗损。鉴于输进的血小板可能被病畜血液内的抗血小板抗体凝集而失去作用，最好实行换输血，即先大量放血而后输血。

对自体免疫性血小板减少性紫癜，要力求查明并除去致敏病因。停用可疑的药物。氢化可的松等肾上腺皮质激素制剂，对控制出血的效果最为明显，奏效迅速，是首选药物。其作用在于减低血管渗透性，抑制抗体产生，较大剂量还能提高血小板数。氢化可的松（每片 20mg），经口给予日量为每千克体重 2～4mg，分两次服，连续 3 天后剂量减半，7～10 天为一疗程。氢化可的松液（20ml＝100mg）静脉注射的一次量：猪、羊为 20～80mg，马、牛为 200～500mg，溶于 5％葡萄糖液 1～2L 内，缓慢注射，每日一次，连续 3～5 天，第 3 日之后要酌情减量。应用激素抑制免疫一周后，可相继输给新鲜血液或血浆。顽固不愈的，可考虑施行脾切除术。据报道，对犬的特发性血小板减少性紫癜有显著效果。

3. 预防

对继发性血小板减少性紫癜，主要在于治疗原发病。必要时可输给新鲜全血或血浆。至于激素疗法和脾切除术，均效果不佳。

技能训练一　动物的输血治疗

【目的要求】

1. 了解各种动物的血型和动物输血的适应证。
2. 掌握动物输血的临床意义。
3. 掌握动物的采血方法、血液处理、保存技术要求。
4. 掌握动物输血方法及注意事项。

【诊断准备】

1. 物品准备

保定架、保定绳、听诊器、温度计、注射器、针头、一次性输液器、酒精棉球、3％～

5％的碘酊、镊子、显微镜、玻片、集血瓶。

2.药品准备

3.8％枸橼酸钠、肝素、青霉素、链霉素、地塞米松等。

4.病例准备

供血犬、受血犬。

【诊断方法和步骤】

1.供血犬的选择

作为供血犬，应选择年龄在2～8岁之间，健康没其他疾病，体质好，温顺，体型大，免疫完全，体重在10～20kg的成年犬，最好与输血犬为同一品种或品系。比如德国牧羊犬、灵缇犬等都是很好的供血犬。动物医院有条件时可饲养此类供血犬，便于管理和采血，以确保血源的质量。为采血方便，对供血动物可使用镇静剂（如安定、氯胺酮等），但不能使用氯丙嗪类药物，因为它可降低血压，影响采血。

2.血液的采集

为保证犬血的质量，每只犬的采血量不超过20ml/kg体重，一般间隔三周采集一次。作为永久供血犬的血液，可从犬的颈静脉或前肢桡侧皮静脉采血。现在普遍用装有抗凝剂的血袋直接采集血液，血袋一般是200ml的规格，内装抗凝剂28ml，可根据实际情况调整抗凝剂，决定采血量，一般血液和抗凝剂的比例为9∶3。

3.血液的保存

犬的全血制品应保存在3～6℃的条件下，另外应使抗凝剂和采血袋在采血前保持在5℃左右，以防止溶血。采血过程中必须轻轻晃动采血袋。临床上采集的血保存2周就可以弃用。

4.配血试验

输血前应给犬做交叉配血试验，但在紧急输血情况下，如果犬是第一次输血，可以不做配血试验。受血犬过去曾被输过不明血型的血液或需多次输血，必须做配血试验，否则，易产生输血反应。重复输血前必须进行配血试验。简便的配血方法为"三滴法"，供血动物血液适量，以生理盐水作5～10倍稀释（A），受血动物的血液分离血清（B），然后取A、B各一滴于玻片上充分混合，在约20℃的室温下，静置10～15min，观察红细胞凝集反应结果。结果判定：红细胞彼此堆积在一起者为阳性反应，不能用于输血；无红细胞凝集现象，每个红细胞界限清楚者，为阴性反应，可用于输血。

【治疗措施】

1.输血

静脉输血是最常用的一种方法，如果静脉输血确实有困难，也可进行腹腔输血，但腹腔输血的作用比较慢，腹腔输血24h后，有50％血细胞被吸收进入循环系统，腹腔输血2～3天后，约70％的血细胞进入循环血液，腹腔输血对慢性疾病（如慢性贫血）效果较好。如果幼犬静脉输血失败，可以进行骨髓内输血，用消毒后的20号针头或骨髓穿刺针刺入股骨或肱骨近端，输血后约95％的血细胞可以被吸收进入血液循环系统。

2.输血反应观察

认真监测输血后的犬有无休克、发抖、体温升高、烦躁不安等现象，若有应立即停止输血并进行必要的治疗。

【作业】

1.病例讨论

（1）如何判断动物能否进行输血？

（2）请叙述犬输血的注意事项。

（3）出现输血反应时应如何处理？

2. 写出实习报告。

技能训练二　心力衰竭的诊断与治疗

【目的要求】

1. 了解心力衰竭的发病原因及发病机制。

2. 掌握急、慢性心力衰竭的临床症状表现，并能在临床上做类症鉴别诊断。

3. 掌握临床心力衰竭的治疗方法和预防措施。

【诊断准备】

1. 材料准备

保定架、听诊器、温度计、注射器、针头、一次性输液器、酒精棉球、3%～5%的碘酊、镊子、X射线机及X射线片看片机、心电图机、氧气等。

2. 药品准备

25%葡萄糖溶液、速尿、10%樟脑磺酸钠注射液、洋地黄类强心苷制剂、硝酸甘油、ATP、辅酶A、细胞色素C、维生素B_6、尼可刹米。

3. 病例准备

犬，临床病例或人工复制病例。

【诊断方法和步骤】

（1）观察病犬的精神状态、体质状况，做驱赶运动，观察有无乏力现象，检查可视黏膜的颜色，并进行脉管的检查，看有否轻度的静脉怒张、淤滞现象；体表皮肤、四肢检查有否水肿现象。

（2）测定患畜体温、呼吸、脉搏。

（3）听诊心音，检查第一、第二心音的异常或心律不齐，及有无心杂音。

（4）有条件的可做心电图、X射线检查以判断是否有心肌肥大或扩张的程度等。

【治疗措施】

1. 补充心肌能量

缓慢静脉注射25%葡萄糖注射液、ATP、CoA，以增强心脏功能，改善心肌营养。

2. 增强心肌功能

根据病情严重程度，肌内注射10%樟脑磺酸钠注射液、洋地黄类强心苷制剂以增强心肌收缩力、增加排血量。

3. 对症治疗

根据病情可采取利尿消肿、兴奋呼吸、输氧等措施，缓解病情。

【作业】

1. 病例讨论

在教师的指导下讨论以下内容。

（1）心力衰竭的诊断方法和各项诊断依据。

（2）急性心力衰竭的治疗原则。

（3）心电图的操作要领。

（4）X射线检查及洗片的操作要领。

2. 写出实习报告。

能 力 拓 展

以下为拓展学生能力的技能训练项目，可根据学校实习条件的实际情况，或进行人工复制病例，或利用在校外实习基地病例，或借助学校实习兽医院的临床病例来完成，要求以学生为主体，分组进行，教师对学生的诊断和治疗过程进行指导，并对各组的治疗方案和治疗效果进行评价，指出存在的问题，旨在进一步提高学生对动物心血管及造血系统疾病的临床诊疗技能和学习效果。

1. 犬心肌炎的诊断与治疗。
2. 犬或羊循环衰竭的诊断与治疗。

要求：讨论治疗思路、写出治疗处方、实施治疗措施，并护理好发病动物，同时做好病例总结。

复 习 与 思 考

1. 什么叫心力衰竭、循环衰竭？
2. 简述循环衰竭的主要症状及治疗方法。
3. 慢性心力衰竭有哪些临床表现？
4. 简述心肌炎的诊断要点及治疗时的注意事项。
5. 何谓贫血？简述各类贫血的致病作用和治疗方法。如何进行贫血的鉴别诊断？
6. 溶血性贫血的致病作用及治疗原则是什么？
7. 再生障碍性贫血治疗时有哪些方法？
8. 简述相对性和绝对性红细胞增多症的鉴别要点及治疗方法。

项目四　泌尿系统疾病

泌尿系统由肾脏、输尿管、膀胱、尿道及有关的血管、神经组成，是机体的重要排泄系统。其主要功能是通过泌尿排除体内的代谢终末产物和进入体内的有害物质。参与水盐代谢、酸碱代谢的调节，以维持机体内环境的相对恒定。

泌尿系统各器官在解剖生理上密切联系，泌尿器官的疾病多可互相继发。此外，泌尿器官和机体其他内脏器官之间也具有密切的功能联系。因此，当泌尿器官发生病变或机体任何一个器官发生功能障碍时，均可产生不同程度的相互影响。在正常情况下，泌尿器官，特别是肾脏具有很强的代偿功能。只有当致病因素所引起的损伤作用超过泌尿器官自身代偿能力时，才会发生不同程度的功能性障碍。泌尿系统疾病多由病原微生物感染、有毒物质、变态反应和代谢性影响所引发。此外，肿瘤、导尿管等机械损伤、周围组织炎症感染等也可引起泌尿器官发病。

在兽医临床上较为常见的泌尿器官疾病主要有肾炎、肾病、肾盂肾炎、膀胱炎、膀胱麻痹、尿道炎、尿结石等。

【知识目标】

1. 了解动物泌尿系统疾病的发生、发展规律。

2. 熟悉动物常见泌尿系统疾病的诊疗技术要点。

3. 重点掌握动物肾炎、肾病、肾盂肾炎、膀胱炎、膀胱麻痹、尿道炎和尿结石等病的发病原因、发病机制、临床症状、治疗方法及预防措施。

【技能目标】

通过本项目的学习，使学生能够学会尿液的检查方法以及正确诊断和治疗肾炎、肾病和尿结石的技术。

任务一　肾炎的诊断与治疗

任　务　资　讯

1. 了解概况

肾炎通常是指肾小球、肾小管或肾间质组织发生炎性病理变化的统称。本病的主要特征是肾区敏感和疼痛、尿量改变、尿液含多量肾上皮细胞和各种管型，严重时伴有全身水肿。按其病程分为急性肾炎和慢性肾炎两种；按炎症发生的部位可分为肾小球性肾炎、肾小管性肾炎和间质性肾炎；按炎症发生的范围可分为弥漫性肾炎和局灶性肾炎。临床上多见急性肾炎、慢性肾炎及间质性肾炎，各种家畜均可发生，主要以马、猪、牛、犬多见，而间质性肾炎主要发生在牛。

2. 认知病因

肾炎的发病原因尚不十分清楚，目前认为本病的发生与感染、毒物刺激和变态反应等因素有关。

（1）感染因素　多继发于某些传染病，如牛瘟、传染性胸膜肺炎、猪和羊的败血性链球菌病、猪瘟、猪丹毒、牛病毒性腹泻及禽肾型传染性支气管炎等。此外，可由邻近器官炎症感染引发，如肾盂肾炎。

（2）毒物刺激因素　主要有外源性毒物刺激和内源性毒物刺激两种。外源性毒物主要有有毒植物、霉败变质的饲料与被农药和重金属（如砷、汞、铅、镉等）污染的饲料，或误食有强烈刺激性的药物（如斑蝥、石炭酸、松节油等），以及化学物质（砷、汞、磷等）；内源性毒物主要是胃肠道炎症、代谢性疾病、大面积烧伤等疾病中所产生的毒素、代谢产物或组织分解产物，经肾脏排出时而致病。

（3）诱发因素　机体遭受的风、寒、湿的作用（受寒、感冒），营养不良以及过劳等，均为肾炎的诱发因素。特别是当家畜感冒时，由于机体遭受寒冷的刺激，引起全身血管发生反射性收缩，尤其是肾小球毛细血管的痉挛性收缩，导致肾血液循环及其营养发生障碍，结果肾脏防御功能降低，病原微生物侵入，促使肾脏易于发病。此外，本病也可由肾盂肾炎、膀胱炎、子宫内膜炎、尿道炎等邻近器官炎症的蔓延和致病菌通过血液循环进入肾组织而引起。

肾间质对某些药物呈现一种超敏反应，可引起药源性间质性肾炎，如二甲氧青霉素、氨苄青霉素、先锋霉素、噻嗪类及磺胺类药物。犬的急性间质性肾炎多数是由钩端螺旋体感染引发的。

慢性肾炎的原发性病因基本上与急性肾炎相同，只是作用时间较长，刺激作用轻微。当家畜患急性肾炎后，如果治疗不当或不及时，或未彻底治愈，亦可转化为慢性肾炎。

（4）发病机制　近年来，由于免疫生物学的发展，动物模型的改进，电镜技术和肾脏活体组织检查以及荧光抗体法的应用，使肾炎的发病机制研究取得较大的进展。经过大量的试验研究表明，有 70% 左右的临床肾炎病例属免疫复合物性肾炎，有 5% 左右的病例属抗肾小球基底膜性肾炎，其余为非免疫性所致。

① 免疫复合物性肾炎　机体在外源性（如致肾炎链球菌的膜抗原、病毒颗粒和异种蛋白质等）或内源性抗原（如因感染或自身组织被破坏而产生的变性物质）刺激下产生相应的抗体。当抗原与抗体在循环血液中形成可溶性抗原-抗体复合物后，抗原-抗体复合物随血液循环到达肾小球，并沉积在肾小球血管内皮下、血管间质内或肾小球囊脏层的上皮细胞下。由于激活了补体，促使肥大细胞释放组胺，使血管的通透性升高，同时吸引嗜中性粒细胞在肾小球内聚集，并促使毛细血管内形成血栓，毛细血管内皮细胞、上皮细胞与系膜细胞增生，引起肾小球肾炎。进一步研究表明，这种由免疫介导引起的肾炎与淋巴因子、溶酶体的释放有关，氧自由基起到重要作用。研究发现，免疫复合物可刺激肾小球系膜释放超氧阴离子自由基和过氧化物，导致肾小球结构改变、内皮细胞肿胀、上皮细胞足突融合、肾小球基底膜降解等一系列组织细胞损伤。免疫复合物的生成，犬常与腺病毒感染、子宫蓄脓、肿瘤、全身性红斑狼疮、犬恶心丝虫病、利什曼病等有关，猫常与白血病、传染性腹膜炎、支原体感染等有关。

② 抗肾小球基底膜性肾炎　此为抗体直接与肾小球基底膜结合所致。其产生的过程是在感染或其他因素作用下细菌或病毒的某种成分与肾小球基底膜结合，形成自身抗原，刺激机体产生抗自身肾小球基底膜抗原的抗体，或某些细菌及其他物质与肾小球毛细血管基底膜有共同抗原性，刺激机体产生抗体，既可与该抗原物质反应，也可与肾小球基底膜起反应（交叉免疫反应），并激活补体等炎症介质引起肾小球的炎性反应。

肾炎的发病过程中，除体液免疫以外，细胞免疫亦起到一定作用。研究表明，T 淋巴细胞、单核细胞等均在肾小球肾炎的发病中起着重要作用。如在抗基底膜性肾小球肾炎的动物模型和病畜的肾活检材料的肾小球内均明显地见到单核细胞浸润，表明单核细胞在肾小球性肾炎的发病机制中起一定作用。

③ 非免疫性肾炎　为病原微生物或其毒素，以及有毒物质或有害的代谢产物，经血液循环进入肾脏时直接刺激或阻塞、损伤肾小球或肾小管的毛细血管而导致肾炎。

肾炎初期，因变态反应引起肾小球毛细血管痉挛性收缩，肾小球缺血，导致毛细血管滤过率下降，或因炎症致使肾毛细血管壁肿胀，导致肾小球滤过面积减少，滤过率下降，因而尿量减少或无尿。进一步发展，水、钠在体内大量蓄积而发生不同程度的水肿。

肾炎的中后期，由于肾小球毛细血管的基底膜变性、坏死、结构疏松或出现裂隙，使血浆蛋白和红细胞漏出，形成蛋白尿和血尿。由于肾小球缺血，引起肾小管也缺血，结果肾小管上皮细胞发生变性、坏死，甚至脱落。渗出物、漏出物及脱落的上皮细胞在肾小管内凝集形成各种管型（透明管型、颗粒管型、细胞管型）。

肾小球滤过功能降低，水、钠潴留，血容量增加；肾素分泌增多，血浆内血管紧张素增加，小动脉平滑肌收缩，致使血压升高，主动脉第二心音增强。由于肾脏的滤过功能障碍，使机体内代谢产物（非蛋白氮）不能及时从尿中排除而蓄积，引起尿毒症（氮质血症）。

慢性肾炎，由于炎症反复发作、肾脏结缔组织增生以及体积缩小导致临床症状时好时坏，终因肾小球滤过功能障碍，尿量改变，残余氮不能完全排除，滞留在血液中，引起慢性氮质血症性尿毒症。

3. 识别症状

(1) 急性肾炎　病畜食欲减退，体温升高，精神沉郁，消化不良，反刍紊乱（反刍动物）。由于肾区敏感、疼痛，病畜不愿行动。站立时腰背拱起，后肢叉开或齐收腹下。强迫行走时背腰僵硬，运步困难，步态强拘，小步前进。严重时，后肢不能充分提举而拖曳前进，尤其向侧转弯困难。病畜频频排尿，但每次尿量较少（少尿），严重者无尿。尿色浓暗，比重增高，甚至出现血尿。由于血管痉挛，眼结膜显淡白色，动脉血压可升高达 29.26kPa（正常时为 15.96～18.62kPa）。主动脉第二心音增高，脉搏强硬。

肾区触诊或直肠触摸，可见病畜有痛感反应，手感肾脏肿大，压之敏感性增高。病畜表现站立不安，拱腰，躲避或抗拒检查。

水肿并不一定经常出现，有时在病的后期可见眼睑、颌下、胸腹下、阴囊部及牛的垂皮处发生水肿。严重病例可伴发喉水肿、肺水肿或体腔积液。

严重病畜或发病后期血中非蛋白氮含量增高，呈现尿毒症症状。此时病畜体力急剧下降，衰弱无力，嗜睡，意识障碍或昏迷，全身肌肉呈发作性痉挛，并伴有严重的腹泻，呼吸困难。

尿液蛋白质检查呈阳性，尿沉渣镜检可见管型、白细胞、红细胞及多量的肾上皮细胞。血液检查可见血浆蛋白含量下降，血液非蛋白氮含量明显增高。有资料报道，马的肾炎血液非蛋白氮可达 1.785mmol/L 以上（正常值为 1.428～1.785mmol/L）。

(2) 慢性肾炎　多由急性肾炎发展而来，故其症状与急性肾炎基本相似。但慢性肾炎发展缓慢，且症状多不明显，在临床上不易辨认。病畜逐渐消瘦，贫血，疲乏无力，食欲不定，血压升高，脉搏增数，脉硬，主动脉第二心音增强。疾病后期，于眼睑、颌下、胸前、腹下或四肢末端出现水肿，重症时可发生体腔积液或肺水肿。

尿量不定，比重增高，尿蛋白含量增加，尿沉渣中出现大量肾上皮细胞、红细胞、白细胞和各种管型。血中非蛋白氮含量增高，尿蓝母增多，最终导致慢性氮质血症性尿毒症。

任务实施

1. 诊断

该病主要根据病史（有无患某些传染病、中毒，或有受寒、感冒的病史）、临床特征（少尿或无尿，肾区敏感，疼痛，血压升高，主动脉第二心音增强，水肿，尿毒症）和实验室尿液化验（尿蛋白、血尿、尿沉渣中有多量肾上皮细胞和各种管型及肌酐清除率测定）进行综合诊断。

间质性肾炎，除上述诊断根据外，可进行直肠内触诊：肾脏硬固，体积缩小。

在鉴别诊断方面，本病应与肾病区别。肾病是由于细菌或毒物直接刺激肾脏，而引起肾小管上皮变性的一种非炎性疾病，通常肾小球损害轻微。临床上有明显水肿、大量蛋白尿和低蛋白血症，但无血尿及肾性高血压现象。

2. 治疗

（1）治疗原则 消除病因，加强护理，消炎利尿，抑制免疫反应以及对症治疗。

（2）治疗措施 首先应改善饲养管理，将病畜置于温暖、干燥、阳光充足且通风良好的畜舍内，防止继续受寒、感冒。

在药物治疗方面，应采用消除感染、抑制免疫反应和利尿、消肿等措施。

① 消除炎症、控制感染。一般选用青霉素，按每千克体重，肌内注射一次量为：牛、马1万~2万IU，猪、羊、马驹、犊牛2万~3万IU，每日3~4次，连用一周。亦可应用卡那霉素，10~15mg/kg体重（或1万~1.5万U/kg体重），每日2次，肌内注射。另外，链霉素、诺氟沙星、环丙沙星合并使用也可提高疗效。

② 免疫抑制疗法。近年来鉴于免疫反应在肾炎发病上的重要作用，在临床上应用某些免疫抑制药治疗肾炎，收到一定的效果。而肾上腺皮质激素在药理剂量时具有很强的抗炎和抗过敏作用。所以，对于肾炎病例多采用皮质酮类制剂治疗，如氢化可的松注射液，肌内注射或静脉注射，一次量：牛、马200~500mg，猪、羊20~80mg，犬5~10mg，猫1~5mg，每日一次。地塞米松，肌内注射或静脉注射，一次量：牛、马10~20mg，猪、羊5~10mg，犬0.25~1mg，猫0.125~0.5mg，每日一次。也可配合使用超氧化物歧化酶（SOD）、别嘌呤醇（allopurinol）及去铁敏（deferoxamine）等抗氧化剂，其在清除氧自由基、防止肾小球组织损伤中起重要作用。

③ 利尿消肿。可选用利尿药，双氢克尿噻，牛、马0.5~2g，猪、羊0.05~0.2g，加水适量内服，每日一次，连用3~5天。

④ 对症治疗。当心力衰弱时，可应用强心剂，如安钠咖或洋地黄制剂。当出现尿毒症时，可应用5%碳酸氢钠注射液200~500ml，或应用11.2%乳酸钠溶液，溶于5%葡萄糖溶液500~1000ml中，静脉注射。当有大量蛋白尿时，为补充机体蛋白，可应用蛋白合成药物，如苯丙酸诺龙或丙酸睾丸素。当出现血尿时，可应用止血剂。

（3）中药治疗 中兽医称急性肾炎为湿热蕴结证，治法为清热利湿、凉血止血，代表方剂秦艽散加减。慢性肾炎属水湿困脾证，治法为燥湿利水，方用平胃散合五皮饮加减：苍术、厚朴、陈皮各60g，泽泻45g，大腹皮、茯苓皮、生姜皮各30g，水煎服。

3. 预防

本病应加强管理，防止家畜受寒、感冒，以减少病原微生物的侵袭和感染。注意饲养，保证饲料的质量，禁止喂饲家畜发霉、腐败或变质的饲料，避免中毒。对患急性肾炎的病畜，应采取有效的治疗措施，彻底消除病因以防复发、慢性化或转为间质性肾炎。

任务二 膀胱疾病的诊断与治疗

子任务一 膀胱炎的诊治

任务资讯

1. 了解概况

膀胱炎是膀胱黏膜及其黏膜下层的炎症。临床上以疼痛性频尿和尿中出现较多的膀胱上皮细胞、炎性细胞、血液和磷酸铵镁结晶为特征。按膀胱炎症的性质，可分为卡他性、纤维蛋白性、化脓性、出血性四种。该病多发于牛、犬，有时也见于马，其他家畜较为少见，并且母畜发病率较高，以卡他性膀胱炎多见。

2. 认知病因

膀胱炎主要由于病原微生物的感染，邻近器官炎症的蔓延和膀胱黏膜的机械性和化学性刺激或损伤所引起，如创伤、尿潴留、难产、导尿、膀胱结石等。常见病因如下。

（1）病原微生物感染 除某些传染病的特异性细菌继发感染之外，多半是非特异性细菌，如化脓杆菌、大肠埃希菌、葡萄球菌、链球菌、铜绿假单胞菌和变形杆菌等，其经过血液循环或尿路感染而致病。膀胱炎多是牛肾盂肾炎最常见的先兆，因此，肾棒状杆菌也是膀胱炎的病原菌。

（2）邻近器官炎症的蔓延 肾炎、输尿管炎、尿道炎，特别是母畜的阴道炎、子宫内膜炎等，可蔓延至膀胱而引起本病。

（3）机械性刺激或损伤 主要是导尿管损伤膀胱黏膜。膀胱结石、膀胱内赘生物、尿潴留时的分解产物以及各种有毒物质或带刺激性药物，如松节油、酒精、斑蝥等的强烈刺激。

3. 识别症状

（1）急性膀胱炎 特征性症状是排尿频繁和疼痛。由于膀胱黏膜敏感性增高，病畜频频排尿或呈排尿姿势，但每次排出尿量较少或呈点滴状流出。排尿时病畜疼痛不安。严重者由于膀胱（颈部）黏膜肿胀或膀胱括约肌痉挛收缩，引起尿闭。此时，表现极度疼痛不安（肾性腹痛），病畜呻吟，公畜阴茎频频勃起，母畜摇摆后躯，阴门频频开张。

由直肠触诊膀胱时，病畜表现疼痛不安，膀胱体积缩小呈空虚感。但当膀胱颈组织增厚或括约肌痉挛时，由于尿液潴留致使膀胱高度充盈。

尿液成分变化：卡他性膀胱炎时，尿液混浊，尿中含有大量黏液和少量蛋白；化脓性膀胱炎时，尿中混有脓液；出血性膀胱炎时，尿中含有大量血液或血凝块，纤维蛋白性膀胱炎时，尿中混有纤维蛋白膜或坏死组织碎片，并具氨臭味。

尿沉渣中见有大量白细胞、脓细胞、红细胞、膀胱上皮、组织碎片及病原菌。在碱性尿中，可发现有磷酸铵镁及尿酸铵结晶。

全身症状通常不明显，若炎症波及深部组织，可有体温升高，精神沉郁，食欲减退。严重的出血性膀胱炎，也可有贫血现象。

（2）慢性膀胱炎 症状与急性膀胱炎基本相似，发病程度较轻，亦无排尿困难现象，但病程较长。

任务实施

1. 诊断

急性膀胱炎可根据疼痛性频尿、排尿姿势变化等临床特征以及尿液检查有大量的膀胱上皮细胞和磷酸铵镁结晶，不难作出判断。在临床鉴别诊断中，膀胱炎与肾盂肾炎、尿道炎有相似之处。肾盂肾炎表现为肾区疼痛，肾脏肿大，尿液中有大量肾盂上皮细胞。尿道炎镜检尿液无膀胱上皮细胞。另外，要注意与膀胱麻痹、膀胱痉挛和尿结石症相区别。

2. 治疗

（1）治疗原则 加强饲养管理，抑菌消炎，防腐消毒及对症治疗。

（2）治疗措施 改善饲养管理，首先应使病畜适当休息，饲喂以无刺激性、富含营养且易消化的优质饲料为宜，并给予清洁的饮水。对高蛋白质饲料及酸性饲料，应适当地加以限制。为了缓解尿液对黏膜的刺激作用，可增加饮水或输液。

抑菌消炎与肾炎的治疗基本相同。对重症病例，可先用 0.1% 高锰酸钾、1%～3% 硼酸、0.1% 的雷佛奴尔液、0.02% 呋喃西林、0.01% 新洁尔灭液或 1% 亚甲蓝做膀胱冲洗，在反复冲洗后，膀胱内注射青霉素 80 万～120 万 IU，每日 1～2 次，效果较好。同时，肌内注射或静脉注射抗菌药物配合治疗。

尿路消毒可经口给予呋喃坦啶、磺胺类或 40% 乌洛托品，马、牛 50～100ml，静脉注射。

（3）中药治疗 中兽医称膀胱炎为"气淋"。主症为排尿艰涩，不断努责，尿少淋漓。治宜行气通淋，治疗方剂可用沉香、石韦、滑石（布包）、当归、陈皮、白芍、冬葵子、知母、黄柏、枸杞子、甘草、王不留行，水煎服。对于出血性膀胱炎，可服用秦艽散：秦艽 50g，瞿麦 40g，车前子 40g，当归、赤芍各 35g，炒蒲黄、焦山楂各 40g，阿胶 25g，研末，水调灌服。

给病畜肌内注射安钠咖，配合八正散煎水灌服，治疗猪膀胱炎效果好。

（4）验方 单胃动物膀胱炎或尿路感染时，用鲜鱼腥草打浆灌服，效果好。

子任务二　膀胱麻痹的诊治

任 务 资 讯

1. 了解概况

膀胱麻痹是膀胱肌肉的收缩力减弱或丧失，致使尿液不能随意排出而积滞的一种非炎症性的膀胱疾病。临床上以不随意排尿，膀胱充满且无明显疼痛反应，屡有排尿姿势，尿液呈线状或滴状流出为主要特征。由于尿液潴留造成细菌大量繁殖，尿液发酵产氨，可引起膀胱炎。本病多数是暂时性的不完全麻痹，常发生于牛、马和犬。

2. 认知病因

膀胱麻痹多属继发性，主要原因有以下两种。

（1）神经源性 主要由于中枢神经系统（脑、脊髓）的损伤以及支配膀胱肌肉的神经功能障碍所引起。较常见的是由于脊髓（主要是腰荐部脊髓）的疾患，如炎症（脊神经炎）、损伤（腰椎脊索压伤、挫伤、刨伤）、出血及肿瘤等所引起的脊髓性麻痹。此时，因支配膀胱的神经功能障碍，致膀胱缺乏自主的感觉和运动能力，妨碍其正常收缩，导致尿液潴留。也有在腰麻手术之后而继发膀胱麻痹者。

（2）肌源性 因严重膀胱炎或邻近器官组织炎症波及膀胱深层组织，导致膀胱肌层收缩减弱，或因膀胱充满尿液而得不到排尿的机会（如马、牛长时间的连续使役），或因尿路阻塞、大量尿液积滞在膀胱内，以致膀胱肌过度伸张而弛缓，降低了收缩力，导致暂时性膀胱麻痹。

3. 识别症状

临床症状视病因不同而有差异。

（1）脊髓性麻痹 病畜排尿反射减弱或消失，排尿间隔时间延长，膀胱充满时才被动地排出少量尿液，直肠内触压膀胱，尿液充满。当膀胱括约肌发生麻痹时，则尿失禁，尿液不断地或间隙地呈滴状或线状排出，触摸膀胱空虚。

（2）脑性麻痹 由于脑的抑制而丧失对排尿的调节作用，只有膀胱内压超过括约肌紧张度时，才排出少量尿液。直肠内触诊膀胱，尿液高度充满，按压时尿液呈细流状喷射而出。

（3）肌源性麻痹 出现暂时性排尿障碍，膀胱内尿液充盈，频频作排尿姿势，但每次却排尿量不大。按压膀胱时有尿液排出。

各种原因所引起的膀胱麻痹，尿液中均无尿管型。

任 务 实 施

1. 诊断

膀胱麻痹主要根据病史；特征性临床症状，如不随意排尿，膀胱尿液充满等；直肠内触压膀胱充盈，用手压迫时，排出大量尿液；导尿管探诊也有大量尿液流出等综合确诊。

2. 治疗

（1）治疗原则 消除病因，治疗原发病和对症治疗。

（2）治疗措施 首先针对原发病病因采取相应的治疗措施。对症治疗可先实施导尿，防止膀胱破裂。大家畜可通过直肠内刺穿肠壁，再刺入膀胱内；小动物可通过腹下壁骨盆底的耻骨前缘部位施行穿刺以排出尿液。膀胱穿刺排尿不宜多次实施，否则易引起膀胱出血、膀胱炎、腹膜炎或直肠膀胱粘连等继发症。

膀胱积尿不是特别严重的病例，可实施膀胱按摩，以排出积尿。对大家畜可采用直肠内按摩，每日2～3次，每次5～10min。中小动物用导尿管导出部分尿液，公畜体外按摩排出尿液。

选用神经兴奋剂和提高膀胱肌肉收缩力的药物，有助于膀胱排尿。可皮下注射硝酸士的宁，剂量：牛、马15～30mg，猪、羊2～4mg，犬0.5～0.8mg。每日或隔日一次。亦可采用电针治疗，两电极分别插入百会穴和后海穴，调整到合适频率，每日1～2次，每次20min。

临床治疗表明，应用氯化钡治疗牛的膀胱麻痹，效果良好。剂量为0.1g/kg体重，配成1%灭菌水溶液，静脉注射。据报道，犬患膀胱麻痹时，可经口给予氯化氨甲酰甲胆碱5～15mg，每日3次，对提高膀胱肌肉的收缩力有一定的作用。

为防止感染，可使用抗生素和尿路消毒药。

（3）中药治疗 中兽医称之为"胞虚"。肾气虚型主症为膀胱失于约束，小便淋漓，甚者失禁。治则补肾固涩缩尿。方剂可用肾气丸加减：熟地黄、山药各60g，山茱萸、菟丝子、桑螵蛸、益智、泽泻各45g，肉桂、附子、黄柏各30g，牡蛎90g，水煎服。脾肺气虚型主症为尿液停滞，膀胱胀满，时作排尿姿势，有时尿液被动淋漓而下，其量不多。应益气升陷，固涩缩尿。方用补中益气汤加减：党参、黄芪各60g，甘草、当归、陈皮、升麻、柴胡、益智、五味子、桑螵蛸、金樱子各30g，水煎服。

任务三 尿路疾病的诊断与治疗

子任务一 猫下泌尿道疾病的诊治

任 务 资 讯

1. 了解概况

猫下泌尿道疾病（feline lower urinary tract disease，FLUTD）是指猫下泌尿道所发生

的多种疾病的统称。过去该病被称为猫泌尿系统综合征（feline urologic syndrome，FUS）。猫下泌尿道疾病主要临床症状表现为尿频、排尿困难、疼痛、尿中带血、排尿行为异常等。该病多发生于1～10岁的猫，特别是2～6岁的猫。发病率占临床病例的10%左右，去势公猫和长毛猫易发。尿道阻塞以雄性常见，膀胱炎和尿道炎在雌性多发。猫尿道结石90%以上是磷酸铵镁，0.5%～3%是尿酸盐和草酸盐，3%～5%是胶状物。

2. 认知病因

由于FLUTD并非一种单一性的疾病，所以病因也较复杂。传染病、肿瘤、尿道受阻、尿结石（小颗粒或大颗粒的结石）等都可能刺激尿道而造成FLUTD。然而，在临床上很少见到因细菌或病毒所引起的FLUTD，反倒是结石为最常见的病因。虽然大多数病例培养不到病原体，但抗生素可控制继发感染，有一定的疗效。

猫食物营养不均衡，营养代谢紊乱，特别是食物含镁过高或过度偏碱，可引起猫易患尿结石症，此外炎性产物、脱落的上皮、血凝块、黏蛋白分泌过多等也可阻塞尿道。

膀胱和尿道的一些肿瘤，如纤维瘤、血管瘤、鳞状上皮细胞癌、前列腺癌等造成尿道狭窄、出血、甚至阻塞等。

医源性因素，如导尿管探诊、冲洗、手术后留置在尿道和膀胱中的导尿管、尿道造口手术等。

长期采食干粮、饮水不足、过度肥胖、缺乏运动、酸化或碱化尿液、处于应激状态等因素均可促发猫下泌尿道疾病。

此外，一些发育不良性疾病，如包茎、尿道狭窄；神经性因素如尿道痉挛、膀胱麻痹等也可成为猫下泌尿道疾病的病因。

3. 识别症状

发病初期，患猫排尿行为异常，尿频，但每次尿量较少，甚至出现排尿困难，屡屡做出排尿姿势，但无尿液排出，有的猫不在尿盆或其原来固定的地方排尿。随着病情的加重，患猫出现尿淋漓、排尿疼痛、尿中带血，甚至无尿，由于疼痛频繁舐尿道口。若发生尿道阻塞，病猫绝食、呕吐、脱水，发生电解质丢失和酸中毒，腹围膨大，腹部触诊时摸到胀大的膀胱。此时如不能及时治疗，可引起尿毒症或肾衰而死亡。

任 务 实 施

1. 诊断

根据病史和临床症状可以作出初步诊断，进一步可进行导尿管探诊、血液学检查、尿液分析、X射线检查以确诊。

导尿管探诊是诊断猫下泌尿道疾病的一种简便易行的方法。如果探诊时，患猫紧张、挣扎不配合，应在镇静或麻醉以后，尿道松弛的情况下进行。导尿管探诊不仅有助于诊断，并且具有一定的治疗作用。

如果患猫尚能排尿，应想法收集尿液进行尿液化验，如果患猫不能排尿时，可以进行膀胱穿刺采集尿液进行化验。化验尿液的pH值、是否有红细胞、白细胞、结晶、细菌等。必要时做X射线检查，观察下泌尿道是否有结石、肿瘤或先天异常等。血液学检查有助于判断机体状况、病情及预后。

2. 治疗

对尿道阻塞患猫必须疏通尿道，疏通尿道最常用的方法是导尿管冲洗法，最好是在麻醉状态下进行。尿道疏通以后，排出膀胱中潴留的尿液，导尿管应置留在尿道中1～3天，以确保尿道畅通，以免再次复发。如果阻塞物不能排除，膀胱积尿过多，可穿刺排尿，然后做尿道切开取结石或造口术。

如果尿道阻塞物为结晶物，应根据结晶类型选择相应的处方食品进行治疗。对猫来说，常见的结晶类型有磷酸铵镁和草酸钙。磷酸铵镁易在碱性尿中形成，多发于青年猫；草酸钙易在酸性尿中形成，多发于老年猫。尿道结石伴有膀胱或肾盂结石时，可结合使用药物溶解结石。常用的酸化尿液的药物有蛋氨酸，每天 0.5～0.8g，氯化铵每天 0.8～1.0g。也可在食物中加入 0.5～1.0g 食盐，增加猫的饮水，多排尿，从而减少尿结石的发生。

尿道疏通以后，及时进行静脉输液或皮下输液，供给能量，补充水分，调节机体酸碱平衡和电解质平衡，纠正尿毒症和肾衰。

抗菌消炎，防止感染，常选用的抗生素有氨苄青霉素、头孢菌素等（进行肌内注射或静脉注射）。如果猫下泌尿道疾病是由肿瘤、先天性畸形引起的，应根据原发病的情况，施行适当的手术治疗或其他治疗。

3. 预防

由于造成 FLUTD 的原因还不完全清楚，所以至今还没有完全有效的预防措施，但以下几项措施可减少 FLUTD 的发生，并对恢复期患猫也很重要。

①多饮水促进尿液生成，供给新鲜清洁的饮水，但不要一次放大量饮水，最好每次放少量饮水让猫饮完再换；②经常清理猫的尿盆，猫沙中大量的猫尿存在容易使猫憋尿；③避免高动物蛋白饮食，高蛋白食物容易引起尿 pH 值升高；④经常鼓励猫运动或玩耍，防止肥胖，肥胖本身就与多发 FLUTD 有关；⑤减少对猫的应激；⑥定期去医院检查，并根据兽医的建议饲喂。

子任务二　尿道炎的诊治

任 务 资 讯

1. 了解概况

尿道黏膜的炎症称为尿道炎，临床以频频尿意和尿频为特征。各种家畜均可发生，多见于牛、马、犬和猫。

2. 认知病因

多因导尿时导尿管消毒不彻底，无菌操作不严或操作粗暴，引起细菌感染或黏膜损伤。还见于尿道结石的机械刺激及刺激性药物与化学刺激，损伤尿道黏膜，再继发细菌感染。此外，膀胱炎、包皮炎、子宫内膜炎症等邻近器官炎症的蔓延，也可导致尿道炎。

3. 识别症状

病畜频频排尿，尿呈断续状排出，有疼痛表现，公畜阴茎勃起，母畜阴唇不断开张，严重时可见黏液性或脓性分泌物和血液不时自尿道口流出。尿液混浊，混有黏液，血液或脓液，甚至混有坏死和脱落的尿道黏膜。做导尿管探诊时，手感紧张，甚至导尿管难以插入。病畜表现疼痛不安，并抗拒或躲避检查。有的患畜尿道黏膜糜烂、溃疡、坏死或形成瘢痕组织而引起尿道狭窄或阻塞，导致尿道破裂，尿液渗流到周围组织，使腹部下方积尿而中毒。

尿道炎一般预后良好，但当发生尿路阻塞造成尿闭或尿道狭窄导致膀胱破裂时，则预后不良。

任 务 实 施

1. 诊断

根据临床特征，如疼痛性排尿，尿道肿胀、敏感，以及导尿管插入受阻，动物疼痛不安，尿液混浊，尿液中存在炎性产物，但无管型和肾、膀胱上皮细胞即可确诊。可也进行 X

射线检查或尿道逆行造影进行诊断。罹患尿道炎病畜的排尿姿势很像膀胱炎，但采集尿液检查，镜检尿液中无膀胱上皮细胞。

2. 治疗

（1）治疗原则　消除病因、控制感染和冲洗尿道。

（2）治疗措施　可用 0.1％雷佛奴尔溶液或 0.1％洗必泰溶液冲洗尿道。经口给予呋喃坦啶每千克体重 10mg，分 2 次/d 经口给予。静脉注射 40％乌洛托品溶液。也可全身应用抗生素，如氨苄青霉素、喹诺酮类药物等。

当严重尿闭，膀胱高度充盈时，可考虑施行手术治疗或膀胱穿刺。猪发生尿道炎时可用夏枯草 90～180g，煎水、候温内服，早晚各一剂，连用 5～7 天。其他疗法可参考膀胱炎。

子任务三　尿结石的诊治

任 务 资 讯

1. 了解概况

尿结石又称尿石病，是指尿路中盐类结晶的凝结物，刺激尿路黏膜而引起出血、炎症和阻塞的一种泌尿器官疾病。临床上以腹痛，排尿障碍和血尿为特征。该病根据其结石部位有不同名称，如尿道结石、膀胱结石和肾结石等。

本病各种动物均可发生，但多发于公畜。林海祥（1996）报道，新疆奎屯地区牛、羊群尿结石症的发病率可达 33.4％。从 1980～1993 年，在北美兽医教学医院，676668 例病犬中有 3628 例被确诊为尿结石症（占 0.54％）。本病多见于老年、小型犬，巴哥犬、拉萨犬、贵宾犬、北京犬、约克夏、比格犬、巴赛特猎犬等易患此病。临床上，膀胱和尿道结石最常见，肾结石只占 2％～8％，输尿管结石少见。尿结石的化学成分因家畜种类不同，也不一致。犬和猫的尿结石是钙、镁和磷酸铵及尿酸铵；猪的尿结石是磷酸铵镁、钙和碳酸镁或草酸镁；马的结石是碳酸钙、磷酸镁和碳酸镁；而牛、羊的结石多属碳酸钙和磷酸铵镁。小于 1 岁的雄犬中 97％和所有雌犬尿结石，几乎都是磷酸铵镁（鸟粪石）。成年雄犬只有 23％～60％的尿结石是磷酸铵镁，其他还有尿酸盐、胱氨酸、草酸盐和硅酸盐（多见于大型犬）等。多数尿结石是以某一成分为主，还有不等的其他成分。尿结石常伴有尿路感染。

2. 认知病因

尿结石的成因不十分清楚，目前普遍认为尿结石的形成乃是多种因素的综合，但主要与饲料及饮水的数量和质量，机体矿物质代谢状态，以及泌尿器官，特别是肾脏的功能活动有密切关系。

（1）饲料营养的不平衡　长期饲喂高钙、低磷和富含硅磷的饲料和饮水，可促进尿结石形成。饲喂高蛋白、高镁离子的日粮时，易促进磷酸铵镁结石的形成，特别是猫下泌尿道结石主要是由于饲喂含镁过高的食物造成的。

（2）饮水不足　长期饮水不足，引起尿液浓缩，致使盐类浓度过高而促进尿结石的形成。饮水不足是尿结石形成的重要因素，如天气炎热，农忙季节或过度使役，饮水不足导致机体出现不同程度的脱水，使尿中盐类浓度增高，促使尿结石的形成。

（3）肝功能降低　如有些品种犬（如达尔马提亚犬）因肝脏缺乏氨和尿酸转化酶发生尿酸盐结石。但该犬仍有近 25％尿结石是磷酸铵镁尿结石。

（4）某些代谢、遗传缺陷　体内代谢紊乱，如甲状旁腺功能亢进、甲状旁腺激素分泌过多等，使体内矿物质代谢紊乱，可出现尿钙过高现象，以及体内雌性激素水平过高等因素，都可促进尿结石的形成。英国斗牛犬、约克夏的尿酸遗传代谢缺陷易形成尿酸铵结石，或机体代谢紊乱易形成胱氨酸结石。

（5）维生素 A 缺乏或雌激素过剩　可使上皮细胞脱落，进而促进尿结石的形成。

（6）尿路病变　尿路病变是结石形成的重要条件。①当尿路感染时，多见于葡萄球菌和变形杆菌感染，直接损伤尿路上皮，尿路炎症可引起组织坏死，使其脱落，促使结石核心的形成，感染菌能使尿素分解为氨，使尿液变为碱性，有利于磷酸铵镁尿结石的形成。②当尿路梗阻时，可引起肾盂积液，使尿液滞留，易于发生感染和晶体沉淀，有利于尿路结石的形成。③当尿路内有异物（缝线、导管、血块等）存在时，可成为结石的核心，尿中晶体盐类沉着于其表面而形成结石。

（7）慢性疾病　慢性原发性高钙血症、周期性尿液潴留、磺胺类药物（某些乙酰化率高的磺胺制剂）及某些重金属的中毒，食入过多维生素 D、高降钙素等作用，损伤近段肾小管，影响其再吸收，都能增加尿液中钙和草酸分泌，从而促进了草酸钙尿结石的形成。

（8）其他因素　由于尿液中尿素酶的活性升高及柠檬酸浓度降低引起尿液 pH 值的变化而促进尿结石的形成。

3. 识别症状

动物体内生成尿结石的初期通常不表现症状，只有尿结石堵塞尿道阻止尿液流出才表现出症状。尿结石病畜主要表现如下。

（1）刺激症状　病畜排尿困难，频频做排尿姿势，叉腿，拱背，缩腹，不断举尾，反复踢腹，努责，嘶鸣，线状或点滴状排出混有脓汁和血凝块的红色尿液。

（2）阻塞症状　当结石阻塞尿路时，病畜排出的尿流变细、淋漓或无尿排出而发生尿潴留。因阻塞部位和阻塞程度不同，其临床症状也有一定差异。

① 肾结石临床比较少见。结石一般在肾盂部分，多呈肾盂肾炎症状，有血尿。结石小时，常无明显症状；结石大时，往往并发肾炎、肾盂肾炎、膀胱炎等。阻塞严重时，有肾盂积液，病畜肾区疼痛，运步强拘，步态紧张。

当结石移行至输尿管而刺激黏膜并发生阻塞时，病畜表现为剧烈腹痛。后转为精神沉郁，发热，腹触诊有压痛，行走时弓背，有痛苦表情。完全阻塞时，无尿进入膀胱。单侧输尿管阻塞时，不见有尿闭现象。输尿管不全阻塞时，常见血尿、脓尿和蛋白尿。若两侧输尿管部分或完全阻塞，将导致不同程度的肾盂积液。直肠触诊，可触摸到其阻塞部的近肾端的输尿管显著紧张而且膨胀，远端呈正常柔软的感觉。

② 膀胱结石时，大多数动物可出现尿频和血尿，排尿疼痛，排尿时病畜呻吟，腹壁抽缩，膀胱敏感性增高。小动物当膀胱不太充满时，结石较大时，膀胱触诊可触到结石。

③ 尿道结石，公马多阻塞于尿道的骨盆中部，公牛多发生于乙状弯曲或会阴部。当尿道不完全阻塞时，病畜排尿痛苦且排尿时间延长，尿液呈滴状或线状流出，有时排出血尿。当尿道完全被阻塞时，则出现尿闭或肾性腹痛现象，病畜后肢屈曲叉开，拱背缩腹，频频举尾，屡做排尿动作，但无尿排出。尿路探诊可触及尿结石所在部位，尿道外部触诊时病畜有疼痛感。

④ 膀胱破裂时，因尿闭引起的努责、疼痛、不安等肾性腹痛现象突然消失，病畜转为安静。由于尿液大量流入腹腔，可出现下腹部腹围迅速膨大，以拳触压时，可听到液体振动的击水音。此时若施行腹腔穿刺，则有大量腹液自穿刺针孔涌出。液体一般呈棕黄色，透明，有尿的气味。尿液进入腹腔后，可继发腹膜炎。

任 务 实 施

1. 诊断

诊断根据临床上出现的频尿、排尿困难、血尿、膀胱敏感、疼痛，膀胱硬实、膨胀等症状可作出初步诊断。非完全阻塞性尿结石可能与肾盂肾炎或膀胱炎相混淆，只有通过直肠触诊进行鉴别。尿道结石也可触诊或插入导尿管诊断是否有结石及其阻塞位置。犬、猫等小动物可借助 X 射线影像确诊。尿结石患畜，在尿路，尤其尿道或膀胱，见有大小不等的结石颗粒。还应注重饲料构成成分以及尿结石化学组成，综合判断作出诊断。

2. 治疗

（1）治疗原则　消除结石，控制感染，对症治疗。当有尿结石症可疑时，可通过改善饲养，即给予患畜以流体饲料和大量饮水。必要时可投予利尿药，以期形成大量稀释尿，借以冲淡尿液晶体浓度，减少析出并防止沉淀。同时，尚可以冲洗尿路以使体积细小的尿结石随尿排出。常用下列方法和药物。

（2）治疗措施

① 用利尿药，如利尿素、乙酸钾等。利尿疗法对磷酸铵镁结石尤为有效。乙酰羟氨酸，每天 25mg/kg 体重，可成功抑制犬由脲酶细菌引起的磷酸铵镁结石的形成和复发。

② 用水冲洗。导尿管消毒，涂擦润滑剂，缓慢插入尿道或膀胱，注入消毒液体，反复冲洗。适用于粉末状或沙粒状尿结石。

③ 尿道肌肉松弛剂。当尿结石严重时可使用 2.5% 的氯丙嗪溶液肌内注射，牛、马 10～20ml，猪、羊 2～4ml，猫、犬 1～2ml。

④ 手术治疗。尿结石阻塞在膀胱或尿道的病例，可实施手术切开，将尿结石取出。

⑤ 控制尿路感染。长期尿结石常因细菌感染而继发严重的尿道或膀胱炎症，甚至引起肾盂肾炎、肾衰竭和败血症。故在治疗尿结石的同时，必须配合局部和全身抗生素治疗，另外，酸化尿液，增加尿量，有助于缓解感染。氯化铵是一种很有效的尿酸化剂，犬、猫每天 600mg/kg 体重，但它能增加铵离子的浓度。

据报道，对草酸盐尿结石的病畜，应用硫酸阿托品或硫酸镁内服。对有磷酸盐尿结石的病畜，应用稀盐酸进行冲洗治疗可以获得良好的治疗效果。另外，也可采取碎石技术进行治疗。

（3）中药治疗　中兽医称尿结石为"砂石淋"。根据清热利湿、通淋排石，病久者肾虚并兼顾扶正的原则，一般多用排石汤（石苇汤）加减：海金沙、鸡内金、石韦、海浮石、滑石、瞿麦、萹蓄、车前子、泽泻、生白术等。

3. 预防

（1）应查清动物饲料、饮水和尿结石的成分，找出尿结石形成的原因，合理调配饲料，防止长期单调地喂饲家畜以某种富含矿物质的饲料和饮水。饲料中的钙磷比例保持在 1.2∶1 或者 1.5∶1 的水平。并注意饲喂富含维生素 A 的饲料，以防止泌尿器官的上皮形成不全或脱落，造成尿结石的核心物质增多。

（2）对家畜泌尿器官炎症性疾病应及时治疗，以免出现尿潴留。

（3）平时应适当增喂多汁饲料或增加饮水，以稀释尿液，减少对泌尿器官的刺激，并保持尿中胶体与晶体的平衡。

（4）在育肥犊牛和羔羊的日粮中加入 4% 的氯化钠对尿结石的发病有一定的预防作用，同样，在饲料中补充氯化铵，以延缓镁、磷盐类在尿结石外周的沉积，对预防磷酸盐结石有令人满意的效果。

技能训练　肾炎的诊断与治疗

【目的要求】

1. 了解肾炎的发病原因。

2. 掌握肾炎的临床症状、诊断方法和治疗措施。

【诊断准备】

1. 材料准备

试管若干、离心管若干、注射器、输液器、试管架每组 1 个、目测八联试纸（尿液分析试条）若干、载玻片、显微镜、擦镜纸、尿样、尿液分析仪、离心机、吸管、酒精棉球、保定绳、口笼、伊丽莎白项圈等。

2. 药品准备

5％葡萄糖注射液、青霉素或氨苄青霉素、庆大霉素、地塞米松、呋塞米、5％碳酸氢钠、中药等。

3. 病例准备

试验动物犬（猪），临床病例或人工复制病例。

【诊断方法和步骤】

1. 人工复制病例

人工复制犬或猪的药物性肾炎，给试验犬或猪提前 2～3 天连续大剂量肌内注射庆大霉素，注射后观察试验犬的精神状态，并检查其尿液，至具备肾炎的诊断指征时，可进行正式试验。

2. 临床检查

（1）测量病犬或猪的体温、呼吸频率、心率，观察病犬的精神、可视黏膜色泽、食欲、步态、站立姿势等。

（2）触诊肾区观察病犬或猪的反应，直肠检查肾脏的形态、硬度、敏感性等。

（3）观察眼睑、颌下、胸腹、四肢皮肤的弹性，有无水肿等。

3. 实验检查

（1）诱导犬采尿或膀胱穿刺采尿。

（2）用尿液分析试条检测尿液的 pH 值、尿潜血、尿蛋白含量，诊断肾炎发生情况。

（3）有条件的可用尿液分析仪检测尿液各项指标，并根据检测结果判断肾炎的发生情况。

（4）尿液离心检查尿沉渣、尿管型情况。

【治疗措施】

1. 西医治疗

（1）消除炎症，控制感染　用5％或10％葡萄糖注射液、青霉素或氨苄青霉素，根据体重确定用药量进行静脉注射。

（2）免疫抑制疗法　用地塞米松，每千克体重0.15ml配合葡萄糖注射液中静脉注射。

（3）促进排尿，减轻或消除水肿　用呋塞米肌内注射，每日一次，根据病情连用2～3天。

（4）根据尿液 pH 检测结果，若发生酸中毒时可根据情况静脉注射5％碳酸氢钠缓解。

2. 中医治疗

小蓟、生地黄、玄参、陈皮各 30g，金银花、蒲公英各 60g，没药 20g，木通、黄柏、

项目四
泌尿系统疾病

知母、苍术各 15g，共研末，根据体重大小每次 15～20g，开水冲服，可起到利尿通肾的作用。

【作业】

1. 病例讨论

（1）肾炎的发病原因。

（2）肾炎动物的采食、饮水要求。

（3）不同动物肾炎、不同类型肾炎的诊断技术。

（4）肾炎治疗的用药原则。

2. 写出实习报告。

能 力 拓 展

以下为拓展学生能力的技能训练项目，可根据学校实习条件的实际情况，或进行人工复制病例，或利用在校外实习基地病例，或借助学校实习兽医院的临床病例来完成。要求以学生为主体，分组进行，教师对学生的诊断和治疗过程进行指导，并对各组的治疗方案和治疗效果进行评价，指出存在的问题，旨在进一步提高学生对动物泌尿系统疾病的临床诊疗技能和学习效果。

1. 犬膀胱炎的诊断与治疗。

2. 猫下泌尿道疾病的诊断与治疗。

3. 奶牛尿道炎的诊断与治疗。

要求：讨论治疗思路、写出治疗处方、实施治疗措施，并护理好发病动物，同时做好病例总结。

复习与思考

1. 泌尿系统疾病对机体的危害有哪些？

2. 肾炎的发病原因有哪些？急性肾小球肾炎有哪些临床症状？

3. 肾炎的治疗原则是什么？如何选择和使用治疗肾炎的药物？

4. 膀胱容易发生哪些疾病？如何诊断和预防？

5. 猫下泌尿道疾病的病因、症状有哪些？如何诊断、治疗和预防？

项目五　神经系统疾病

神经系统在机体的生命活动中起着主导作用，是动物机体和器官活动的主要协调机构，它既调节机体内各个器官的活动，又使机体适应外界环境的变化，以保持与外界环境间相对的统一与平衡。当动物机体受到强烈的外在和内在因素刺激时，尤其是对神经系统有着直接危害作用的致病因素侵害时，神经系统的正常反射或运动功能就会受到影响或破坏，从而引起病理学变化。

从神经系统疾病的发生、发展看，主要是中枢神经系统与外周神经系统的组织结构发生病理学的变化，特别是大脑皮层组织中的神经元结构的极微细变化，超出了显微镜研究的范围，只能采用生物化学的方法研究其分子变化，正确地理解中枢神经系统功能性障碍及其所引起的机体运动器官和内脏器官病理演变过程及其临床特征。因此，研究神经系统疾病，必须有一个新的认识和起点。

【知识目标】

1. 了解动物神经系统疾病的发生、发展规律及致病因素。
2. 熟悉一般脑症状和局部脑症状的概念。
3. 掌握脑膜脑炎的病因、症状特征、诊断与治疗方法。

【技能目标】

通过本项目内容的学习，使学生具备诊断和治疗常见神经系统疾病的能力和技术，重点要具备能够诊断和治疗动物脑膜脑炎的能力。

任务一　脑膜脑炎的诊断与治疗

任务资讯

1. 了解概况

脑膜脑炎主要是受到传染性或中毒性因素的侵害，首先软脑膜及整个蛛网膜下腔发生炎性变化，继而通过血液和淋巴途径侵害到脑，引起脑实质的炎性反应；或者脑膜与脑实质同时发炎。一般统称脑膜脑炎，临床上以高热、脑膜刺激症状、一般脑症状和局部脑症状为特征，是一种伴发严重脑功能障碍的疾病。牛、马多发，也发生于猪和其他家畜。

2. 认知病因

(1) 原发性脑膜脑炎　主要由内源性或外源性的传染性因素引起，亦有由于中毒性因素所致的。其中病毒感染是主要的，例如家畜的疱疹病毒、牛恶性卡他热病毒、猪的肠病毒、犬瘟热病毒、犬虫媒病毒、犬细小病毒、猫传染性腹膜炎病毒、猫免疫缺陷病毒以及绵羊慢病毒等。其次是细菌感染，如链球菌、葡萄球菌、肺炎球菌、双球菌、溶血性及多杀性巴氏杆菌、化脓杆菌、坏死杆菌、变形杆菌、化脓性棒杆菌、猪流感嗜血杆菌、马放线杆菌以及单核细胞增多性李氏杆菌等。另外，原虫感染（弓形虫和新孢子虫）

和真菌感染（新型隐球菌和荚膜组织胞浆菌等）也可引发该病。中毒性因素主要见于猪食盐中毒、马霉玉米中毒、铅中毒及各种原因引起的严重自体中毒等过程中，都具有脑膜及脑炎的病理现象。

（2）继发性脑膜脑炎　多见于脑部及邻近器官炎症的蔓延，如颅骨外伤、角坏死、龋齿、额窦炎、中耳炎、内耳炎、化脓性鼻炎、腮腺炎、眼球炎、脊髓炎等。亦有由于受到马蝇蛆、马圆虫的幼虫、脑脊髓丝虫病、脑包虫、猪与羊囊虫、普通圆线虫病以及血液原虫病等的侵袭，导致脑膜及脑炎的发生和发展。免疫性疾病也可引发脑膜脑炎。

凡能降低机体抵抗力的不良因素，如饲养管理不当、受寒感冒、中暑、过劳、长途运输均可促使本病的发生。

（3）发病机制　本病的发病机制，不论是病毒与病原微生物，还是有毒物质，均可以通过各种不同的途径，侵入到脑膜及脑组织，引起炎性病理变化。病原微生物或有毒物质沿血液循环或淋巴途径侵入，或因外伤或邻近组织炎症的直接蔓延扩散进入脑膜及脑实质，引起软脑膜及大脑皮层表在血管充血、渗出、蛛网膜下腔炎性渗出物积聚。炎症进入脑实质，引发脑实质出血、水肿，炎症蔓延至脑室时，炎性渗出物增多，发生脑室积液。由于蛛网膜下腔炎性渗出物积聚，脑水肿及脑室积液，造成颅内压升高，脑血液循环障碍，致使脑细胞缺血、缺氧和能量代谢障碍，产生脑功能障碍，加之炎性产物和毒素对脑实质的刺激，因而临床上产生一系列的症状。

病畜神志障碍、精神沉郁，或极度兴奋、狂躁不安、痉挛、震颤以及运动异常。视觉障碍，呼吸与脉搏节律发生变化。并因病原微生物及其毒素的影响，同时伴发毒血症，体温升高。由于炎性病理变化及其病变部位的不同，导致各种不同的灶性症状。

3. 识别症状

由于炎症的部位、性质、持续时间、动物种类以及严重程度不同，临床表现也有较大差异，但大体上可分为脑膜刺激症状、一般脑症状和灶性脑症状。

（1）脑膜刺激症状　是以脑膜炎为主的脑膜脑炎，常伴发前数段脊髓膜同时发炎，背侧脊神经根受到刺激，病畜颈部及背部感觉敏感，轻微刺激或触摸该处皮肤，则有强烈的疼痛反应，并反射性地引起颈部背侧肌肉强直性痉挛，头向后仰。膝腱反射检查，可见膝腱反射亢进。随着病程的发展，脑膜刺激症状逐渐减弱或消失。

（2）一般脑症状　病情发展急剧，病畜先兴奋后抑制或交替出现。病初，呈现高度兴奋，体温升高，感觉过敏，反射功能亢进，瞳孔缩小，视觉紊乱，易于惊恐，呼吸急促，脉搏增数。行为异常，不易控制，狂躁不安，攀登饲槽，或冲撞墙壁或挣断缰绳，不顾障碍向前冲，或转圈运动。兴奋哞叫，频频从鼻喷气，口流泡沫，头部摇动，攻击人畜。有时举扬头颈，抵角甩尾，跳跃，狂奔，其后站立不稳，倒地，眼球向上翻转呈惊厥状。在数十分钟兴奋发作后，病畜转入抑制则呈嗜睡、昏睡状态，瞳孔散大，视觉障碍，反射功能减退及消失，呼吸缓慢而深长。后期，常卧地不起，意识丧失，昏睡，出现陈-施二氏呼吸，有的四肢作游泳动作。

（3）灶性脑症状　与炎性病变在脑组织中的位置有密切的关系，主要是由于脑实质或脑神经核受到炎性刺激或损伤所引起，临床多表现为痉挛和麻痹。大脑受损时表现行为和性情的改变，步态不稳，转圈，甚至口吐白沫，癫痫样痉挛；脑干受损时，表现精神沉郁，头偏斜，共济失调，四肢无力，眼球震颤；炎症侵害小脑时，出现共济失调，肌肉颤抖，眼球震颤，姿势异常。炎症波及呼吸中枢时，出现呼吸困难。

① 血液学变化。初期血沉正常或稍快，嗜中性粒细胞增多，核左移，嗜酸性粒细胞消失，淋巴细胞减少。康复期嗜酸性粒细胞与淋巴细胞恢复正常，血沉缓慢或趋于正常。

② 脑脊髓穿刺。由于颅内压升高，穿刺时，流出混浊的脑脊液，其中蛋白质和细胞含量增多。

任 务 实 施

1. 诊断

根据脑膜刺激症状、一般脑症状和局部脑临床症状，结合病史调查及病情发展过程，一般可作出诊断。若病情的病程发展、临床特征不十分明显时，可进行脑脊液检查。脑膜脑炎病例，其脑脊液中嗜中性粒细胞数和蛋白含量增加。必要时可进行脑组织切片检查。但在临床实践中，有些病例往往由于脑功能紊乱，特别是某些传染病或中毒性疾病所引起的脑功能障碍，则与本病容易误诊，故需注意鉴别。

2. 治疗

（1）治疗原则 应按照加强护理，降低颅内压，保护大脑，消炎解毒，采取综合性的治疗措施，扭转病情，促进康复过程。

（2）治疗措施 先将病畜放置在安静、通风的地方，避免光、声刺激。若病畜有体温升高，头部灼热时可采用冷敷头部的方法，消炎降温。

对细菌性感染的患畜，应早期选用易通过血脑屏障的抗菌药物，如头孢菌素、磺胺、氯霉素、氨苄青霉素等。如青霉素 4 万 IU/kg 体重和庆大霉素 2～4mg/kg 体重，静脉注射，每天 3 次。亦可静脉注射氯霉素（20～40mg/kg 体重）或林可霉素（10～15mg/kg 体重），每天 3 次。新生幼畜对氯霉素的代谢和排泄功能较差，用量应减少，以免发生蓄积性中毒。对病毒性感染没有直接有效的药物。对免疫反应引起的脑膜脑炎，皮质类固醇类药物有较好的疗效。

由于本病多伴有急性脑水肿、颅内压升高、脑循环障碍，可先视体质状况泻血。大家畜泻血 1000～2000ml，再用 10%～25% 葡萄糖溶液 1000～2000ml 并加入 40% 的乌洛托品 50～100ml，静脉注射。如果血液浓稠，同时尚可用 10% 氯化钠溶液 200～300ml，静脉注射。但最好用脱水剂，通常用 20% 甘露醇溶液或 25% 山梨醇溶液，按 1～2g/kg 体重静脉注射，应在 30min 内注射完毕，降低颅内压，改善脑循环。若于注射后 2～4h 内大量排尿，中枢神经系统紊乱现象即可好转。良种家畜，必要时，也可以考虑应用 ATP 和辅酶 A 等药物，促进新陈代谢，改善脑循环，进行急救。

当病畜高度兴奋、狂躁不安时，可用镇静剂，如 2.5% 盐酸氯丙嗪 10～20ml 肌内注射，或安溴注射液 50～100ml，静脉注射；也可使用苯巴比妥，每千克体重 1mg，以调节中枢神经功能紊乱，增强大脑皮层保护性抑制作用。心脏衰弱时，可应用安钠咖和氧化樟脑等强心剂。

（3）中药治疗 中兽医称脑膜脑炎为"脑黄"，是由热毒扰心所致实热证。应采取清热解毒、解痉息风和镇心安神的治疗方式，治疗方剂为镇心散合白虎汤加减：生石膏（先入）150g，知母、黄芩、栀子、贝母各 60g，藁本、草决明、菊花各 45g，远志、当归、茯神、川芎、黄芪各 30g，朱砂 10g，水煎服。

（4）针治 中药治疗可配合针刺鹘脉、太阳、舌底、耳尖、山根、胸堂、蹄头等穴位效果更好。

（5）验方 应用鲜地龙 250g，洗净，捣烂，和水灌服，治疗脑膜脑炎有效。

3. 预防

注重加强饲养管理，注意防疫卫生，防止传染性及中毒性因素的侵害，大群动物相继发生本病时，应隔离观察和治疗，防止传播。

任务二　日射病和热射病的诊断与治疗

任务资讯

1. 了解概况

日射病是家畜在炎热季节中，头部受到强烈的日光持续直射时，引起脑及脑膜充血和脑实质的急性病变，导致中枢神经系统功能出现严重障碍现象。在炎热季节潮湿闷热的环境中，新陈代谢旺盛，产热多，散热少，体内积热，引起严重的中枢神经系统功能紊乱现象，通常称为热射病。又因大量出汗、水盐损失过多，可引起肌肉痉挛性收缩，故又称为热痉挛。

临床上日射病、热射病和热痉挛，都是由于外界环境中的光、热、湿度等物理因素对动物体的侵害，导致体温调节功能障碍的一系列病理现象，故统称为中暑。本病在炎热的夏季多见，病情发展急剧，甚至迅速死亡。各种动物均可发病，牛、马、犬及家禽多发。

2. 认知病因

在高温天气和强烈阳光下使役和奔跑时常常引发该病。厩舍拥挤，通风不良或在闷热（温度高、湿度大）的环境中使役繁重，用密闭而闷热的车、船运输等也是引起本病的常见原因。另外，饲养管理不当，长期休闲，缺乏运动，体质衰弱，心脏功能、呼吸功能不全，代谢功能紊乱，家畜皮肤卫生不良，出汗过多，饮水不足，缺乏食盐以及在炎热天气从北方运往南方的家畜，适应性差、耐热能力低，都易促使本病的发生。

正常情况，在体温调节中枢的控制下，动物体产热与散热处于平衡状态。这是由于体内物质代谢和肌肉活动过程中不断地产热，通过皮肤表面的辐射、传导、对流和蒸发等方式不断地散热，以维持正常体温。但在炎热季节中，气温超过 35℃ 时，由于强烈日光和高温的作用，导致辐射、传导及对流散热困难，只能通过汗液蒸发途径散热。由于蒸发散热常常受到大气中的湿度和机体健康情况等有关因素的影响，以致散热困难，体内积热，发生中暑现象。

从发病学上分析，无论是热射病还是日射病，最终都会出现中枢神经系统紊乱，但是，其中发病机制方面还是有一定差异的。以日射病而言，因家畜头部持续受到强烈日光照射，日光中紫外线穿过颅骨直接作用于脑膜及脑组织即引起头部血管扩张，脑及脑膜充血，头部温度和体温急剧升高，导致神志异常。又因日光中紫外线的光化反应，引起脑神经细胞炎性反应和组织蛋白分解，从而导致脑脊液增多，颅内压增高，引起中枢神经调节功能障碍，新陈代谢异常，致使自体中毒、心力衰竭、病畜卧地不起、痉挛、昏迷。

至于热射病，主要是由于外界环境温度过高，湿度大，家畜体温调节中枢的功能降低，出汗少，散热障碍，产热与散热不能保持相对平衡，产热大于散热，以致造成家畜机体过热，引起中枢神经功能紊乱，血液循环和呼吸功能障碍而发生本病。

热射病发生后，机体温度高达 41～42℃，体内物质代谢加强，氧化产物大量蓄积，导致酸中毒；同时因热刺激，反射性地引起大量出汗，致使病畜脱水。由于脱水和水、盐代谢失调，组织缺氧，碱贮下降，脑脊髓与体液间的渗透压急剧变化，影响中枢神经系统对内脏的调节作用，心、肺等脏器代谢功能衰竭，静脉淤血，黏膜发绀，皮肤干燥，无汗，体温下降，最终导致窒息和心脏麻痹。

热痉挛是因大量出汗、氯化钠损失过多，引起严重的肌肉痉挛性收缩，剧烈疼痛。但病畜体温正常，神志清醒，仍有渴感。

由于中暑，脑及脑膜充血，并因脑实质受到损害，产生急性病变，体温、呼吸与循环等重要的生命中枢陷于麻痹。所以，有一些病例，病畜犹如电击一般，突然晕倒，甚至在数分钟内死亡。

3. 识别症状

在临床中暑的发生、发展过程中，日射病和热射病常常同时存在，因而很难精确区分。

（1）日射病　常突然发生，病的初期，病畜精神沉郁，有时眩晕，四肢无力，步态不稳，共济失调，突然倒地，四肢作游泳样运动。目光狞恶，眼球突出，神情恐惧，有时全身出汗。随着病情发展急剧，体温略有升高，呈现呼吸中枢、血管运动中枢功能紊乱，甚至麻痹症状。心力衰竭，静脉怒张，脉微弱，呼吸急促而节律失调，结膜发绀，瞳孔散大，皮肤干燥。皮肤、角膜、肛门反射减退或消失，腱反射亢进，常发生剧烈的痉挛或抽搐而迅速死亡，或因呼吸麻痹而死亡。

（2）热射病　突然发病，体温急剧上升，甚至高达 42～44℃ 以上，皮温增高，甚至皮温烫手，全身出汗，白毛动物全身通红。病畜站立不动或倒地张口喘气，两鼻孔流出粉红色、带小泡沫的鼻液。心悸，脉搏疾速，每分钟可达百次以上。眼结膜充血，瞳孔扩大或缩小。后期病畜呈昏迷状态，意识丧失，四肢划动，呼吸浅而疾速，节律不齐，第一心音微弱，第二心音消失，血压下降，血压为：收缩压 10.66～13.33kPa，舒张压 8.0～10.66kPa。濒死前，多有体温下降，常因呼吸中枢麻痹而死亡。检查病畜血液，见血细胞比容升高，高达 60%；血清 K^+、Na^+、Cl^- 含量降低。猪，病初不食，喜饮水，口吐泡沫，有的呕吐。继而卧地不起，头颈贴地，神志昏迷，或痉挛、战栗。绵羊神情恐惧，惊厥不安。鸭，虚弱无力，步态跛行。

（3）热痉挛　病畜体温正常，神志清醒，但引人注意的是全身出汗、烦渴、喜饮水、肌肉痉挛，导致阵发性剧烈疼痛现象。

任　务　实　施

1. 诊断

家畜的日射病、热射病以及热痉挛，发生于炎热的夏季，多因劳役过度，饮水不足，受到日光直射；或因通风不良，潮湿闷热，使体质虚弱的家畜，往往受热中暑，呈现一般脑症状及一定程度的灶性症状，甚至发生猝死。可根据发病季节、病史资料和体温急剧升高、心肺功能障碍和倒地昏迷等临床特征进行确诊。但应与肺水肿和充血、心力衰竭和脑充血等疾病相区别。

2. 治疗

（1）治疗原则　消除病因，加强护理，防暑降温、镇静安神、强心利尿、缓解酸中毒，促进机体散热和缓解心肺功能障碍。

（2）治疗措施　应立即停止使役，将病畜放置于阴凉通风处，若病畜卧地不起，可就地搭起荫棚，保持安静。

不断用冷水浇洒全身，或用冷水灌肠，经口给予 1% 冷盐水，可于头部放置冰袋，亦可用酒精擦拭体表。体质较好者可泻血 1000～2000ml（大动物），同时静脉注射等量生理盐水，以促进机体散热。为了促进体温放散，可以用 2.5% 盐酸氯丙嗪溶液，牛、马 10～20ml；猪、羊（体重 50kg 以上）4～5ml，肌内注射。保护丘脑下部体温调节中枢，防止产热，扩张外周血管，对促进散热、缓解肌肉痉挛、扭转病情具有较好的作用。根据临床实践，牛、马发生本病，先颈静脉泻血 1000～2000ml，再用 2.5% 盐酸氯丙嗪溶液 10～20ml、5% 葡萄糖生理盐水 1000～2000ml、20% 安钠咖溶液 10ml，静脉注射，效果显著。

对心功能不全者，可皮下注射 20％安钠咖等强心剂 10～20ml。病畜心力衰竭，循环衰竭时，宜用 25％尼可刹米溶液，牛、马 10～20ml，皮下注射或静脉注射。或用 0.1％肾上腺素溶液，牛、马 3～5ml，10％～25％葡萄糖溶液，牛、马 500～1000ml；猪、羊 50～200ml，静脉注射，增进血压，增强心脏功能，改善循环。为防止肺水肿，静脉注射地塞米松 1～2mg/kg 体重。当病畜烦躁不安和出现痉挛时，可经口给予或直肠灌注水合氯醛黏浆剂或肌内注射 2.5％氯丙嗪 10～20ml。若确诊病畜已出现酸中毒，可静脉注射 5％碳酸氢钠 500～1000ml。

（3）中药治疗　中兽医称牛中暑为"发痧"，并与马的"黑汗风"相当。中兽医辨证中暑有轻重之分，轻者为"伤暑"，以清热解暑为治则，方用清暑香薷汤加减：香薷 25g，藿香、青蒿、佩兰叶、炙杏仁、知母、陈皮各 30g，滑石（布包先煎）90g，石膏（先煎）150g，水煎服。重者为"中暑"，病初治宜清热解暑、开窍、镇静，方用白虎汤合清营汤加减：生石膏（先煎）300g，知母、青蒿、生地黄、玄参、竹叶、金银花、黄芩各 30～45g，生甘草 25～30g，西瓜皮 1kg，水煎服。当气阴双脱时，宜益气养阴、敛汗固涩。方用生脉散加减：党参、五味子、麦冬各 100g，煅龙骨、煅牡蛎各 150g，水煎服。

（4）针治　若能配合针刺鹘脉、耳尖、尾尖、舌底、太阳等穴效果更佳。

（5）验方　鲜芦根 1.5kg，鲜荷叶 5 张，水煎，冷后灌服有效。

任务三　脊髓挫伤的诊断与治疗

任务资讯

1. 了解概况

脊髓挫伤是因脊柱骨折或脊髓组织受到外伤所引起的脊髓损伤。临床上以呈现损伤脊髓节段支配运动的相应部位感觉障碍和排粪、排尿障碍为特征。临床上多见腰脊髓损伤，使后躯瘫痪，所以称为截瘫。本病多发于役用家畜和幼畜。

2. 认知病因

机械力的作用是本病的主要原因。临床上常见于下列情况。

（1）外部因素　多为跌倒，打击受伤，跳跃闪伤，被车撞击，家畜之间相互踢蹴引起椎骨脱白、碎裂或骨折等原因造成。

（2）内在因素　家畜软骨病、骨质疏松症、骨营养不良、布氏杆菌性脊椎炎、椎间内软骨瘤以及氟骨病时易发生椎骨骨折，因而在正常情况也可导致脊髓损伤。

3. 识别症状

本病的临床症状由于脊髓受损害的部位与严重程度不同，所表现的症状也不一样。①第一至第五节段颈髓（C_1～C_5）全横断损伤，支配呼吸肌的神经核与延髓呼吸中枢的联系中断，动物呼吸停止，迅速死亡；半横径损伤时，四肢轻瘫或瘫痪，四肢肌肉张力和反射正常或亢进，损伤部后方痛觉减退或丧失，排粪、排尿障碍。②第六节段颈髓至第二节段胸髓（C_6～T_2）全横断损伤，呼吸不中断，呈现以膈肌运动为主的呼吸动作，共济失调，四肢轻瘫或瘫痪，前肢肌肉张力和反射减退或消失，肌肉萎缩。后肢肌肉张力和反射正常或亢进，损伤部后方感觉减退或消失，排粪、排尿障碍。③第三节段胸髓至第三节段腰髓（T_3～L_3）损伤，后肢运动失调，轻瘫或瘫痪，后肢肌肉张力和反射正常或亢进，尾、肛门张力和反射正常，损伤部后方痛觉减退或消失，粪尿失禁。④第四节段腰髓至第一节段荐髓（L_4～S_1）损伤，尾、肛门、后肢肌肉张力和反射减退或消失，排尿失禁，顽固性便秘，后肢轻瘫或瘫痪，共济失调，肌肉萎缩，损伤部后方痛觉减退或消失。⑤第一至第三节段荐髓（$S_1 \sim S_3$）损伤，后肢趾关节着地，尾麻痹，尿失禁，肛门松弛。⑥第一至第五节段尾髓（$Cy_1 \sim Cy_5$）损伤，尾感觉消失、麻痹。

任 务 实 施

1. 诊断

根据临床症状，结合神经功能检查进行诊断，X 射线检查可辅助诊断。

2. 治疗

（1）治疗原则　加强护理，防止椎骨及其碎片脱位或移位，防止褥疮，消炎止痛，兴奋脊髓。

（2）治疗措施　病畜疼痛明显时可应用镇静剂和止痛药，如水合氯醛、溴剂等。

① 对脊柱损伤部位，初期可冷敷，其后热敷。可用松节油、樟脑酒精等涂擦，促进消炎。麻痹部位可施行按摩、直流电或感应电针疗法，或碘离子透入疗法，也可皮下注射硝酸士的宁，牛、马 15～30mg，猪、羊 2～4mg，犬、猫 0.5～0.8mg（一次量）。及时应用抗生素或磺胺类药物，以防止感染。

② 当心脏衰弱时，可以用安钠咖，皮下注射。脊髓受到损伤时，由于肌肉痉挛，四肢疼痛，运动失调，头颈僵硬，神经症状明显，可以用维生素 B_1，牛、马 0.1～0.5g，猪、羊 0.025～0.05g，肌内注射或皮下注射。脊柱损伤部位，必要时可以施行外科手术。

③ 可电针百会、肾俞、腰中、大胯、小胯、黄金等穴。

④ 护理应多铺褥草，经常翻转。若已发生褥疮，应防止感染。注意定时导尿、掏粪。病情好转时，仍需按摩、牵遛，加强饲养，补充矿物质饲料，促进康复。

技能训练　脑膜脑炎的诊断与治疗

【目的要求】

1. 了解脑膜脑炎的发病原因、预防措施。

2. 掌握脑膜脑炎的临床症状、诊断方法和治疗措施。

【诊断准备】

1. 材料准备

保定绳、保定架、棉手套、颈钳、口笼、伊丽莎白项圈、注射器、输液器、酒精棉球、采血管、血球分析仪、显微镜、载玻片、香柏油、二甲苯、瑞氏染色液等。

2. 药品准备

5％葡萄糖注射液、10％磺胺嘧啶钠注射液、5％碳酸氢钠注射液、速眠新、速醒灵、呋塞米、20％甘露醇等。

3. 病例准备

犬、猪，临床病例。

【诊断方法和步骤】

1. 临床检查

（1）观察发病动物的精神、步态、站立姿势、对各种刺激的敏感性等。

（2）将试验动物保定或镇静，测量其体温、呼吸频率、心率等，检查各种反射情况。

2. 实验检查

试验动物采血涂片、染色、镜检，观察发病动物血液涂片中的白细胞、淋巴细胞变化，或采血用血球分析仪检查血象变化。

【治疗措施】

1. 消除炎症

用5％葡萄糖注射液、10％磺胺嘧啶钠注射液静脉注射，10％磺胺嘧啶钠注射液首次加倍量使用，并静脉注射5％碳酸氢钠注射液。

2. 降低颅内压

静脉注射20％甘露醇，肌内注射呋塞米，降低发病动物的颅内压，缓解症状。

【作业】

1. 病例讨论

（1）不同动物脑膜脑炎的异常行为表现。

（2）脑膜脑炎动物的接近、保定注意事项。

（3）脑膜脑炎的用药特点。

（4）脑膜脑炎的对症治疗措施。

2. 写出实习报告。

能 力 拓 展

以下为拓展学生能力的技能训练项目，可根据学校实习条件的实际情况，或进行人工复制病例，或利用在校外实习基地病例，或借助学校实习兽医院的临床病例来完成。要求以学生为主体，分组进行，教师对学生的诊断和治疗过程进行指导，并对各组的治疗方案和治疗效果进行评价，指出存在的问题，旨在进一步提高学生对动物神经系统疾病的临床诊疗技能和学习效果。

1. 松狮犬热射病的诊断与治疗。

2. 犊牛日射病的诊断与治疗。

要求：讨论治疗思路、写出治疗处方、实施治疗措施，并护理好发病动物，同时做好病例总结。

复习与思考

1. 如何评价动物神经系统疾病的治疗意义？

2. 动物神经损伤性疾病的治疗措施有哪些？

3. 什么是一般脑症状？什么是灶性脑症状？

4. 脑膜脑炎的发病原因有哪些？临床表现有哪些？如何诊断和治疗？

5. 什么是热射病？什么是日射病？如何预防？

项目六 内分泌系统疾病

近年来，在动物内科病中与内分泌相关的疾病（如过敏性休克、荨麻疹、糖尿病、自身免疫性溶血性疾病等）越来越受到人们的关注，尤其是在小动物内科病方面，已成为不容忽视的重要部分，本项目将通过对一些与内分泌相关的疾病的学习，达到认识动物内分泌疾病、掌握动物内分泌疾病的诊断与治疗措施，从而更好地预防动物内分泌疾病。

【知识目标】

1. 了解动物荨麻疹、变应性皮炎、糖尿病和自身免疫性溶血性贫血的发病原因、临床症状和防治方法。

2. 掌握应激综合征的发生原因、临床症状、病理变化、治疗方法和预防措施。

3. 掌握过敏性休克的发生原因、临床症状、病理变化、治疗方法和预防措施。

【技能目标】

通过本项目内容的学习，使学生学会动物过敏性休克的抢救技术以及动物免疫性疾病的诊断与治疗技术。

任务一 应激综合征的诊断与治疗

任 务 资 讯

1. 了解概况

应激是动物机体对各种紧张刺激产生的适应性反应。应激综合征，是指动物对体内外非常刺激所产生的非特异性应答反应的总和，它是一种应激反应，而不是一种独立的疾病。在生产实践中应激往往对畜禽生产力和健康造成不良影响。本病在家禽和猪常见，牛、羊、马等均可发生。

2. 认知病因

引起应激反应的因素很多，归纳起来大致可以分为以下几种。

（1）生理性应激 如饲料的突然改变、遗传育种、营养代谢、配种繁殖、分娩泌乳、生长发育、肌肉运动、强化培育等。

（2）心理性应激 如神情紧张、惊恐、追捕、驱赶、关闭饲养、地震感应、预防注射、环境的突变、陌生、离群、手术保定等。

（3）物理性应激 气候过冷、过热或气温骤变、噪声、电刺激、暴力鞭打等。

（4）躯体性应激 如烧伤、烫伤、感染、斗架、拥挤等。

但是由于应激原的作用、强度、时间以及动物的敏感性差异，即使是同一性质的刺激因素所产生的效应往往也不同。如果应激过度或应激不足，都不利于适应性机制的形成，往往可能影响动物的生产性能，乃至引起适应性疾病的发生或死亡。因此，有关本病的病因问题，比较复杂，仍需继续地深入研究。

3. 识别症状

动物应激综合征的临床症状多种多样、形形色色。但根据应激的性质、程度和持续时间，呈现的各种特异的症状和病理变化来划分，可以归纳为以下几种类型。

（1）猝死性应激综合征　或称"突毙综合征"，主要是受强烈应激原的刺激时，无任何临床症状而突然死亡。如配种时公畜过度兴奋而猝死；追赶时过于惊恐，或在车船的运输时过度拥挤或恐慌等，都可能由于神经过于紧张，交感-肾上腺系统受到剧烈刺激时活动过强，引起休克或循环衰竭，造成猝然死亡。

（2）急性应激综合征

① 恶性过热综合征。主要为运输应激、热应激和拥挤等，如运送途中的动物多发生大叶性肺炎，全身颤抖、呼吸困难、黏膜发绀、皮肤潮红或呈现紫斑、肌肉僵硬、体温增高，直至死亡。

② 急性肠炎。多表现下痢、水肿病，由大肠埃希菌引起的，与应激反应有关，导致非特异性炎性病理过程。

③ 全身适应性综合征。动物受到饥饿、惊恐、严寒、中毒及预防注射等因素刺激，引起应激系统的复杂反应，表现为警戒反应的休克相，沉郁、肌肉弛缓、血压下降、体温降低。与此同时，病猪可交错出现体温升高、血糖上升、血压增进等抗休克相。

（3）慢性应激综合征　应激原强度不大，但持续或间断反复引起轻微反应，所以容易被人们所忽视。由于动物不断地做出适应性反应，形成不良的累积效应，致使动物生产性能降低，防卫功能减弱，容易继发感染，引起各种疾病的发生。

这类疾病在营养、感染与免疫应答的相互作用现象比较常见。主要表现为幼畜、禽的生长发育受阻或停滞，贫血，被毛粗乱无光泽，易受惊。奶牛的产奶量减少，奶质下降，鸡的产蛋量下降，畸形蛋增多，胃溃疡等。

任 务 实 施

1. 诊断

根据临床表现、病理变化，并且有应激因素的存在，不难作出诊断。

2. 治疗

对于轻度的应激，消除应激原后，一般可自行恢复。对于表现严重的病例，可采取以下措施进行治疗。

（1）消除应激原　尽量消除一切可能引起应激的因素，如拥挤、突然断奶、换料、忽冷忽热、噪声和骚扰等。

（2）镇静　氯丙嗪 1～2mg/kg 体重，肌内注射。也可选用巴比妥、盐酸苯海拉明等镇静药。

（3）解除酸中毒　在动物发生应激反应时，肌糖原迅速分解，血中乳酸浓度升高，pH值下降，导致机体酸中毒。可以使用 5% 的碳酸氢钠溶液纠正酸中毒，大动物 500～1000ml，猪、羊 100～200ml，犬 10～40ml，猫、貂、家兔 10～20ml，静脉注射。

3. 预防

应根据应激原及应激综合征的性质选用具体的防治措施。

（1）注意选育繁殖工作　胆小、神经质、难于管理、容易惊恐、皮肤易起红斑、体温升高、外观丰满的猪，多为应激敏感型，最好不要选作种用。必要时，检测全血或血清肌酸磷酸激酶以及进行氟烷筛选试验，进而从种群中将这类动物淘汰。

（2）通过改进饲养管理，减少或消除应激

① 畜舍要通风良好，防止拥挤。

② 注意畜群组合，避免任意组群，防止破坏原有群体关系。

③ 注意保持安静，避免惊恐不安，防止噪声和骚扰。

④ 注意气候变化，防止忽冷忽热，保持舍内温度的恒定。

⑤ 出栏前 12～24h 内不饲喂或减饲，避免出栏过程中发生应激现象。

⑥ 注意车船运输或陆路驱逐时，避免过分刺激，防止应激反应。

⑦ 在出栏运输前，对应激敏感型猪，可用氯丙嗪进行预防注射或应用抗应激药物以及抗应激添加剂，以防止发生应激现象。

任务二 过敏性疾病的诊断与治疗

子任务一 过敏性休克的诊治

任 务 资 讯

1. 了解概况

过敏性休克是外界某些抗原性物质进入已致敏的机体后，通过免疫机制在短时间内发生的一种强烈的多脏器累及症候群。本病的表现与程度，依机体反应性、抗原进入量及途径等而有很大差别。通常都突然发生且很剧烈，若不及时处理，常可危及生命。

2. 认知病因

作为过敏原引起本病的抗原性物质如下。

（1）异种（性）蛋白 内泌素（胰岛素、加压素）、酶（糜蛋白酶、青霉素酶）、花粉浸液（花、树、草）、食物（蛋清、牛奶、坚果、海味、巧克力）、生物制品（如疫苗、血清、免疫球蛋白、抗淋巴细胞血清或抗淋巴细胞丙种球蛋白）、蜂类毒素等。

（2）多糖类 例如葡聚糖铁。

（3）许多常用药物 例如抗生素（青霉素、头孢菌素、两性霉素 B、硝基呋喃妥因），局部麻醉药（普鲁卡因、利多卡因），维生素（硫胺素、叶酸）等。

绝大多数过敏性休克是典型的 Ⅰ 型变态反应，在全身多器官，尤其是循环系统表现。外界的抗原性物质（某些药物是不全抗原，但进入动物机体后又与蛋白质结合成全抗原）进入体内能刺激免疫系统产生相应的抗体，其中 IgE 的产量，因体质不同而有较大差异。这些特异性 IgE 有较强的亲细胞性，能与皮肤、支气管、血管壁等的"靶细胞"结合。以后当同一抗原再次与已致敏的个体接触时，就能激发引起广泛的 Ⅰ 型变态反应，其过程中释放的各种组胺、血小板激活因子等是造成多器官水肿、渗出等临床表现的直接原因。

3. 识别症状

本病大都突然发生，如青霉素 G 过敏动物，注射后 5min 内可以发生症状。

过敏性休克有两大特点：一是有休克表现即血压急剧下降，动物出现意识障碍，轻则朦胧，重则昏迷；二是在休克出现之前或同时，常有一些与过敏相关的症状，归纳如下。

（1）皮肤黏膜表现 往往是过敏性休克最早且最常出现的征兆，包括皮肤潮红、瘙痒，继以广泛的荨麻疹和（或）血管神经性水肿；还可出现喷嚏、水样鼻涕、喑哑、甚而影响呼吸。

（2）呼吸道阻塞 是本病最多见的表现，也是最主要的死因。由于气道水肿、分泌物增加，加上喉和（或）支气管痉挛，患者出现喉头堵塞感、胸闷、气急、喘鸣、憋气、发绀，以致因窒息而死亡。

（3）循环衰竭 患病动物先有心悸、出汗、可视黏膜苍白、脉速而弱；然后发展为肢冷、发绀、血压迅速下降、脉搏消失，最终导致心跳停止。

（4）意识障碍　往往先出现恐惧感，烦躁不安；随着脑缺氧和脑水肿加剧，可发生意识不清或完全丧失；还可以发生抽搐、肢体强直等。

（5）其他症状　比较常见的有刺激性咳嗽，连续打喷嚏、恶心、呕吐、腹痛、腹泻，最后可出现大小便失禁。

任 务 实 施

1. 诊断

根据临床症状如突然发生休克、动物有接触过敏原病史等进行诊断。

2. 治疗

必须当机立断，不失时机地积极处理。可采用以下措施。

（1）立即消除可疑的过敏原或停止使用可疑的致敏药物。

（2）立即给 0.1% 肾上腺素　先皮下注射 0.3～0.5ml，紧接着静脉穿刺注入 0.1～0.2ml，症状不缓解，半小时后重复肌内注射或静脉注射肾上腺素，直至脱离危险。继以 5% 葡萄糖液静脉滴注，维持静脉给药畅通。

同时给予血管活性药物，并及时补充血容量，首剂补液 500ml 可快速滴入。

（3）抗过敏　可选用扑尔敏注射液，马、牛 60～100mg，猪、羊 10～20mg，肌内注射。

（4）对症处理　对于呼吸困难的动物应及时吸入氧气，同时用尼可刹米，马、牛 2～5mg，猪、羊 0.25～1mg，犬 0.125～1mg，皮下注射、肌内注射或静脉注射。

3. 预防

（1）消除过敏原最根本的办法是明确引起本症的过敏原，并采取有效的措施进行防避。但在临床上往往难以作出特异性过敏原诊断，况且不少患病动物属于并非由免疫机制发生的过敏样反应，为此应注意。

（2）尽量减少不必要用药，尽量采用口服制剂。

（3）对过敏体质患病动物，在注射用药后观察 15～20min，在必须接受有诱发本症可能的药品前，宜先使用抗组胺药物或强的松。

子任务二　变应性皮炎的诊治

任 务 资 讯

1. 了解概况

变应性皮炎是指已致敏个体再次接触变应原后引起的皮肤黏膜炎症性反应，在接触部位所发生的急性炎症，表现为红斑、肿胀、丘疹、水疱，甚至大疱。

2. 认知病因

能引起变应性皮炎的物质主要有动物性、植物性、化学性三种，以化学性因素引起的最为常见、最为重要。

（1）化学性因素　常见的有对苯二胺；芳香化合物、防腐剂、色素等；外用药物中的红汞、碘酊、清凉油、磺胺及抗生素外用制剂等；化工原料及制品中的添加剂、染料、合成树脂等；重金属如镍盐、铬盐等。

（2）动物性因素　如动物的皮、毛，昆虫的分泌物等。

（3）植物性因素　如植物中的荨麻、除虫菊、生漆等。

大量研究证实，变应性皮炎的主要致病机制为 T 淋巴细胞介导的迟发型变态反应，主要是Ⅳ型变态反应。其发病过程主要涉及以下四个方面。

（1）变应原与皮肤接触形成变应原载体复合物。

（2）诱导皮肤中抗原提呈细胞处理并提呈变应原给 T 淋巴细胞。

（3）T 淋巴细胞活化形成抗原特异致敏的 T 淋巴细胞。

（4）再次接触相同变应原引发皮肤炎性反应。

3. 识别症状

由于接触物的性质、浓度、接触方式及个体的反应性不同，发生的皮炎的形态、范围及严重程度也不同。轻者可仅为红斑、丘疹，重者有明显红肿，上有密集丘疹、水疱甚至大疱，水疱破后糜烂、渗出、结痂。大多数动物表现为瘙痒，部分有疼痛感，皮肤损伤严重而广泛者可有全身反应，如发热、全身不适等。皮炎发生的部位及范围与接触物一致。当机体高度敏感时皮炎蔓延而范围广泛。

变应性皮炎的发病过程可受遗传因素、年龄、性别、合并疾病、理化因素及产生免疫耐受等影响。

任 务 实 施

1. 诊断

根据接触史，在接触部位或机体暴露部位突发境界清楚的急性皮炎等特点，一般不难诊断。

2. 治疗

寻找病因、去除病因，一旦确诊应避免再次接触致敏原及其结构类似物。彻底清洗接触部位，避免热水、肥皂、搔抓等刺激。

（1）局部治疗　根据皮损炎症情况选择适宜外用药物及剂型。

① 急性期皮损。无渗出液时，用炉甘石洗剂，每日 3 次外用或痒时即外用。有渗液时，用 2%～3%硼酸溶液或生理盐水做冷湿敷。如果皮损继发感染，可选用 0.05%小檗碱溶液等做冷湿敷。每次湿敷 30～60min，每日 2～4 次。

② 慢性期皮损。选用皮质类固醇软膏或霜剂外用，每日一次。

（2）全身治疗

① 皮质类固醇。皮疹严重或泛发者，可选用氢化可的松，马、牛 200～500mg，猪、羊 200～800mg 加入 5%～10%葡萄糖液 500～1000ml 中，静脉滴注，每日 1 次；或地塞米松，马 2.5～5mg，牛 5～50mg，猪、羊 4～12mg，犬、猫 0.125～1mg，静脉注射或肌内注射，每日 1 次。待炎症控制后逐渐减量，在 2～3 周内停用。

② 非特异性脱敏。10%葡萄糖酸钙，马、牛 200～600ml，猪、羊 50～150ml，静脉注射，每日 1 次。

③ 继发感染者同时选择适宜且有效的抗生素全身或局部外用治疗。

3. 预防

参照"过敏性休克"。

子任务三　荨麻疹的诊治

任 务 资 讯

1. 了解概况

荨麻疹俗称"风疹块"，中兽医又称"遍身黄"。是动物机体受到不良因素的刺激引起的一种过敏性疾病。主要特征是皮肤黏膜的小血管扩张，血浆渗出形成局部水肿，在动物的体表出现许多圆形或扁平的疹块，发展快，消失也快，并伴有皮肤瘙痒。各种家畜都可发生，如马、牛、猪、绵羊，但马最常见。

2. 认知病因

荨麻疹的病因复杂，尤其是慢性荨麻疹不易找到病因，除和各种致敏原有关外，与动物个体的敏感性素质及遗传等因素也有着密切关系。常见病因如下。

（1）外源性因素

① 蚊虫叮咬。如虱、跳蚤叮咬皮肤及黄蜂、蜜蜂、毛虫的毒刺刺入皮肤，引起变态反应。

② 药物刺激。如青霉素、呋喃唑酮（痢特灵）、血清、疫苗等可由变态反应引起，另一些药物（如吗啡、阿托品、阿司匹林等）为组胺释放剂，可直接刺激肥大细胞释放组胺，引起荨麻疹。

③ 化学因素。如石炭酸、松节油、二氧化硫、汽油和煤油。

④ 物理因素。如冷、热、日光和机械性刺激、摩擦压迫、鞭打等。

⑤ 感染。包括细菌、真菌、病毒、原虫、寄生虫等感染，这些感染可能通过传染物的抗原作用或改变了机体的应激状态，引起Ⅰ型或Ⅲ型变态反应。

⑥ 精神因素。精神紧张、感情冲动可引起乙酰胆碱释放，增强血管通透性而发生荨麻疹。

（2）内源性因素 主要是吸入或食入过敏性物质所致，花粉、动物皮屑、羽毛、灰尘、某些气体及真菌孢子等。马和犬多发。据报道马便秘，肠黏膜炎症和母犬发情期可出现荨麻疹。如 Channel Island 牛有一种独特型的荨麻疹，是由对自身牛奶中的酪蛋白过敏而引起的。牛奶在体内滞留或乳房被牛奶充满容易发病。处于发情期的母犬也可以发现此病。青年马、犬和猪肠道寄生虫也可引起该病血管神经性水肿，是致命性病理变化，它是荨麻疹的一种类型，特征为皮下水肿，常发生在头、四肢或会阴部。

3. 识别症状

本病一般无先兆，接触病因后数分钟或数小时内发病，先出现皮肤瘙痒，很快出现大小不等、形态不一、鲜红色或黄白色斑块或环状疹块，此种疹块往往又互相融合，形成较大的疹块。有的疹块顶端发生浆液性水疱，并逐渐破溃，以致结痂。严重的病例在皮肤突起以前有发热。

荨麻疹的初期，多发生于头部、颈部两侧肩背、胸背和臀部，尔后于四肢下端及乳房等处。患病动物因皮肤剧痒而摩擦、啃咬，常有擦破和脱毛现象。疹块发展迅速，但消失也快，1～2 天内完全消失，也有复发者。往往伴有口炎、鼻炎、结膜炎及下颌淋巴结肿大等。

有的病例，在发生荨麻疹的同时，出现体温升高、精神沉郁、食欲下降、消化不良等症状。

（任）（务）（实）（施）

1. 诊断

根据皮肤迅速出现丘疹，有时伴有瘙痒，发病急、消失快等特点进行诊断。

2. 治疗

急性荨麻疹一般自然消退，可不必治疗。

（1）消除病因 尽量排除能引起荨麻疹的各种因素，如蚊虫叮咬、饲料霉变等。

（2）脱敏 0.1%肾上腺素，马、牛 3～5ml，猪、羊 0.5～2ml，皮下注射或肌内注射；在犬、猫和马还可以用地塞米松 0.1mg/kg 体重，静脉注射。

（3）止痒 可用 0.5%普鲁卡因，马、牛 100～150ml，猪、羊 30～40ml，或安溴注射液，马、牛100～150ml，猪、羊30～40ml，静脉注射；也可用异丙嗪注射液，马、牛0.25～0.5g，猪、羊0.04～0.06g，或马来酸氯苯那敏（扑尔敏）注射液，马、牛60～100mg，猪、羊10～20mg，肌内注射。

（4）降低血管通透性　可使用维生素C，马、牛100～300mg，猪、羊20～50mg，静脉注射；或10％氯化钙，马、牛100～150ml，猪、羊10～20mg，犬2～10mg，静脉注射等。

（5）局部疗法　可用冷水洗涤皮肤，用1％的乙酸溶液和2％的酒精涂擦，也可用水杨酸钠酒精合剂（水杨酸0.5g、甘油250ml、石炭酸2ml、酒精30ml合剂），或用止痒合剂（薄荷1g、石炭酸2ml、水杨酸2g、甘油5ml、70％酒精加至100ml）。

（6）中药疗法　可选用以下方剂。

方一：金银花50g、蒲公英50g、生地黄40g、连翘40g、黄芩30g、栀子30g、蝉蜕50g、苦参40g、防风30g，共为细末，开水冲，候温灌服（马、牛）。

方二：金银花50g、苦参50g、白鲜皮100g，水煎服。

3. 预防

加强饲养管理，禁止饲喂霉败饲料，停止在有荨麻的牧场放牧，切忌涂擦刺激性强的药物，大汗后防止受寒，及时治疗各种原发病。

任务三　糖尿病的诊断与治疗

任务资讯

1. 了解概况

糖尿病是一种常见的内分泌性代谢病，是由于胰岛素绝对或相对不足，引起糖代谢障碍和继发脂肪、蛋白质、维生素、水及电解质的代谢紊乱。其特征是多饮、多尿、多食、消瘦等。临床上常见于老年动物，尤其是老年犬、猫。

2. 认知病因

糖尿病的病因复杂，但归根结底是由于胰岛素绝对或相对缺乏，或胰岛素抵抗。因此在胰岛素的产生、运送以及靶细胞接受胰岛素并发挥生理作用这三个环节中任何一个环节出现问题均可引起糖尿病的发生。

（1）胰岛素分泌减少　造成胰岛素分泌减少的原因是多方面的，但一般均与严重的胰腺炎、胰腺肿瘤或选择性胰岛细胞退化引起的继发性胰岛损害有关。常见原因有如下几种。

① 遗传因素。糖尿病有遗传倾向已比较肯定。

② 病毒感染。据许多实验及临床研究结果表明，某种病毒感染也可以造成选择性胰岛损害或胰腺炎，认为可导致某种糖尿病的迅速发展。伴随着胰岛被淋巴细胞和巨噬细胞浸润，出现胰岛B细胞的选择性退化和坏死。

③ 自身免疫。主要与胰岛素依赖型糖尿病动物发病有关。

④ 胰岛B细胞释放胰岛素异常。生物合成中胰岛素基因突变而形成结构异常的胰岛素导致糖尿病。

⑤ 伴有渐进性外分泌和内分泌细胞减少并被纤维结缔组织取代的慢性胰腺炎，常常可引发糖尿病。

（2）运输障碍　血液中抗胰岛素的物质增加，这些对抗性物质可以是胰岛素受体抗体，受体与其结合后，不能再与胰岛素结合，因而胰岛素不能发挥生理作用，激素类物质可以对抗胰岛素的作用，如儿茶酚胺类。皮质醇在血液中浓度异常升高时，可导致血糖增高。

（3）靶细胞水平下降　靶细胞上受体数量减少，或受体与胰岛素亲和力降低以及受体的缺陷，均可引起胰岛素抵抗，代谢性高胰岛素血症，最终使胰岛 B 细胞逐渐衰竭，血浆胰岛素水平下降。

3. 识别症状

糖尿病的初始常是隐袭性的，且病症发展缓慢，往往容易被忽视。典型的症状主要以"三多一少"为特征，即多饮、多尿、多食、消瘦，并常伴有白内障及体弱等。

早期的特征性症状为多尿，白天尿频，夜间也排尿。多尿引起脱水后，发生代偿性摄水增加，饮欲增强。随着病情的发展，进入酮体期时，葡萄糖不能被充分利用，引起食欲亢进，进食增加。

由于体内糖代谢障碍，高能磷酸键形成减少，脂肪和蛋白质分解代谢亢进，患病动物体重逐渐减轻，日渐消瘦，常常伴有倦怠、喜卧、不耐运动。呼气时可闻到酮臭味。

如本病未得到良好控制还可引发白内障，沿晶状体纤维线出现晶状体混浊，并呈现星状，引起视力障碍。

患病动物对细菌或真菌感染的抵抗力减弱，常出现慢性或复发性感染，如化脓性膀胱炎、前列腺炎、支气管炎及皮炎。

病理性表现常见有脂肪沉积导致肝大，脂肪组织的脂肪代谢增加引起脂肪肝，中性多脂滴的沉积使单个肝细胞显著增大。胰腺变得坚硬，多结节，常有分散的出血区域和坏死。患病后期，胰腺只剩一条细的纤维带或结节位于幽门和胃附近。

其他一些与糖尿病有关的胰腺外病理变化（如慢性肾病、失明）是由使毛细血管基底膜变厚的慢性微血管疾病引起，这些病理变化在犬和猫中也有发生，但临床意义不大。

任务实施

1. 诊断

根据"三多一少"的特征性症状以及尿糖、高血糖等，不难作出诊断。

2. 治疗

主要的治疗原则是纠正代谢紊乱、消除症状、预防各种并发症、延长寿命、减少死亡。

（1）加强饲养管理　长期连续的治疗有赖于饲养管理者的理解与协作。轻度糖尿病饲养管理者普遍不重视，但可以通过减少体重和饲喂高糖类和高纤维日粮控制。应将发育成熟的雌性动物阉割，并分析诱发糖尿病的药物或疾病。

（2）胰岛素疗法　如果饮食调理和减轻体重不能控制病情，可使用胰岛素，并调节剂量直至病症得到控制及尿中仅间断性地含微量糖。使用胰岛素的同时，饲喂含日总热量约 25% 的食物，其余 75% 在胰岛素发挥最大作用 1～2h 前饲喂。

如果注射胰岛素造成低血糖，可经口给予 5～20g 葡萄糖，或不经胃肠道吸收，并减少胰岛素日剂量。

（3）治疗并发症　可根据并发症的种类进行对症治疗。如酮症酸中毒是糖尿病的并发症之一，被视为临床急症。

针对性治疗有：静脉输液，如 0.9% NaCl 或乳酸林格液，以纠正脱水；使用结晶锌（常规）胰岛素降低血糖和酮病。

（4）补充电解质　慎重维持血清电解质含量，特别是钾，速下降，此时静脉输液需补充 2.5%～5% 的葡萄糖。

当胰岛素疗法确定后，应经常检查血糖含量直至确定合适的维持剂量，如果动物接受维持疗法且状态稳定，每年还应复查 2～3 次。

3. 预防

糖尿病多发生于老年犬、猫，因此要加强对老年犬、猫的饲养，可根据年龄状况使用处方粮，以减少该病的发生。

任务四 自身免疫性溶血性贫血的诊断与治疗

任 务 资 讯

1. 了解概况

自身免疫性溶血性贫血（autoimmune hemolytic anemia，AIHA）也称"免疫溶血性贫血"（IHA），是一种获得性溶血性疾患，主要由于免疫功能紊乱产生抗自身红细胞抗体，与红细胞表面抗原结合，或激活补体使红细胞加速破坏而导致溶血性贫血。

2. 认知病因

自身免疫性溶血是最常见的Ⅱ型变态反应。在临床上根据发病原因一般把 AIHA 分为原发性和继发性两大类。

（1）原发性 病因至今不明。

（2）继发性 见于各种疾病（如系统性红斑狼疮、淋巴网状内皮肿瘤甲状腺疾病、巴贝斯虫病）。在大多数动物，也可由药物（如青霉素、磺胺类药物、胰岛素、杀虫剂、非那西丁）或预防接种（如有些病例是由于感染细小病毒或采食了被细小病毒弱毒疫苗污染的食物或饮水而发病）引起，某些细菌、病毒、寄生虫及其代谢产物形成的抗体等均可导致本病的发生。

少数病例发展为暂时性或慢性潜伏性红细胞系发育不良或免疫缺陷综合征，可引起溶血性贫血。

3. 识别症状

本病可分为三种类型，即最急性型、急性型、慢性型三种类型。

（1）最急性型 患病动物精神沉郁，血细胞比容急剧降低，伴随胆红素血症和变化不定的黄疸，有时出现血红蛋白尿。起初见不到贫血，但在3～5天内可以见到。血小板减少症和血栓形成现象为伴随特征。

（2）急性型 是最常见的类型，起初症状通常为可视黏膜苍白和疲倦，黄疸少见，肝脾肿大。病初一般可见贫血。

（3）慢性型 血细胞比容降低到一个恒定的水平，并保持数月或数周。通常在病的早期出现贫血，但反应很弱或根本无反应。

任 务 实 施

1. 诊断

根据临床症状可作出初步诊断，准确诊断需做实验室诊断。常用的方法如下。

（1）简便法 在5ml生理盐水中滴入数滴血液，很快出现溶血。

（2）Ht 值测定法 Ht 值减少5%～20%，与正常红细胞相比，出现小型且中央浓染的球形红细胞为此病的特征性变化。

此外，还可依靠间接胆红素试验或直接胆红素试验对本病进行诊断。

2. 治疗

最急性型病例往往预后不良。治疗上可选用以下方案。

（1）激素疗法 每天给予高剂量的地塞米松，马 3～5mg，牛 5～20mg，猪、羊 4～

12mg，犬、猫0.2~1mg，肌内或静脉注射，每日一次，连用5~7天。或强的松，马、牛20~80mg，关节腔内或局部注射。这样能使病畜的血细胞比容显著升高，病情得到改善。

（2）输血疗法　重度贫血的病例，应及时输血，但应做交叉配血试验，并使用大剂量的皮质类固醇。

如果类固醇激素疗法失败，可用长春新碱或环磷酰胺。必须注意，这些药物都具有骨髓毒性，必须每天进行白细胞计数监视。如果激素或其他免疫治疗法均无效，脾切除术可作为最后的治疗手段。

能 力 拓 展

以下为拓展学生能力的技能训练项目，可根据学校实习条件的实际情况，或进行人工复制病例，或利用在校外实习基地病例，或借助学校实习兽医院的临床病例来完成。要求以学生为主体，分组进行，教师对学生的诊断和治疗过程进行指导，并对各组的治疗方案和治疗效果进行评价，指出存在的问题。

1. 犬或猫糖尿病的诊断与治疗。
2. 变应性皮炎的诊断与治疗。
3. 荨麻疹的诊断与治疗。

要求：讨论治疗思路、写出治疗处方或实施治疗，做好病例总结。

复习与思考

1. 什么叫应激综合征？有何危害？如何预防应激综合征？
2. 变应性皮炎的病因和临床症状有哪些？如何诊断和治疗？
3. 如何治疗荨麻疹？
4. 如何诊断动物糖尿病？糖尿病的治疗原则是什么？

项目七　营养代谢性疾病

营养代谢性疾病是指畜禽营养紊乱性疾病和代谢障碍性疾病的总称。营养紊乱性疾病是指某些营养物质的供应不足所发生的营养缺乏症，某些营养物质供应过量而干扰了另一些营养物质的消化、吸收和利用，营养过剩所致的疾病，如脂肪肝出血综合征、痛风，人类如肥胖症、糖尿病等症。代谢障碍性疾病是指体内一个或多个代谢过程改变导致内环境紊乱而发生的疾病。它往往与动物的生产性能有关，又称生产性疾病，如生产瘫痪（乳热）、酮症、低镁血症等。

生产中的营养紊乱性疾病和代谢障碍性疾病关系密切，它们之间没有明显的差异。一般认为，营养缺乏是长期的、慢性的，只有通过补充日粮才能改善，代谢性疾病往往是急性状态，动物对补充所需的营养物质反应明显。

营养代谢性疾病包括糖类、脂肪和蛋白质代谢障碍，维生素缺乏，常量元素缺乏，微量元素缺乏和其他原因不确定的营养代谢障碍五个主要部分。

【知识目标】

1. 掌握营养代谢性疾病的相关概念、发病特点、发病原因、诊断方法和防治措施。

2. 掌握糖类、脂肪和蛋白质代谢障碍，维生素代谢障碍，常量元素代谢障碍，微量元素代谢障碍性疾病的发病规律、临床症状及防治方法。

【技能目标】

通过本项目内容学习，使学生能够运用营养代谢性疾病的有关知识，具备诊断和治疗奶牛酮病、新生仔猪低血糖症、维生素缺乏症及钙磷代谢障碍病等的技术和能力。

任务一　糖类、脂肪及蛋白质代谢障碍性疾病的诊断与治疗

糖类、脂肪和蛋白质是畜禽生命活动的三大营养物质，是畜体和畜产品的主要组成成分，在体内都可氧化供能。糖类是构成组织细胞的成分，在体内主要是氧化供能，大脑和神经系统必须利用葡萄糖氧化供能；能够以肝糖原和肌糖原的形式少量暂时贮存，以备急用；能转变成脂肪和蛋白质；也可由生糖氨基酸、丙酸、甘油、乳酸等非糖物质转化而来，称之为糖的异生。脂肪不仅可以氧化供能，也是能量的贮备，当饥饿、患病和高产期能量不足时则动用脂肪供能；脂肪也能转变成蛋白质和糖类。蛋白质（包括核酸在内）是生命的基础，蛋白质是体内除水以外含量最多的物质；它具有极为重要的生物学性质并在体内执行着各种各样的生物学功能，如激素是蛋白质，它调节体内多种代谢过程，如血红蛋白运氧、免疫球蛋白的防御功能等。

当供给动物机体的日粮中糖类、脂肪和蛋白质这三种营养物质里某种物质过多、不足或是这三种营养物质不平衡，将引起代谢障碍性疾病的发生。

子任务一　奶牛酮病的诊治

任 务 资 讯

1. 了解概况

奶牛酮病是指高产奶牛产后因糖类和挥发性脂肪酸代谢障碍所引起的一种全身性功能失调的代谢性疾病。其临床特征表现为食欲减少、渐进性消瘦、产奶量减少，血、尿、乳汁、汗和呼气中有特殊的酮味，部分牛伴发神经症状；临床病理生化特征为低血糖，血、尿、乳汁中酮体含量异常升高。

酮病多发生于母牛产后 2～6 周内的泌乳盛期，尤其是在产后 3 周内；各胎龄母牛均可发病，尤其以 3～6 胎高产胎次的母牛多发，第一次产犊的青年母牛也常见发生；产乳量高、舍饲缺乏运动且营养良好的 4～9 岁的母牛发病较多。该病一年四季均可发生，冬、春季节发病较多。在高产牛群中，临床酮病的发病率占产后母牛的 2%～20%，亚临床酮病的发病率占产后母牛的 10%～30%。

2. 认知病因

（1）日粮能量不足　反刍动物的能量和葡萄糖主要来自瘤胃微生物酵解大量纤维素所生成的乙酸、丙酸和丁酸，三者称为挥发性脂肪酸。因此，凡是造成瘤胃生成丙酸减少的因素，如饲料供应过少、品质低劣，或日粮营养不全、蛋白质过多或不足、氨基酸不平衡，或饲料单一、可溶性糖和优质青干草缺乏、不足，或精料（高蛋白、高脂肪饲料）过多，粗纤维不足等，均可引起日粮在瘤胃中停留的时间过短、发酵不完全，造成生糖的丙酸减少和生酮的丁酸增加，从而使糖类的来源不足，引起能量负平衡，导致体脂肪的大量分解，产生酮体，引发酮病。

（2）产前过肥、缺乏运动　干乳期供应的能量水平过高，采食较多的精料，缺乏运动，致使母牛产前过度肥胖，严重影响产后采食量的恢复，同样会使机体生糖物质缺乏，引起能量负平衡，产生大量酮体，由这种原因引起的酮病称"消耗性酮病"。产前过肥在酮病的发生上具有特殊的意义，过肥的牛比中等膘度的牛酮病的发病率要高 1～2 倍。

（3）产后泌乳高峰和采食高峰不同步　奶牛产后 4～6 周已达到泌乳高峰期和营养最高需要量，而奶牛在产后 10～12 周才能恢复到最大食欲和采食量，在中间相差 6 周左右的时间内，摄入的营养物质和产奶消耗间呈现负平衡。因此，奶牛产犊后 12 周内食欲较差，能量和葡萄糖的来源不能满足高产奶牛泌乳消耗的需要。所以，高产乳牛群酮病的发病率高。

（4）营养元素缺乏　维生素 A、维生素 B_{12} 和微量元素钴、铜、锌、锰、碘等缺乏，在酮病的发生上具有一定意义。特别是钴，因为它是维生素 B_{12} 的成分，参与丙酸的生糖作用。

（5）肝脏疾病　肝脏是糖异生的主要场所，原发性或继发性肝脏疾病都可影响糖异生作用，使血糖浓度下降。尤其是肝脂肪变性、肥胖母牛发生脂肪肝时，常可引起肝糖原贮备减少和糖异生作用减弱，最终导致酮病的发生。

（6）饲料腐败　饲料加工贮存不当，造成饲料腐败，特别是品质不良的青贮，其乙酸、丁酸含量高，可增强生酮作用。还有其他霉败的饲料，如黄曲霉毒素等，可直接损害肝脏使肝功能障碍，也可促进酮病的发生。

3. 识别症状

酮病的症状常在母牛分娩后几天至几周内出现，临床上表现为两种类型，即消耗型和神经型。消耗型占 85% 左右，但有些病牛消耗型和神经型同时发生。

（1）消耗型　食欲减少、体况逐渐下降和渐进性消瘦是本病最常见的症状。病初，开始拒食精饲料后拒食青贮饲料，尚能采食少量青干草，继而食欲废绝，反刍无力、瘤胃蠕动减弱甚至消失，瘤胃弛缓、有时发生间歇性瘤胃臌气；异嗜，喜欢舔食污物、泥土和污水，此期有 2～4 天以上的产奶量减少期；体重逐渐减轻，明显消瘦，腹围缩小，被毛粗乱无光，皮下脂肪消失，皮肤弹性减退；体温、呼吸、脉搏正常，随病程延长而病畜消瘦时，体温略有下降（37℃），心率加快（100 次/min），心音模糊，脉搏细弱。粪便稍干、量少，粪便上有黏液；尿量也减少，呈淡黄色水样，易形成泡沫。食欲逐渐减退者产奶量也逐渐下降，食欲废绝者产奶量迅速下降或停止，乳汁类似初乳状，易形成泡沫。病牛呈弓背姿势表示轻度腹痛。酮病的特有症状为：呼气、乳汁、尿液、汗液中散发有特殊的丙酮气味（烂水果味），对其加热时气味更浓。

（2）神经型　多数病牛表现为精神沉郁、凝视，对外界反应淡漠，目光呆滞，不愿走动，呆立于槽前，低头耷耳，眼睑闭合、嗜睡，呈沉郁状。少数病牛表现兴奋和狂躁，病初突然发病，精神高度紧张、不安，视力下降，不认其槽，盲目于棚内乱转圈，或走路不辨方向，横冲直撞；有的全身肌肉紧张，感觉过敏，步伐蹒跚，摇摆，站立不稳，四肢叉开或交叉站立；有的肩胛部和腹部肌肉震颤，吼叫；有的病牛空口磨牙，大量流涎，不断舔吮皮肤、饲槽；这些神经症状间断、多次发作，每次持续 1～2h，然后间隔 8～12h 后可能复发。这种兴奋过程一般持续 1～2 天后转入抑制期。

任务实施

1. 诊断

（1）原发性临床型酮病　可根据日粮中缺乏优质干草，发生在产犊后几天至几周内，血清酮体含量在 34.4mmol/L（200mg/L）以上，低血糖、高血脂、碱贮下降，血、尿、汗、呼气中有特殊烂水果气味，并伴有消化功能紊乱，体重减轻，产奶量下降，间有神经症状，一般可作出诊断。

（2）原发性亚临床型酮病　必须进行实验室检验，其血清中的酮体含量一般在 17.2～34.4mmol/L（100～200mg/L）之间。继发性酮病如子宫炎、乳房炎、创伤性网胃炎、真胃变位等疾病所继发的酮病，可根据血清酮体水平增高、原发病本身的临床特点及对葡萄糖或激素治疗无明显疗效而诊断。

2. 治疗

（1）补糖疗法　静脉注射 50% 葡萄糖溶液 500ml，每日 2 次，连用数日，对大多数母牛有明显疗效，但需要重复注射，否则可能复发；也可选用 20% 葡萄糖溶液腹腔注射，但皮下注射和肌内注射会造成局部不良反应。饲喂或灌服葡萄糖、蔗糖或蜜糖治疗效果不明显，因瘤胃中微生物使糖发酵生成挥发性脂肪酸，其中乙酸多，丙酸少，增加了生酮先质。在应用大剂量葡萄糖的同时，可肌内注射 100～200U 胰岛素，以促进葡萄糖进入细胞和脂肪合成，减少酮体生成。

（2）经口给予生糖先质　为了增加体内生糖物质的来源，通常经口给予丙酸钠或丙二醇或甘油，推荐剂量都是 125～250g，加等量水混合，每日 2 次经口给予。内服丙酸钠 100～200g，1～3 次/d，连用 7～10 天；丙二醇或甘油 500ml/次，2 次/d，连用 2 天，随后 250ml/d，连用 2～10 天；乳酸钙 200～400g，连用 3 天，效果良好。给药最好是在静脉注射葡萄糖溶液之前进行。

（3）激素疗法　肌内注射促肾上腺皮质激素（ACTH）200～600U，此药物使用方便，不需要同时给予葡萄糖或其先质，单独注射 1 次后约 48h 即能促进糖原异生。静脉注射氢化可的松 0.5g，或肌内注射乙酸可的松 1～1.5g，或经口给予甲基泼尼松龙 25mg，每日 1 次，均能奏效。或肌内注射地塞米松 10～20mg，1 次即能奏效，其作用比泼尼松强 15 倍，几乎没有钠的潴留。

（4）纠正酸中毒　内服碳酸氢钠 50～100g，2 次/d；或静脉注射 5％碳酸氢钠 500～800ml。

（5）其他疗法　包括镇静、健胃助消化、补充维生素等。

3. 预防

酮病的发生比较复杂，在生产中应采取综合防治措施，如加强饲养管理，合理配合日粮，饲料种类多样化，防止单一等，才能收到良好的效果。

（1）高产奶牛日粮取中等能量水平，如苜蓿干草加蒸热过的谷类（粉碎的玉米片、大麦片）能产生大量丙酸；日粮中的优质干草不少于 3～5kg/100kg 体重。

（2）妊娠后期母牛不宜过肥，尤其在干乳期，应酌情减少精料。在临产前 3～4 周，逐渐添加精饲料以适应泌乳量的增加。其日粮的参考比例为：干草及草粉不低于 30％，优质青贮 30％，精料不高于 30％，块根约 10％。若干乳期出现肥胖症时，可将精料减少 10％～20％。

（3）日粮粗蛋白含量不宜过高，一般不超过 16％。

（4）舍饲母牛必须运动 0.5～1h/d。

（5）定期检查血、尿、乳汁中酮体的含量，以便早发现、早治疗。

子任务二　新生仔猪低血糖症的诊治

任 务 资 讯

1. 了解概况

新生仔猪低血糖症是由仔猪血糖含量下降而引起的，以虚弱、体温下降、肌肉无力、全身绵软及昏睡、甚至惊厥为特征的营养代谢性疾病。本病主要发生于 1 周龄以内的仔猪，死亡率高达 50％～100％。本病是危害较为严重的疾病，由仔猪低血糖症起的仔猪死亡占总死亡数的 15％～35％。

2. 认知病因

（1）妊娠母猪营养不全，饲料单一，造成蛋白质、矿物质和维生素缺乏，分娩后乳汁减少、稀薄，严重的无奶，从而导致胚胎发育不良，新生仔猪体质衰弱，生活力低下。

（2）仔猪饥饿　新生仔猪饥饿时间过长是该病发生的直接原因。由于同窝仔猪过多，母猪乳头和乳量不能满足其需要；同窝个体体质差异大，弱者吃奶不足或困难；喂奶时间间隔过长等而造成饥饿。

（3）猪舍潮湿阴冷　新生仔猪所需的临界温度为 23～25℃，冬春季节天冷，消耗热能过多，并能降低机体的防御能力和适应性。

（4）母猪患有使产奶量下降、泌乳抑制或根本不能泌乳的疾病，如母猪子宫炎、乳房炎、无乳综合征（MMA），可能引发仔猪低血糖症。

3. 识别症状

多在出生后两天内发病，病初表现为不安、发抖，被毛逆立尖叫，不吮乳，怕冷，喜钻在母猪腹下，相互挤钻。继而卧地不起，四肢绵软无力，出现阵发生神经症状，头向后仰，四肢做游泳状划动。有的四肢伸直，微弱怪叫；有的四肢向外叉开伏卧，或蛤蟆状俯卧。瞳孔散大，眼球呆滞，体表感觉迟钝或消失。体温低。本病死亡率很高，高者达 100％。最后，小猪出现惊厥，空口咀嚼、流涎，角弓反张，眼球震颤，前后肢收缩，昏迷或死亡。

任务实施

1. 诊断

新生仔猪有饥饿病史，结合突发昏迷、绵软等临床症状和腹腔注射葡萄糖注射液疗效显著可作出诊断。

2. 治疗

发病仔猪尽早腹腔注射 10%～25% 的葡萄糖溶液 20ml，3～4 次/d，连用 2～3 天。同时应注意保温，否则疗效不佳。对于泌乳不足的母猪可用催产素增加产奶量。

3. 预防

对于本病的预防应做好以下工作。

（1）加强对妊娠母猪的饲养管理，给予全价饲养以加强营养，保证母体在妊娠期供给胎儿足够的营养和分娩时有多量的优质乳汁。

（2）新生仔猪喂奶要早，间隔时间要短。

（3）对体质弱、吃不上或吃不足奶的仔猪和已发现有低血糖症的仔猪应及时补糖。

（4）冬、春季要注意猪舍保温。

子任务三　脂肪肝出血综合征的诊治

任务资讯

1. 了解概况

脂肪肝出血综合征是指产蛋鸡体内脂肪代谢紊乱所引起的以个体肥胖，肝脏、腹腔及皮下有大量脂肪蓄积，肝脏出血，产蛋下降，发病突然，病死率高为临床特征的一种营养代谢病。该病多出现在产蛋多的鸡群或鸡群的产蛋高峰期，病鸡体况良好。

2. 认知病因

发生脂肪肝出血综合征的因素包括：营养、环境、应激、遗传、有毒物质等。除此之外，促进性成熟的高水平雌激素也可能是该病的诱因。

（1）高能量、低蛋白饲料　过量的能量摄入是造成脂肪肝出血综合征的主要原因之一。大量的糖类可引起肝脏脂肪蓄积，这与过量的糖类通过糖原异生转化成为脂肪有关。如饲喂以玉米为基础日粮的，产蛋鸡亚临床脂肪肝综合征的发病率高于以小麦、黑麦、燕麦或大麦为基础日粮的。高能量蛋白比的日粮可诱发此病，如饲喂高能量、低蛋白的日粮，产蛋鸡的脂肪肝综合征发病率较高。

（2）维生素与微量元素缺乏　维生素 C、维生素 E、B 族维生素、Zn、Se、Cu、Fe、Mn 等是体内抗氧化防御系统的主要成员和抗氧化剂的组成成分，在维持体内自由基的生成与清除的动态平衡过程中起重要作用，自由基对脂类的过氧化作用可能是脂肪肝发生的原因之一。上述维生素及微量元素的缺乏可导致肝脏脂肪变性。

（3）胆碱、生物素缺乏　磷脂酰胆碱是合成脂蛋白的原料，而合成磷脂需要必需脂肪酸和胆碱，胆碱由甲硫氨酸、丝氨酸在体内合成，维生素 B_{12}、维生素 C、维生素 E、叶酸、生物素都可参与这个过程。当这些物质缺乏时肝内脂蛋白的合成和运输障碍，大量的脂肪就会在肝脏沉积。

（4）应激因素　任何形式的应激都可能是脂肪肝综合征的诱因。突然应激可增加皮质酮的分泌，皮质类固醇刺激糖原异生，促进脂肪合成。尽管应激会使体重下降，但会使脂肪沉积增加。突然中断饲料或水供给，或捕捉、雷鸣、惊吓、噪声、高温或寒冷、光照不足等因素可促使此病的发生。有时高产蛋鸡接种传染性支气管炎油佐剂灭活苗可爆发脂肪肝综合征。

（5）高温环境　环境温度升高可使能量需要减少，进而脂肪分解减少。热带地区的 4 月、5 月和 6 月是脂肪肝的高发期，炎热季节发生脂肪肝可能和脂肪沉积量较高有关。

（6）运动不足　笼养或圈养是本病发生的一个重要诱发因素。因为动物的运动受限，活动量减少，过多的能量转化成脂肪。笼养或圈养的另一个重要原因是，蛋鸡不能自己选择合适的环境温度。

（7）遗传因素　为提高产蛋性能而进行的遗传选择是脂肪肝综合征的诱因之一，高产蛋频率刺激肝脏沉积脂肪，肉种鸡的发病率高于蛋种鸡。

（8）毒素　日粮中黄曲霉毒素可引起肝脏变黄、变大和发脆，肝脏脂肪含量增加，即使是低水平的黄曲霉毒素，如果长期存在也会引发脂肪肝综合征。菜籽饼的毒性物质也会诱发中度或严重的肝脏脂肪化，如日粮含 10%～20% 菜籽饼或 20% 菜油可造成中度或严重的肝脏脂肪化，数周内将出现肝出血；菜籽饼中的硫代葡萄糖苷（glucosinolate）是造成出血的主要原因。某些内毒素也可引起本病的发生。

（9）激素　体内激素分泌障碍如过量的雌激素促进脂肪的形成。肝脏脂肪变性时，鸡血浆的雌二醇浓度较高。甲状腺产物硫尿嘧啶和丙基硫尿嘧啶可使动物沉积脂肪。

3. 识别症状

脂肪肝出血综合征主要发生于体况良好的重型鸡及肥胖鸡。有的鸡群发病率可高达 31.4%～37.8%。病初无特征性症状，只表现肥胖，体重超过正常的 25%。当拥挤、驱赶、捕捉或抓提方法不当时，引起强烈挣扎，甚至突然死亡。病鸡精神委顿，喜卧，腹下软绵下垂，下腹部可以摸到厚实的脂肪组织，冠及肉髯色淡，或发绀，继而变黄、萎缩。鸡群产蛋率较大幅度下降，可从 60%～75% 下降为 30%～40%，甚至仅为 10%，有的停止产蛋。有些病鸡食欲下降，鸡冠苍白，体温正常，粪便呈黄绿色，水样；严重者嗜睡，瘫痪，进而冠、肉髯和脚变冷，可在数小时内死亡。易发病鸡群中，月均死亡率可达 2%～4%，但有时可高达 20%。此外，病鸡肝脏的糖原和生物素含量很少，丙酮酸脱羧酶活性大大降低。

任 务 实 施

1. 诊断

根据病因、发病特点、临床症状、临床病理学检验结果和病理学特征即可作出诊断。

2. 防治

本病以预防为主，针对病因采取防治措施。有效防治方法是限制饲料采食量或降低日粮的能量水平，具体防治措施如下。

（1）降低能量和蛋白质含量的比例　通过限制饲料，减少饲料供给量的 8%～12%；或掺入一定比例的粗纤维（如苜蓿粉）；或添加富含亚麻酸的花生油等来降低能量的摄入。同时增加蛋白质含量，特别是含硫氨基酸，饲料中蛋白质水平可提高 1%～2%。

（2）减少应激因素　保持舍内环境安静，尽量减少噪声和捕捉因素，控制饲养密度，提供适宜的温度和活动空间，夏季做好通风降温，补喂热应激缓解剂，如杆菌肽锌等。

（3）添加某些营养物质　在饲料中供应足够的氯化胆碱（1kg/t）、叶酸、生物素、核黄素、吡哆醇、泛酸、维生素 E（10000IU/t）、硒（1mg/kg）、干酒糟、串状酵母、钴（20mg/kg）、蛋氨酸（0.5g/kg）、卵磷脂、维生素 B_{12}（12mg/t）、肌醇（900g/t）等，同时做好饲料的保管工作，防止霉变。

（4）控制日增重　在 8 周龄时严格控制体重，不宜过肥。选择合适体重的鸡，剔除体重过大的个体。凡高于平均体重 15％～20％的鸡均应剔除，或分群饲养，限制饲喂，控制体重增长。

（5）病鸡治疗方法　饲料中加入胆碱，22～110mg/kg，治疗 1 周；或每吨饲料中补加氯化胆碱 1000g，维生素 E 10000IU，维生素 B_{12} 12mg，肌醇 900g，连续饲喂 10～15 天；或每只鸡喂服氯化胆碱 0.1～0.2g，连续 10 天；或使用中药"水飞蓟"，按 1.5％的量配合到饲料中，可使已患病的鸡治愈率达 80.0％，显效率达 13.3％，无效率仅 6.7％，其有效成分水飞蓟素可使血液中胆固醇含量降低 41.9％，血清甘油三酯降低 51.5％。

子任务四　家禽痛风的诊治

任 务 资 讯

1. 了解概况

家禽痛风是指家禽体内尿酸生成过多和尿酸排泄障碍而引起的尿酸盐代谢障碍，以高尿酸血症，尿酸盐在关节囊、关节软骨、内脏、肾小管及输尿管和其他间质组织中沉积为其病理特征，以厌食、衰竭、排白色稀粪、腿、翅关节肿胀、运动迟缓为其临床特征的一种营养代谢疾病。近年来本病发生有增多趋势，特别是集约化饲养的鸡群，饲料生产、饲养管理预置着许多可诱发禽痛风的因素，目前已成为常见禽病之一。多发生于鸡，特别是肉用仔鸡，火鸡、水禽（鸭、鹅）、雏、鸽子等亦可发生痛风。

2. 认知病因

引起家禽痛风的原因较为复杂，归纳起来可分为两类：一是体内尿酸生成过多；二是机体尿酸排泄障碍，后者可能是尿酸盐沉着症的主要原因。

（1）引起尿酸生成过多的因素

① 大量饲喂富含核蛋白和嘌呤碱的蛋白质饲料。这些饲料包括动物内脏（肝、脑、肾、胸腺、胰腺）、肉屑、鱼粉、大豆、豌豆等。如鱼粉用量超过 8％，或尿素含量达 13％以上或饲料中粗蛋白含量超过 28％时，由于核酸和嘌呤的代谢终产物——尿酸生成太多，引起尿酸血症。

② 极度饥饿或重度消耗性疾病。当家禽极度饥饿又得不到能量补充或家禽患有重度消耗性疾病（如淋巴白血病、单核细胞增多症等）时，因体蛋白迅速大量分解，体内尿酸盐生成增多。

（2）引起尿酸排泄障碍的因素　包括所有引起家禽肾功能不全（肾炎、肾病等）的因素，可分为传染性因素和非传染性因素两类。

① 传染性因素。凡具有嗜肾性，能引起肾功能损伤的病原微生物，如肾型传染性支气管炎病毒、传染性法氏囊病病毒、禽腺病毒中的鸡包含体肝炎和鸡产蛋下降综合征（EDS-76）、败血性霉形体、雏白痢、艾美尔球虫、组织滴虫等，可引起肾炎、肾损伤，引起肾细胞崩解，造成尿酸盐的排泄受阻。

② 非传染性因素。包含营养性因素和中毒性因素两类。

a. 营养性因素。如日粮中长期缺乏维生素 A，可引起肾小管、输尿管上皮细胞代谢障碍，黏液分泌减少，发生痛风性肾炎，使尿酸排泄受阻；饲料中含钙太多，含磷不足，或钙、磷比例失调（高钙低磷）可使尿液 pH 值升高，血液缓冲能力下降，高钙和碱性环境，有利于尿酸钙的沉积，形成积砂或尿结石，堵塞肾小管，使排尿不畅；饲料中含镁过高，也可引起痛风；食盐过多，饮水不足，尿量减少，尿液浓缩，同时伴有肾脏本身或尿路炎症时也可引起尿酸的排泄障碍。

b. 中毒性因素。包括嗜肾性化学毒物、药物和毒菌毒素。饲料中某些重金属如铬、镉、铊、汞、铅等蓄积在肾脏内引起肾病；石炭酸中毒引起肾病；草酸含量过多的饲料（如菠菜、莴苣、开花甘蓝、蘑菇和蕈类等饲料）中草酸盐可堵塞肾小管或损伤肾小管；磺胺类药物中毒，引起肾损害和结晶的沉淀；真菌毒素（如棕色曲霉毒素、镰刀菌毒素和黄曲霉毒素等）可直接或间接地损伤肾小管和肾小球，引起肾实质变性，进而肾功能障碍并导致痛风。

此外，饲养在潮湿和阴暗的禽舍、密集的管理、运动不足、年老、纯系育种、受凉、孵化时湿度太大等因素皆可能成为促进本病发生的诱因。另外，遗传因素也是致病原因之一，如新汉普夏鸡就有关节痛风的遗传因子。

3. 识别症状

生产中多以内脏型痛风为主，关节型痛风较少见。两种类型发病率、临床表现有较大的差异。

（1）内脏型痛风　病禽多为慢性经过，表现为食欲下降、精神不振、逐渐消瘦、生长缓慢、鸡冠泛白、贫血、羽毛松乱、脱羽、粪便呈白色稀水样、泄殖腔周围有凝固白色粪便或发炎、产蛋量下降、蛋的孵化率降低，多因肾功能衰竭，呈现零星或成批的死亡。因致病原因不同，原发性症状也不一样。

内脏型痛风病例在剖检时可见内脏浆膜（如心包膜、胸膜、腹膜、肠系膜）及心、肝、脾、肺、肾表面覆盖一层白色、絮状或粉屑状石灰样的尿酸盐沉淀物。肾肿大，色苍白，表面呈雪花样花纹，切开肾脏可见有尿酸盐，甚至发生肾结石。输尿管增粗，内有尿酸盐结晶。将尿酸盐沉淀物刮下来镜检可见有尿酸盐结晶。

（2）关节型痛风　腿、翅关节肿胀，尤其是趾跗关节。运动迟缓、跛行，关节疼痛，不能站立。患病关节有膏状白色黏稠液体流出，在关节面和关节周围软组织以至整个腿部肌肉组织中，都可见到白色尿酸盐沉着，有的关节面发生糜烂、溃疡及关节囊坏死，有的呈结石样的沉积垢（即痛风石或痛风瘤）。

任 务 实 施

1. 诊断

根据病因、病史，特征性症状及剖检的特征性尿酸盐沉积的病变可作出诊断。另外，可通过检查粪便中的尿酸盐来诊断：将粪便烤干，不形成粉末，置于瓷皿中，加 10% 硝酸 2～3 滴，待蒸发干涸，呈橙红色，滴加氨水后，生成紫尿酸铵呈紫红色阳性反应。显微镜观察见到细针状尿酸钠结晶或放射状尿酸钠结晶。

2. 治疗

（1）调整日粮　降低日粮中蛋白质（特别是动物性蛋白）的含量，增加维生素 A 等复合维生素的含量，供给充足的饮水。

（2）药物治疗　为了增强尿酸的排泄及减少体内尿酸的蓄积和关节疼痛，可试用阿托方（atophan，又名 2-苯基喹啉-4-甲酸）0.2～0.5g/只，2 次/d，经口给予；但长期应用者有副作用，伴有肝、肾疾病时禁止使用。可给鸡饮 1% 碳酸氢钠液、0.5% 人工盐、0.25% 乌洛托品液。也可用嘌呤醇 10～30mg，2 次/d，经口给予，此药与黄嘌呤结构相似，是黄嘌呤氧化酶的竞争抑制剂，可抑制黄嘌呤的氧化，减少尿酸的形成；但用药期间可导致急性痛风发作，给予秋水仙碱 50～100mg，3 次/d，能使症状缓解。

3. 预防

本病预防的关键在于根据家禽不同生理时期的营养标准，合理配制日粮。动物性蛋白不能过高，要有充足的复合维生素，有一定量的青绿饲料和草粉，光照要合适，饲养密度不能过大，药物用量不能过大，时间不能过长。总而言之，凡能引起肾功能障碍的因素都要尽量避免和减少。

子任务五 犬、猫肥胖症的诊治

任 务 资 讯

1. 了解概况

犬、猫肥胖症是成年犬、猫较多见的一种脂肪过多性营养疾病，由于机体的总能量摄入超过消耗，使脂肪过度蓄积而引起，影响动物的寿命和生活质量。一般认为，超过正常体重15％以上便是肥胖。西方国家44％犬和12％猫身体超重。

2. 认知病因

(1) 品种、年龄和性别因素 肥胖与品种、年龄和性别有关，12岁以上犬和老年猫易肥胖，母犬、母猫多于公犬、公猫。比格犬、可卡猎鹬犬、腊肠犬、牧羊犬、达克斯猎犬等以及短毛猫都比较容易肥胖。

(2) 营养过剩 食物适口性好，摄食过量，运动不足，是导致营养过剩的主要原因。

(3) 内分泌功能紊乱 公犬去势、母犬摘除卵巢或某些内分泌疾病，如糖尿病、垂体瘤、甲状腺功能减退、甲状腺皮质功能亢进、下丘脑受损等，均可引起犬、猫摄食过量，从而导致肥胖。

(4) 疾病因素 患有呼吸道疾病、肾病和心脏病的犬、猫，容易肥胖。

(5) 遗传因素 犬、猫的父母肥胖，其后代也易发生肥胖。

3. 识别症状

肥胖症的犬、猫皮下脂肪丰富，尤其是腹下和体两侧，体态丰满，用手不易摸到肋骨。食欲亢进或减退，不耐热，易疲劳，运动时易喘息，迟钝不灵活，不愿活动，走路摇摆。肥胖犬猫易发生骨折、关节炎、椎间盘病、膝关节前十字韧带断裂等；易患心脏病、糖尿病，影响生殖等生理功能，麻醉和手术时容易发生问题，寿命缩短。此外，肥胖犬、猫的血浆(清)胆固醇含量升高。

由内分泌紊乱引起的肥胖症，除上述肥胖的一般症状外，还表现出原发病的各种症状。如甲状腺功能减退或肾上腺皮质功能亢进引起的肥胖有对称性的脱毛、鳞屑和皮肤色素沉积等症状。

任 务 实 施

1. 诊断

一般根据肥胖的临床症状即可诊断，对内分泌功能紊乱引起的肥胖症应结合相关激素的测定结果和特征性的症状进行综合分析。必要时，可采用A型或B型超声仪测量腰中部皮下脂肪厚度，也可用二元能量X射线吸收仪(DXA)做皮下脂肪厚度评估。

2. 防治

定时、定量饲喂犬、猫，采用多次少量，把一天食量分成3～4次饲喂，非饲喂时间，不给犬、猫任何食物。让犬、猫每天有规律地进行20～30min的小到中等程度的运动。减少食物量，犬只喂平时食物量的60％，猫则只喂平时食物量的66％；或饲喂高纤维低能量低脂肪食物，使犬、猫有饱感不饥饿。由甲状腺功能减退而引起的肥胖，可用甲状腺素治疗，每千克体重0.02～0.04mg/d，分1～2次拌入食物中饲喂；也可用甲状腺粉，20～30mg/d，分2～3次拌入食物中饲喂。糖尿病、垂体瘤和肾上腺皮质功能亢进所引起的肥胖症，要注意治疗原发病。

任务二　维生素代谢障碍性疾病的诊断与治疗

维生素是人类和动物体正常生命活动所必需的一类低分子有机化合物。在生理上它不是构成组织的主要原料，也不是体内能量的来源，而是起着调节和控制物质代谢的作用。可如果缺少了它，就会引起一系列营养代谢功能障碍的疾病，通常将这些疾病称为维生素代谢障碍性疾病。

大多数维生素，特别是 B 族维生素是某些酶的辅酶，通过它来参与和调节物质代谢。如维生素 B_1 是 α-酮酸氧化脱羧酶系的辅酶，参与 α-酮酸的氧化脱羧；维生素 B_6 是转氨酶的辅酶等。

每一种维生素都有特殊的生理功能，不同的维生素也有相似或共同的作用，如主要作用于钙、磷代谢的维生素 D，当其缺乏时，可引起骨营养不良，应用维生素 D 治疗的同时，配合维生素 A、维生素 C 效果更好。维生素之间具有相互保护和协同的作用，当饲料中维生素 E 充足时，可减少对维生素 A、维生素 D 的需要量。维生素与微量元素之间的关系密切，如维生素 E 和硒在抗氧化作用方面具有协同和保护作用；维生素 A 和锌对视觉的协同作用等。

维生素主要由饲料供给，机体可以合成一部分，尤其是反刍动物瘤胃微生物能合成 B 族维生素且被机体充分利用，动物肝脏能合成维生素 C，皮肤经紫外线照射能合成维生素 D。当饲料中某种维生素缺乏或者机体合成维生素功能降低，将会影响机体的新陈代谢，进而引起机体功能紊乱。

子任务一　维生素 A 缺乏症的诊治

任 务 资 讯

1. 了解概况

维生素 A 缺乏症是由于动物体内维生素 A 和（或）胡萝卜素不足或缺乏所导致的皮肤、黏膜上皮角化、变性，生长发育受阻并以干眼病和夜盲症为特征的一种营养代谢病。其病理变化主要以脑脊髓液压升高、上皮组织角质化、骨骼形成缺陷和胚胎发育障碍为主；临床上以夜盲、眼球干燥、鳞状皮肤、蹄甲缺损、繁殖功能丧失、瘫痪、惊厥、生长受阻、消瘦、体重下降等综合征为特征。本病各种动物均可发生，但以犊牛、羔羊、雏禽、仔猪、毛皮动物等幼龄动物多见。多发生在冬、春青绿饲料缺乏的季节。

动物体内没有合成维生素 A 的能力，其维生素 A 的常见来源主要是动物的肝脏、乳汁、蛋等动物源性饲料，尤其是鱼肝和鱼油，如鲨鱼、鳕鱼和大比目鱼肝油以及北极熊肝油是其最丰富来源。维生素 A 原——胡萝卜素的常见来源主要是植物性饲料，如胡萝卜、黄玉米、黄色南瓜、青绿饲料、番茄、木瓜和柑橘等是其丰富来源。

2. 认知病因

（1）饲料中维生素 A 或胡萝卜素缺乏或不足　常用的动物性饲料（如鱼粉、血粉、肉粉等）和一些植物性饲料［如劣质干草、棉籽饼、菜籽饼、亚麻籽饼、马铃薯、白萝卜、糟渣（甜菜渣）、谷类（黄玉米除外）及其加工副产品（麦麸、米糠、粕饼片）等饲料］中几乎不含维生素 A 原，特别是在无青绿饲料的季节，长期饲用这些饲料最易发病。

（2）饲料中维生素 A 或胡萝卜素遭破坏　饲料调制、加工、贮存不当，如饲料贮存时间过长、贮藏温度过高、烈日暴晒、高温处理或发霉变质和雨淋，某些豆料牧草和大豆含有脂肪氧合酶，维生素 A 与矿物质一起混合等，尤其是在维生素 E 缺乏和不饱和脂肪酸存在的情况下，胡萝卜素和维生素 A 容易被氧化，可使胡萝卜素的含量降低和维生素 A 的活性下降。

（3）母源性维生素 A 缺乏　幼龄动物尤其是猪和老鼠，如果乳中维生素 A 含量不足，或断奶过早，易发先天性维生素 A 缺乏。种禽维生素 A 缺乏是雏禽先天性维生素 A 缺乏的主要原因。

（4）肝脏疾患和慢性消化道疾病　长期多病，特别是患肝脏、肠道疾病时，维生素 A 和胡萝卜素的吸收、贮存和转化发生障碍，即使饲料中维生素 A 或胡萝卜素不缺乏，也会发生维生素 A 不足或缺乏症。

（5）蛋白质、脂肪、维生素、无机磷缺乏　机体处于蛋白质缺乏状态就不能合成足够的视黄醛结合蛋白去运送维生素 A；维生素 A 是一种脂溶性维生素，当脂肪不足，则会影响维生素 A 族物质在肠中的溶解和吸收；维生素 E 和维生素 C 缺乏易导致脂肪酸败，增加维生素 A 在加工和消化过程中的损失率。低磷饲料可促进维生素 A 的贮存，但磷的缺乏可降低胡萝卜素的转化效率。

（6）对维生素 A 的需要量增加　产奶期的高产奶牛、妊娠和哺乳期的动物、生长期的幼禽、高产期的蛋禽及肥育期的肉禽对维生素 A 的需要量明显增加；同时肝、肠道疾病和环境温度过高也使机体对维生素 A 的需要量增多；长期腹泻、患热性疾病的动物，维生素 A 的排泄和消耗增多。

（7）维生素补充过多　当一种脂溶性维生素过高时，即可影响其他脂溶性维生素的吸收和代谢。如动物采食过高的胡萝卜素可降低胡萝卜素的消化、吸收率。

此外，防止牛臌胀的矿物油可降低血浆胡萝卜素和维生素 A 酯的含量和脂肪中胡萝卜素的水平。饲养管理条件不良、畜舍寒冷、潮湿、通风不良、过度拥挤、缺乏运动和光照等应激因素亦可促进本病的发生。

3. 识别症状

由于各种动物的组织器官对维生素 A 缺乏的反应有异，故表现出的症状变化也有些不同，但也有相似的综合征呈现。

（1）夜盲　是所有动物尤其犊牛表现出的最早的临床症状之一。病畜表现在黎明、黄昏或月光等暗光下视力障碍，盲目前进，行动迟缓或碰撞障碍物，看不清物体。最易发生。

（2）眼球干燥　仅发生于犊牛，表现为角膜增厚及混浊不清；其他动物可见从眼中流出稀薄的浆液性或黏液性分泌物，随后出现角膜角质化、增厚、云雾状，晦暗不清，甚至出现溃疡和羞明。禽类表现为流泪，眼内流出水样或乳样渗出物，眼睑内有干酪样物质积聚，常将上下眼睑粘在一起，角膜混浊不透明，严重者角膜软化或穿孔，半失明或完全失明。眼球干燥可以继发结膜炎、角膜炎、角膜溃疡和穿孔。

（3）皮肤病变　随处可见牛皮肤有大量沉积的糠麸样皮垢，大量干燥的纵向裂纹的鳞状蹄，尤以马属动物较明显。猪的被毛粗糙、干燥、蓬松、杂乱、竖立、鬃毛尖爆裂是其特征，也可观察到猪因维生素 A 缺乏的脂溢性皮炎。禽类口腔和食管黏膜分布有许多黄白色小结节或覆盖一层白色的豆腐渣样的薄膜，剥离后黏膜完整并无出血溃疡现象。

（4）繁殖性能下降　雄性动物虽可保持性欲，但生精小管的生精上皮细胞变性退化，正常的有活力的精子生成减少；小公羊睾丸明显小于正常。雌性动物受精、怀孕通常不受干扰，但胎盘退化导致流产、产死胎或产弱仔、胎儿畸形，易发生胎衣滞留。

（5）先天性缺陷　犊牛先天性缺陷发生较少，只是在发生视神经压迫和脑病时才出现先天性失明。仔猪可出现完全无眼或小眼、水晶体和视网膜变性、水晶体前后的间质组织增生等缺陷；仔猪的其他先天性缺陷还包括腭裂、兔唇、附耳、后肢畸形、皮下包囊、肾脏异位、心脏缺损、膈疝、雄性生殖器发育不全、梗阻性脑积液、脊索疝、无显著特点的水肿、死胎或弱仔；体弱猪不能站立，或非常兴奋，用腿作缓慢的涉水样运动，并发出悲惨的声音。

（6）神经症状　由于外周神经根损伤而致的骨骼肌麻痹或瘫痪、由于颅内压增加所致的惊厥或痉挛和由于视神经管受压所致的失明。除马以外，所有动物均已观察到这些症状。

（7）体重下降　维生素 A 缺乏导致蛋白和能量的严重缺乏从而表现瘦弱、体重下降。

（8）抵抗力下降　维生素 A 缺乏引起黏膜上皮完整性受损，腺体萎缩，极易发生鼻炎、支气管炎、肺炎、胃肠炎、犊牛腹泻等疾病。

任务实施

1. 诊断

通常根据饲养管理情况、病史和临床症状可作出初步诊断。视盘水肿和夜盲症的检查是早期诊断反刍动物维生素 A 缺乏的最容易的方法。共济失调、瘫痪和惊厥是猪发生维生素 A 缺乏的早期症状。脊髓液压升高是猪和犊牛维生素 A 缺乏的最早变化。实验室确诊是依靠尸体剖解、组织学检查腮腺和化验肝脏维生素 A 水平，结合检测脊髓液压力、眼底检查、结膜涂片检查。对病牛进行检眼镜观察发现，角质上皮细胞明显增加，眼球结膜混浊和视网膜绿毯部由正常的绿色或橙黄色变为苍白色。结膜涂片检查，发现角化上皮细胞数目增多，如犊牛每个视野角化上皮细胞可由 3 个增加至 11 个以上。

2. 治疗

发病后首先要消除致病的病因，必须立即使用维生素 A 进行治疗；要增喂胡萝卜、青苜蓿，增补动物肝脏，也可内服鱼肝油，与此同时也可增加复合维生素的喂量，改善饲养管理条件。

动物发生维生素 A 缺乏时，应立即使用 10～20 倍日维持量的维生素 A 来治疗，据此推算，维生素 A 的治疗量应是 440IU/kg 体重。对于大群发病鸡，可按 2000～5000IU/kg 饲料的量使用维生素 A，或以 1200IU/kg 体重的治疗量进行皮下注射。常用维生素 A 的水溶性注射剂，油剂少用。对急性病例，疗效迅速而完全，但对慢性病例就不能肯定，视病情而定。对于脊髓液压力增高所致的犊牛惊厥抽搐型维生素 A 缺乏症，经治疗后 48h 通常可恢复正常；而对于牛眼疾型维生素 A 缺乏症，出现眼睛失明，则治疗效果差，为了减少经济损失，建议屠宰，尽早淘汰。

3. 预防

平时应注意日粮的配合和维生素 A 与胡萝卜素的含量，特别是在青绿饲料缺乏季节，青干草收获时，要调制、保管好，防雨淋、暴晒和发霉变质，放置时间不宜过长，尽量减少维生素 A 与矿物质接触的时间，豆类及饼渣不要生喂，要及时治疗肝胆和慢性消化道病。妊娠、泌乳和处于应激状态下的动物适当提高日粮中维生素 A 的含量。

子任务二　维生素 B₁ 缺乏症的诊治

任务资讯

1. 了解概况

维生素 B₁ 缺乏症是指体内硫胺素缺乏或不足所引起的大量丙酮酸蓄积，以致神经功能障碍，以角弓反张和脚趾屈肌麻痹为主要临床特征的一种营养代谢病，也称多发性神经炎或硫胺素缺乏症。雏禽、仔猪、犊牛和羔羊等幼畜禽多发。

2. 认知病因

硫胺素广泛存在于植物性饲料中，禾谷类子实的外胚层、胚体含量较高，其加工副产品糠麸以及饲用酵母中含量高达 $7\sim16mg/kg$，反刍动物瘤胃及马属动物盲肠内微生物可合成硫胺素，因此，晒干的牛粪、马粪中含量丰富。动物性产品如乳类、肉类、肝类、肾脏中含量也很高，植物性蛋白质饲料含 $3\sim9mg/kg$。所以实际应用的日粮中都能含有充足的硫胺素，无需给予高硫胺素的补充。然而，动物仍有硫胺素缺乏症发生，其主要病因如下。

（1）饲料硫胺素缺乏 饲料中缺乏青绿饲料、酵母、麸皮、米糠及发芽的种子，也未添加维生素 B_1，或单一地饲喂大米等谷类精料易引起发病。如仅仅给小鸡饲以精白大米则会出现多发性神经炎。

（2）饲料硫胺素遭破坏 硫胺素属水溶性且不耐高温，因此，饲料被蒸煮加热、碱化处理、用水浸泡则破坏或丢失硫胺素。

（3）硫胺素拮抗因子 已知硫胺素拮抗因子有两种类型，即合成的结构类似物和天然的抗硫胺素化合物。合成的有吡啶硫胺、羟基硫胺能竞争性抑制硫胺素，其中吡啶硫胺可用来复制哺乳动物的韦尼克样脑病模型，治疗球虫病的 2-N-丙基嘧啶和氯乙基硫胺能抑制硫胺素在肠内的吸收。在动、植物组织中发现有改变硫胺素结构的抗硫胺素的天然化合物，即硫胺素酶Ⅰ和硫胺素酶Ⅱ（thiaminaseⅠ、thiaminaseⅡ），在新鲜鱼、虾、蚌肉、软体动物的内脏、蕨类植物以及硫胺分解杆菌中含有硫胺素酶Ⅰ，肠道细菌中主要含有硫胺素酶Ⅱ。如果动物大量吃进含有蕨类植物、球虫抑制剂氨丙啉、鱼、虾、真菌的饲料，则会造成硫胺素缺乏症。如牛、马、羊以及猪大量采食蕨类植物（蕨类、草向荆或木贼）的叶和根茎，水貂和猫大量采食鱼均可诱发严重的硫胺素缺乏症。从油菜籽中分离出来的抗硫胺素因子为甲基芥酸酯，从木棉籽中分离出的抗硫胺素因子为3,5-二甲基水杨酸。

（4）发酵饲料及蛋白性饲料不足 发酵饲料及蛋白质性饲料不足，而糖类过剩，或胃肠功能紊乱、长期慢性腹泻、大量使用抗生素等，致使大肠微生物区系紊乱，维生素 B_1 合成障碍，易引起发病。

另外，动物在某些特定的条件下，如酒精中毒致硫胺素消化、吸收和排泄障碍，应激、妊娠、泌乳、生长阶段、机体对维生素 B_1 的需要量增加，容易造成相对缺乏或不足。

3. 识别症状

维生素 B_1 缺乏的症状基本相同，主要表现为食欲下降、生长受阻、多发性神经炎等，雏鸡易发病，且症状明显、病情严重、死亡率高。因患病动物的种类和年龄不同而有一定差异。

（1）鸡 雏鸡对硫胺素缺乏十分敏感，日粮中维生素 B_1 缺乏10天左右即可出现明显临床症状，主要呈多发性神经炎症状。病鸡突然发病，双腿痉挛缩于腹下，趾爪伸直，躯体压在腿上，头颈后仰呈特异的"观星姿势"，头向背后极度弯曲呈角弓反张状，由于腿麻痹不能站立和行走，病鸡以跗关节和尾部着地，坐在地面或倒地侧卧，最后倒地不起。许多病雏倒地以后，头部仍然向后仰。严重的衰竭死亡。成年鸡发病缓慢，硫胺素缺乏约3周后才出现临诊症状。病初食欲减退，生长缓慢，羽毛松乱无光泽，腿软无力和步态不稳。鸡冠常呈蓝紫色。以后神经症状逐渐明显，开始是脚趾的屈肌麻痹，接着向上发展，腿、翅膀和颈部的伸肌明显地出现麻痹。有些病鸡出现贫血和腹泻，体温下降至35.5℃，呼吸频率呈进行性减少，衰竭死亡。小公鸡睾丸发育受抑制，鸡卵巢萎缩。

（2）鸭 病鸭常出现头歪向一侧，或仰头转圈等阵发性神经症状。随着病情发展，发作次数增多，并逐渐严重，全身抽搐或呈角弓反张而死亡。

（3）猪 多因食用蕨类植物或生鱼或在海滩上放牧而致呕吐、腹泻、呼吸困难、心力衰竭、黏膜发绀、后肢跛行、四肢肌肉萎缩、运步不稳,严重时引起痉挛、抽搐甚至瘫痪,最后陷于麻痹状态直至死亡。

(4) 猫、犬　猫多因吃生鱼而发生,犬以食熟肉而发生,猫对硫胺素的需要量比狗多。主要表现为厌食、平衡失调、惊厥、勾颈、头向腹侧弯、知觉过敏、瞳孔扩大、运动神经麻痹、四肢呈进行性瘫痪,最后呈半昏迷,四肢强直死亡。

(5) 马　因采食蕨类植物而发生,患马衰弱无力,脉快而节律不齐,咽麻痹,吞咽困难,知觉过敏,共济失调,阵挛或惊厥,昏迷死亡。

(6) 反刍动物　成年反刍动物因瘤胃可合成硫胺素而不易发生,犊牛和羔羊主要因母源性缺乏或瘤胃功能不健全而发生。脑灰质软化而呈现神经症状,起初表现为兴奋、转圈、无目的奔跑、厌食、共济失调、站立不稳、严重腹泻和脱水,进而痉挛、四肢抽搐呈惊厥状,倒地后牙关紧闭、眼球震颤、角弓反张,最后呈强直性痉挛,昏迷死亡。

任务实施

1. 诊断

根据饲养管理情况、发病日龄、流行病学特点、多发性外周神经炎的特征症状和病理变化即可作出初步诊断。应用诊断性的治疗,即给予足够量的维生素 B_1 后,可见到明显的疗效。测定血液中丙酮酸、乳酸和硫胺素的浓度、脑脊液中细胞数有助于确诊。

由于维生素 B_1(硫胺素)的氧化产物是一种具有蓝色荧光的物质称硫色素,其荧光强度与维生素 B_1 含量成正比。因此,可用荧光法定量测定原理,测定动物的血、尿、组织,以及饲料中硫胺素的含量,以达到确切诊断和监测预报的目的。

应与雏鸡传染性脑脊髓炎鉴别诊断。发生传染性脑脊髓炎时,表现有头颈震颤、晶状体震颤,仅发生于雏鸡,而成年鸡不发生。

2. 治疗

严重缺乏时,一般采用盐酸硫胺素注射液,按 $0.25\sim0.5\text{mg/kg}$ 体重的剂量皮下注射或肌内注射;因维生素 B_1 代谢较快,应每 3h 注射一次,连用 3~4 天。也可以经口给予维生素 B_1。一般不建议采用静脉注射的方式给予维生素 B_1。一旦大剂量使用维生素 B_1,则出现呼吸困难、酥软,进而昏迷的中毒症状,应及早使用扑尔敏、安钠咖和糖盐水抢救。

3. 预防

改善饲养管理,调整日粮组成。若为原发性缺乏,草食动物应立即提供富含维生素 B_1 的优质青草、发芽谷物、麸皮、米糠或饲料酵母等,犬、猫应增加肝、肉、乳的供给,幼畜和雏鸡应在日粮中添加维生素 B_1,剂量为 $5\sim10\text{mg/kg}$ 饲料,或 $30\sim60\mu\text{g/kg}$ 体重。若饲料中含有磺胺类或抗球虫药安丙啉,应多添加维生素 B_1 以防拮抗作用。目前普遍采用复合维生素 B 防治本病。

预防本病主要是加强饲料管理,提供富含维生素 B_1 的全价日粮;控制抗生素等药物的用量及时间;防止饲料中含有分解维生素 B_1 的酶,如把鱼蒸煮以后再喂;根据机体的需要及时补充维生素 B_1。

子任务三　维生素 B_2 缺乏症的诊治

任务资讯

1. 了解概况

维生素 B_2 缺乏症是由于动物体内核黄素缺乏或不足所引起的黄素酶形成减少,生物氧化功能障碍,临床上以生长缓慢、皮炎、胃肠道及眼损伤,禽以被毛粗乱、趾爪蜷缩、飞节着地而行及坐骨神经肿大为主要特征的一种营养代谢病。又称核黄素缺乏症（riboflavin deficiency）。本病多发生于禽类、貂和猪，反刍动物和野生动物偶尔也可以发生，且常与其他 B 族维生素缺乏相伴发生。

2. 认知病因

维生素 B_2 广泛存在于植物性饲料和动物性蛋白中，动物消化道中许多细菌、酵母菌、真菌等微生物都能合成核黄素，尤其是反刍动物不需添加外源性核黄素。因此，在自然条件下，一般不会引起维生素 B_2 缺乏。下列情况可导致其缺乏。

（1）日粮中维生素 B_2 贫乏　各种青绿植物和动物蛋白富含核黄素，但常用的禾谷类饲料中核黄素特别贫乏，不足 $2mg/kg$ 饲料。所以，肠道比较缺乏微生物的动物，又长期以禾谷类饲料为食，如果动物单纯饲喂稻谷类饲料，又不注意添加核黄素，则易发生缺乏症。

（2）日粮中维生素 B_2 遭破坏　饲料加工和贮存不当，饲料霉变，或经热、碱、重金属、紫外线的作用，特别是在日光下长时间暴晒，易导致大量维生素 B_2 破坏。

（3）长期添加抗生素　长期大量使用广谱抗生素会抑制消化道微生物的生长，造成维生素 B_2 合成减少。

（4）胃肠疾病　动物患有胃、肠、肝、胰疾病，易造成维生素 B_2 吸收、转化和利用障碍。

（5）对核黄素的需要量增加　妊娠或哺乳的母畜、在生长发育期的幼龄动物、育肥期的青年动物、应激、环境温度或高或低等特定条件下对核黄素的消耗增多，对核黄素的需要量增加。如种鸡比非种用蛋鸡的需要量需提高 1 倍。长期饲喂高脂肪、低蛋白饲料时，往往会导致机体对核黄素的需要量增加。

（6）遗传因素　白色来航鸡易发生维生素 B_2 缺乏症，乃系隐性遗传基因影响了维生素 B_2 的利用。

3. 识别症状

（1）禽　雏鸡饲料缺乏核黄素后，临床经过急而症状明显。通常见于 2～4 周龄的雏鸡发病，最早可见 1 周龄的雏鸡。主要临床表现为羽毛蓬乱，绒毛稀少，腹泻，生长缓慢，消瘦衰弱。其特征性的症状是趾爪向内蜷曲，不能站立，以跗关节着地，身体移动困难，开展翅膀以维持身体的平衡，两腿发生瘫痪，腿部肌肉萎缩和松弛，皮肤干而粗糙。病雏虽食欲尚好，但终因采食受限，饥饿衰弱而死或被踩死。育成鸡维生素 B_2 缺乏，本身症状不明显，但病至后期，腿叉开而卧，瘫痪。母鸡产蛋量下降，蛋白稀薄，蛋孵化率降低。种蛋和出壳雏鸡的核黄素含量低，核黄素是胚胎正常发育和孵化所必需的物质，孵化蛋内的核黄素用完，鸡胚就会死亡。胚胎死亡率升高，死胚呈现皮肤结节状绒毛、颈部弯曲、躯体短小、关节变形、水肿、贫血和肾脏变性等病理变化。有时也能孵出雏，雏出壳时瘦小，水肿，脚爪弯曲，蜷缩成钩状，羽发育受损，出现"结节状绒毛"，这是由于绒毛不能撑破羽毛鞘所引起。病理变化是病死雏鸡极度消瘦似干柴样，胃肠道空虚，黏膜萎缩，肠壁薄，肠内充满泡沫状内容物。有些病例有胸腺充血和成熟前期萎缩。特征性病变为坐骨神经和臂神经显著肿大、变软，尤其是坐骨神经的变化更为显著，其直径比正常大 4～5 倍，质地软、无弹性。外周神经干有髓鞘限界性变性，并可能伴有轴索肿胀和断裂，神经鞘细胞增生，髓磷脂（白质）变性。病死的产蛋鸡有肝脏肿大、柔软和脂肪变性。

（2）猪　仔猪生长缓慢，腹泻，皮肤粗糙呈鳞状脱屑或溢脂性皮炎，被毛粗乱无光，鬃毛脱落，眼结膜损伤，眼睑肿胀，白内障，失明，跛行，步态不稳，严重者四肢轻瘫。妊娠母猪流产或早产，所产仔猪不久死亡，或体弱，皮肤秃毛，皮炎，结膜炎，腹泻，前肢水肿变形，运步不稳，多卧地不起。

（3）反刍动物　幼龄反刍动物瘤胃微生物区系尚未形成，如日粮核黄素缺乏则易发病。犊牛可见厌食，生长不良，腹泻，脱毛，口角、唇、颊、舌黏膜发炎，流涎，流泪，有时呈现全身性痉挛等神经症状；成年牛很少自然发病。

（4）犬　主要表现食欲缺乏，生长缓慢，消化不良，腹泻，消瘦，神经过敏。胸、后肢和腹部鳞屑性皮炎，皮肤红斑、水肿，皮屑增多，脱毛，结膜炎以及角膜混浊，眼有脓性分泌物；后肢肌肉萎缩无力，贫血，有的发生痉挛和虚脱，严重者导致死亡。妊娠期缺乏，胎儿发育异常，出现并指（趾）、短肢、腭裂等先天性畸形。

（5）猫　食欲下降，体重减轻，头部脱毛，有时出现白内障。

（6）马　表现急性卡他性结膜炎，羞明，流泪，视网膜和晶状体混浊，视力障碍。

任务实施

1. 诊断

根据饲养管理情况、发病经过、临床症状可作出初步诊断。测定血液和尿液中维生素 B_2 含量有助确诊。全血中维生素 B_2 含量低于 $0.0399\mu mol/L$，红细胞内维生素 B_2 下降。

2. 防治

调整日粮配方，增加富含维生素 B_2 的饲料，或补给复合维生素 B 添加剂。发病后，维生素 B_2 混于饲料中，雏禽应不少于 4mg/kg 饲料，育成禽不少于 2mg/kg 饲料，种禽应确保在 5～6mg/kg 饲料；犊牛 30～50mg/头，仔猪 5～6mg/头，成猪 50～70mg/头。维生素 B_2 注射液，0.1～0.2mg/kg 体重，皮下注射或肌内注射，7～10 天为一疗程。复合维生素 B 制剂，马、牛 10～20ml，牛、羊 2～6ml，每日一次，经口给予，连用 1～2 周。也可喂给饲用酵母，仔猪 10～20g/头，育成猪 30～60g/头，每日 2 次，连用 7～15 天。犬 5mg/kg 体重，猫 8mg/kg 体重。控制抗生素大剂量长时间应用。不宜把饲料过度蒸煮，以免破坏维生素 B_2；饲料中配以含较高维生素 B_2 的蔬菜、酵母粉、鱼粉、肉粉等，必要时可补充复合维生素 B 制剂。

子任务四　维生素 B_{12} 缺乏症的诊治

任务资讯

1. 了解概况

维生素 B_{12} 缺乏症是指由于动物体内维生素 B_{12}（或钴胺素）缺乏或不足所引起的核酸合成受阻、物质代谢紊乱、造血功能及繁殖功能障碍，以巨幼红细胞性贫血为主要临床特征的一种营养代谢性疾病。本病与维生素 B_{11} 缺乏症很相似。多为地区性流行，钴缺乏地区多发，以猪、禽和犊牛多发，其他动物发病率较低。

2. 认知病因

维生素 B_{12} 在动物性蛋白中含量丰富，植物性饲料中几乎不含有维生素 B_{12}。维生素 B_{12} 可在胃或大肠内微生物作用下利用微量元素钴和蛋氨酸来合成，但家禽体内合成维生素 B_{12} 的能力很有限，必须从日粮中补充维生素 B_{12}。如果长期饲喂维生素 B_{12} 含量较低的植物性饲料，或微量元素钴、蛋氨酸缺乏或不足的饲料；或胃肠道疾病；或种禽维生素 B_{12} 缺乏；或肝脏疾病；或长期使用广谱抗生素造成胃肠道微生物区系受到抑制或破坏；或因品种、年龄、饲料中过量的蛋白质等增加维生素 B_{12} 的需要量，均可导致维生素 B_{12} 的缺乏。

3. 识别症状

（1）禽　雏鸡表现食欲下降，生长缓慢，饲料利用率降低，贫血，鸡冠、肉髯、肌肉苍白，血液稀薄，脂肪肝，大量死亡。单纯性维生素 B_{12} 缺乏的生长鸡，未见有特征性症状；

若饲料中同时缺少胆碱、蛋氨酸则可出现骨短粗病。成年鸡产蛋量下降，蛋小而轻，孵化率降低，多在孵化 17 天左右大量死亡；特征性的病变是胚胎发育畸形，生长缓慢，胚体小，腿部肌肉萎缩，卵黄囊、心脏和肺脏等胚胎内脏均有弥散性出血，骨粗短，水肿，脂肪肝，心脏扩大并形态异常，甲状腺肿大，孵出的雏鸡弱小且多畸形。

（2）猪　生长停滞，皮肤粗糙，背部有湿疹样皮炎，应激性增加，运动障碍，后腿软弱或麻痹，卧地不起。消化不良，厌食，异嗜，腹泻，多有肺炎等继发感染，胸腺、脾脏及肾上腺萎缩，肝脏和舌头肉芽瘤组织增生和肿大，巨幼红细胞性贫血。母猪繁殖功能障碍，流产，死胎，畸形，产仔数减少，仔猪活力减弱，生后不久死亡。

（3）牛　犊牛表现生长缓慢，共济失调，行走摇摆，食欲下降，黏膜苍白，皮肤被毛粗糙，肌肉弛缓无力；成年牛很少发病。

（4）犬、猫　厌食，生长停滞，贫血，幼仔脑水肿，发生红白血病和巨母红细胞血症。

任务实施

1. 诊断

根据病史、饲养管理状况、临床症状可以作出初步诊断，确诊需检测血液和肝脏中钴、维生素 B_{12} 含量和尿中甲基丙二酸浓度，血液检查出现巨幼红细胞性贫血。但应与钴缺乏、泛酸缺乏、叶酸缺乏相区别。

2. 治疗

患病动物常用维生素 B_{12} 注射液，鸡 $2\sim4\mu g$，马 $1\sim2mg$，猪、羊 $0.3\sim0.4mg$，犬 $100\mu g$，仔猪 $20\sim30\mu g$，每日或隔日肌内注射一次。氰钴胺或羟钴胺，猪治疗量为 $300\sim400\mu g$，雏鸡 $15\sim27\mu g/kg$ 饲料，蛋鸡 $7\mu g/kg$ 饲料，肉鸡 $1\sim7\mu g/kg$ 饲料，鸭 $10\mu g/kg$ 饲料，犬、猫 $0.2\sim0.3mg/kg$ 体重。反刍动物不需要补充维生素 B_{12}，只要经口给予钴制剂就行。严重缺乏者，除补充维生素 B_{12} 以外，还可应用葡萄糖铁钴注射液、叶酸和维生素 C 等制剂。

3. 预防

供给富含维生素 B_{12} 的饲料，如全乳、鱼粉、肉屑、肝粉和酵母等，同时喂给氯化钴。应保证日粮中含有足量的维生素 B_{12} 和微量元素钴，猪 $15\sim20\mu g/kg$ 饲料和鸡 $12\mu g/kg$ 饲料即可满足其需要。种鸡日粮中每吨加入 $4mg$ 维生素 B_{12}，可使其蛋能保持最高的孵化率，并使孵出的雏鸡体内贮备足够的维生素 B_{12}，以使出壳后数周内有预防维生素 B_{12} 缺乏的能力。给每只母鸡肌内注射 $2\mu g$ 维生素 B_{12}，可使维生素 B_{12} 缺乏的母鸡所产蛋的孵化率在 1 周之内约从 15% 提高到 80%。将结晶维生素 B_{12} 注入缺乏维生素 B_{12} 的种蛋内，孵化率及初雏的生长率均有所提高。对缺钴地区的牧地，应适当施用钴肥。

子任务五　维生素 D 缺乏症的诊治

任务资讯

1. 了解概况

维生素 D 缺乏症是指由于机体维生素 D 摄入或生成不足而引起的钙、磷吸收和代谢障碍，以食欲缺乏，生长阻滞，骨骼病变，幼年动物发生佝偻病，成年动物发生骨软病和纤维性骨营养不良为主要临床特征的一种营养代谢病。各种动物均可发生，但幼年动物较多发。

维生素 D（钙化醇）是一族具有抗佝偻病活性的脂溶性类固醇衍生物，其中主要以维生素 D_2 和维生素 D_3 对动物具有营养意义，但维生素 D_2 的活性低，仅为维生素 D_3 的 $1/30\sim1/20$，维生素 D_4 和维生素 D_5 天然存在于某些鱼油中。动物维生素 D 主要来源于内源性维生素 D（维生素 D_3）和外源性维生素 D（维生素 D_2）。

2. 认知病因

动物长期舍饲，皮肤缺乏太阳紫外线照射，同时饲料中形成维生素 D 的前体物质缺乏，是引起动物机体维生素 D 缺乏的根本原因。

（1）饲料维生素 D 缺乏　生长期植物的死叶或收割的草料在阳光照射下能产生一种具有抗佝偻病潜力的麦角钙化醇，即维生素 D_2；在动物性饲料中以鱼肝油含维生素 D_3 最丰富，其次牛奶、动物肝脏及蛋黄中较多。如果饲料中维生素 D 的添加量不足，或长期饲喂幼嫩青草或未被阳光照射而风干的青草，或长期饲喂缺乏维生素 D_3 的饲料，如动物常用的鱼粉、血粉、谷物、油饼、糠麸等饲料中维生素 D 的含量很少，则易发生维生素 D 缺乏症。

（2）缺乏紫外线照射　阳光不足，如多云的天空、烟雾萦绕的大气和漫长的冬季都会导致紫外线照射的缺乏；黑皮肤的动物（猪和某些品种的牛）、毛皮较厚的动物（绵羊）、快速生长的动物和长期舍饲的动物受光照不足的影响最大，体内合成维生素 D_3 不足，可发生维生素 D 缺乏症。家禽腿和脚爪皮肤所含的维生素 D_3 是身体皮肤含量的 8 倍，因此，家禽具有抗佝偻病作用的仅是维生素 D_3。

（3）维生素 D 拮抗因子的存在　饲料中维生素 A 或胡萝卜素含量过多如过多青绿饲料等，可干扰和阻碍维生素 D 的吸收；如果将维生素 D 与贝壳粉、干乳清、干脱脂乳或矿物质混合，1 个月内维生素 D 就丧失其部分功效；在含 90% 鱼肝油的米糠里加入 0.5% 的硫酸锰，能使维生素 A 和维生素 D 都遭受破坏；氯化钠、碳酸钙与维生素 D 混合作为补充饲料，贮藏 3 周后，大部分维生素 D 被破坏。试验性过量使用维生素 A，即使饲料中钙、磷和维生素 D 含量正常，却明显地导致了犊牛骨骼生长迟缓；在饲料中过量添加其他维生素时，也可产生同样临床症状。

（4）钙磷比例失调　钙磷最适比例为 (1~2):1，禽为 2:1，产蛋期为 (5~6):1。当饲料中钙磷比例不适宜，如钙过量或磷不足，或脂肪酸和草酸含量过多，或饲料中锰、锌、铁等矿物质过高，可抑制钙的吸收，则机体要增加对维生素 D 的需要量，即便是轻微的维生素 D 缺乏，也可导致严重的维生素 D 缺乏症发生；当钙磷比例正常，同样轻微的维生素 D 缺乏则不发病。

（5）母源性维生素 D 缺乏　母源性 1,25-二羟钙化醇水平决定新生畜维生素 D 的代谢水平，胎儿胎盘才能维持较高的血浆钙或磷水平。因此，当母源性缺乏维生素 D，则仔畜会发生先天性维生素 D 缺乏症。

（6）胃肠道疾病　维生素 D 在小肠存在有胆汁和脂肪时方能被吸收，吸收后以脂肪酸酯的形式贮存于脂肪组织和肌肉，或运至肝脏进行转化。如果长期胃肠功能紊乱，消化吸收功能障碍可影响脂溶性维生素 D 的吸收，造成维生素 D 缺乏症。

（7）肝、肾疾病　维生素 D 本身并不具备生物活性，必须经过肝脏转变成为 25-羟胆钙化醇（25-羟维生素 D_3），再在肾脏皮质转变成 1,25-二羟胆钙化醇（1,25-二羟维生素 D_3），才能发挥其对钙磷代谢的调节作用。因此，当动物患有肝、肾疾病时，维生素 D_3 羟化作用受到影响，导致钙磷吸收降低，骨骼矿化下降，矿物质从肾脏中过量丢失。

（8）维生素 D 的需要量增加　幼年动物生长发育阶段，母畜妊娠、泌乳阶段，蛋鸡产蛋高峰等，均可增加维生素 D 的需要量，若补充不足，容易导致维生素 D 缺乏。

3. 识别症状

病程一般缓慢，经 1~3 个月才出现明显症状。

（1）幼年动物　幼年动物表现为佝偻病的症状。病初表现为发育迟滞，精神不振，消化不良，消瘦，严重异食，喜卧而不愿站立，强行站立时肢体交叉，弯腕或向外展开，跛行，甚至呻吟痛苦；在仔猪尚有嗜睡，步态蹒跚，突然卧地和短时间的痉挛等神经症状。随着病情的发展，管骨和扁平骨逐渐变形、关节肿胀、骨端粗厚，尤以肋骨和肋软骨的连接处明显，出现佝偻性念珠状物。骨膨隆部初有痛感。四肢管骨由于松软而负重，致使两前肢腕关节向外侧凸出而呈内弧圈状弯曲（"O"形）或两后肢跗关节内收而呈"八"字形分开（"X"形）的站立姿势，以前肢显著。在仔猪和犊牛还可见到以腕关节着地爬行。牙齿排列不整、松动，齿质不坚而易磨损或折断，尤以下颌骨明显，胸廓扁平狭窄。喙软，四肢弯曲易折。继续发展，可引起营养不良，贫血，甚至危及生命。

（2）成年动物　成年动物表现为骨软病的症状。初期表现为消化紊乱，异嗜，消瘦，被毛粗乱无光；继之出现跛行，运步强拘，运步时后肢松弛无力，步态拖拉，脊柱上凸或腰荐处下凹，腰腿僵硬，或四肢交替站立，四肢集于腹下，肢蹄着地小心，后肢呈"X"形，肘外展，肩关节、跗关节疼痛，喜卧，不愿起立；肋骨与肋软骨结合处肿胀，尾椎弯软，椎体萎缩，最后几个椎体消失，易骨折，额骨穿刺呈阳性，肌腱附着部易被撕脱。

（3）雏禽　雏禽最早在 10 日龄时出现明显的症状，通常在 2～3 周龄发病。除了生长迟缓、羽毛生长不良外，主要呈现以骨骼极度软弱为特征的佝偻病。其喙、腿骨与爪变软易

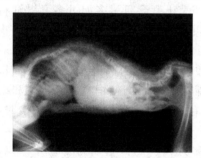

图 7-1　犬佝偻病 X 射线影像

曲，变脆易骨折，肋骨也变软，脊椎骨与肋骨连接处肿大，两腿无力，行走不稳或不能站立，躯体向两边摇摆，不稳定地移行几步后即以跗关节蹲伏。

（4）产蛋禽　产蛋母禽往往在缺乏维生素 D 2～3 个月才开始出现症状。主要表现为产薄壳蛋和软壳蛋的数量显著地增多，随后产蛋量明显减少，孵化率同时也明显下降。病重母禽表现出"企鹅型"蹲着的特别姿势，禽的喙、爪和龙骨渐变软，胸骨常弯曲；肋骨与脊椎骨接合部向内凹陷，产生肋骨沿胸廓呈内向弧形的特征。

X 射线检查时，骨化中心出现较晚，骨化中心与骺线间距离加宽，骨骺线模糊不清呈毛刷状，纹理不清，骨干末端凹陷或呈杯状，骨干内有许多分散不齐的钙化区，骨质疏松等，见图 7-1。

任 务 实 施

1. 诊断

根据动物年龄、饲养管理条件、病史和临床症状，可以作出初步诊断。测定血清钙磷水平、碱性磷酸酶活性、维生素 D 及其活性代谢产物的含量，结合骨的 X 射线检查结果可以达到早期确诊或监测预防的目的。

2. 治疗

治疗原则是消除病因，调整日粮组成，加强饲养管理，给予药物治疗的综合性防治措施。

（1）查明病因，增加富含维生素 D 的饲料，增加患病动物的舍外运动及阳光照射时间，积极治疗原发病。

（2）药物治疗　内服鱼肝油，马、牛 20～40ml，猪、羊 10～20ml，驹、犊 5～10ml，仔猪、羔羊 1～3ml，禽 0.5～1ml。维生素 AD 注射液，马、牛 5～10ml，猪、羊、驹、犊 2～4ml，仔猪、羔羊 0.5～1ml，肌内注射，或按 2.75g/kg 体重剂量一次性肌内注射，可维持动物 3～6 个月内不至于引起维生素 D 缺乏。维丁胶性钙注射液，牛、马 2 万～8 万 U，

猪、羊 0.5 万~2 万 U，肌内注射。维生素 D_3 注射液，成畜 1500~3000U/kg 体重，幼畜 1000~1500U/kg 体重。

（3）幼禽和青年禽增加日粮中骨粉或脱氟磷酸氢钙的量，使其量比正常增加 0.5~1 倍，且比例合适，并增加维生素 A、维生素 D、维生素 C 等复合维生素的量，连续饲喂 2 周以上。有条件的多晒太阳。对产蛋禽还得增加石粉等钙质。对腿软站立困难，尚无骨骼变形者，在以上日粮的基础上，可肌内注射维生素 D_3 或维生素 AD 注射液。若日粮中钙多磷少，则在补钙的同时要重点补磷，以磷酸氢钙、过磷酸钙等较为适宜。若日粮中磷多钙少，则主要补钙。最适钙、磷、维生素 D 比为雏鸡 0.6：0.9：0.55，产蛋鸡为（3.0~3.5）：0.40：0.45，幼禽能照射 15~50min/d 日光就完全可防止佝偻病的发生。

（4）注意不可长期大剂量使用维生素 D，在生产实践中要根据动物种类、年龄及发病的实际情况灵活掌握维生素 D 用量及时间，以免造成中毒；另外，当机体已经处于维生素 A 过多或中毒状态时，不能使用维生素 AD 制剂，应使用单独的维生素 D 制剂。

3. 预防

以预防为主，对舍饲动物，首先保证有足够的日光照射，或定期用紫外线灯照射（距离 1~1.5m，照射时间为 5~15min）。其次保证日粮中钙、磷的供给量，调整好钙、磷的比例，并饲喂富含维生素 D 的饲草、饲料。

子任务六　硒和维生素 E 缺乏症的诊治

任 务 资 讯

1. 了解概况

硒和维生素 E 缺乏症是因硒、维生素 E 缺乏而使机体的抗氧化功能障碍，从而导致骨骼肌、心肌、肝脏、血液、脑、胰腺的病变和生长发育、繁殖等功能障碍的综合征。临床上以白肌病、鸡脑软化症、黄脂病、仔猪肝营养不良、"桑葚心"和小鸡渗出性素质为特征。

2. 认知病因

病因十分复杂，许多问题尚未解决，就现有资料来看，与下列因素有关。

（1）土壤缺硒

① 与土壤中硒化物形态有关。土壤中的硒多为元素硒或以黄铁矿硒、硒化物、亚硒酸盐、硒酸盐和有机硒化合物形式存在，其中可溶性硒，主要以亚硒酸盐的形态存在，因此，某一地区土壤中可溶性硒含量的多少，影响植物中的硒的含量。

② 与土壤酸碱度有关。碱性土壤中元素硒和硒金属能缓慢的转化为可溶性的亚硒酸盐和硒酸盐被植物利用，酸性土壤中很难进行这种转化。

③ 与土壤干湿度有关。土壤中含水量多、人工灌溉、多雨季节等，由于硒经淋洗流失，可导致植物缺硒。

（2）饲料种类单纯　长期单一喂给缺硒和维生素 E 的饲料（如玉米）或缺乏青绿饲料，饲料中蛋白质尤其是含硫氨基酸不足，维生素 A、B 族维生素、维生素 C 缺乏等，可造成硒的缺乏。

（3）饲料保管不善　收割后谷物干燥时间过长、青草贮存时间过长、饲料霉败等可造成维生素 E 的缺乏。

（4）饲料配合不当　制颗粒饲料时，混合无机物以及脂肪的增加使维生素 E 氧化作用加强，可造成维生素 E 的缺乏。

（5）气候寒冷　如霜期长、日照短、年平均气温低等可影响植物中维生素 E 的含量。

(6) 某些元素过量 饲料、饮水中铁、锰等金属离子含量增加，影响硒的利用，也可促进本病的发生。由于工业的发展，煤炭等燃料燃烧后有大量的硫散落在土壤中，从而引起硫、硒比例的失调（硫为硒的拮抗物），使硒缺乏。

3. 识别症状

(1) 白肌病 白肌病是硒、维生素 E 缺乏所致幼畜的一种以骨骼肌、心肌纤维、肝组织等发生变性、坏死为主要特征的疾病，因病变部位肌肉色淡、苍白而得名。多发于羔羊、犊牛、驹、仔猪、幼禽。急性患畜常未出现特征性的症状就突然死亡，或在驱赶、奔跑、跳蹦中突然跌倒，很快死亡。一般患畜以机体衰弱，心力衰竭（心跳快而弱，心律不齐，有杂音），运动障碍，呼吸困难，消化功能紊乱为特征。

白肌病在剖检时的主要病变是骨骼肌、心肌、肝脏、肾、脑等部位色淡似煮肉样，质软易脆，横断面呈灰白色斑纹的病理变化。

(2) 鸡脑软化症 鸡脑软化症是维生素 E 缺乏所致的雏鸡以小脑软化为主要病变，以共济失调为主要临床症状的疾病。多发于 2～7 周龄的雏鸡。雏鸡发育不良，特有症状为运动障碍，共济失调，头向上或向下弯曲，角弓反张。

剖检时可见小脑发生软化、肿胀、出血、坏死。镜检可见软脑膜血管、颗粒层、分子层的毛细血管以及小脑中央白质区充血。

(3) 黄脂病 黄脂病是指使用大量不饱和脂肪和酸败脂肪饲喂动物，维生素 E 供给不足，使机体脂肪组织变为黄色、淡褐色的疾病。多发于猪、毛皮兽、兔。一般出现食欲缺乏，精神倦怠，被毛粗乱，腹腔积液，低血色素性贫血，继而呼吸困难，后躯麻痹，不能起立，最后阵发性痉挛而死亡。

剖检可见尸僵不全，皮下水肿并呈胶冻样浸润，腹腔积液，皮下脂肪和体脂呈不同程度的黄色，肝呈黄褐色，肾呈灰红色，其横断面呈淡绿色，淋巴结水肿、出血，脂肪有鱼臭或其他臭味儿。

(4) 仔猪肝营养不良与"桑葚心" 这是猪硒与维生素 E 缺乏最常见的症状之一。仔猪肝营养不良多见于 21 天至 4 月龄仔猪，仔猪发病急，往往无症状死亡；慢性者，出现呼吸困难、黏膜发绀、贫血、消化不良、腹泻等。冬末春初易发，死亡率高。"桑葚心"猪外表健康，几分钟后搐搦，大声嚎叫而死，皮肤可出现紫红色斑点。

剖检肝脏呈现红褐色正常小叶、红色出血坏死小叶和白色淡黄色缺血性坏死小叶混在一起，形成花肝，表面粗糙不平。心扩张，沿心肌纤维走向发生多发性出血，呈现紫红色外观似桑葚样。

(5) 小鸡渗出性素质 这是饲料缺硒或维生素 E 引起的一种以腹部、翅下、大腿皮下水肿为特征的疾病，以 28～42 天的小鸡多发，又叫小鸡水肿病。临床上主要在胸腹下出现淡蓝色水肿，闭目缩颈，伏卧不动，运动障碍，共济失调，贫血，衰竭死亡。主要见于皮下胶冻样淡绿色渗出物。

(6) 动物的不孕、不育 维生素 E 缺乏还可引起动物的不孕、不育。

● 任 务 实 施 ●

1. 诊断

(1) 白肌病 根据地方缺硒病史、饲料分析、临床特征（骨骼肌功能障碍及心脏功能变化）、尸检肌肉的特殊病变以及用硒制剂防治的良好效果来作出诊断。

(2) 鸡脑软化病 根据饲料分析、共济失调的主要特征及脑软化的病理变化作出诊断。

(3) 黄脂病 根据饲料分析及病理变化作出诊断。

（4）仔猪肝营养不良与"桑葚心" 可根据症状、剖检、饲料含硒及内脏含硒量作出诊断。

（5）小鸡渗出性素质 根据临床症状、剖解变化，不难诊断。

2. 防治

（1）白肌病防治 肌内注射或皮下注射 0.1% 亚硒酸钠液，羔羊、仔猪 $2\sim4$ml，犊牛、驹 $5\sim10$ml，每 $10\sim20$ 天重复用药一次，禽用 10mg／L亚硒酸钠液饮水；维生素E，犊牛、驹肌内注射 $200\sim300$mg，羔羊、仔猪酌减，禽 500IU／只·d。加强对妊娠、哺乳母畜的饲养管理，增加蛋白质饲料和富硒饲料。

（2）鸡脑软化病防治 肌内注射或皮下注射 0.005% 亚硒酸钠液 1ml，维生素E 500IU／只·d。给予富含维生素E的饲料，禁喂发霉变质的饲料和酸败的动物性饲料。

（3）黄脂病防治 补充维生素E，剂量如下：仔猪 50mg，肥育猪 $500\sim700$mg，猫 $30\sim100$mg。调整日粮，除去作为致病因素的不饱和脂肪酸甘油酯，停喂酸败的鱼、肉、牛奶等动物性饲料；给予富含维生素E的饲料。应注意添加维生素E进行防治，需长时间添加方能起作用。

（4）仔猪肝营养不良与桑葚心防治 发病地区可给仔猪肌内注射 0.1% 亚硒酸钠 1ml；饲料硒不足，添加亚硒酸钠，每 100kg 饲料加无水亚硒酸钠 0.022g，相当于硒剂量 0.1mg／kg饲料。母猪产前注射 5mg 硒（0.1% 亚硒酸钠 11ml），维生素E $500\sim1000$IU。

（5）小鸡渗出性素质防治 日粮添加硒 $0.1\sim0.2$mg／kg 饲料，效果良好。

任务三 常量元素代谢障碍性疾病的诊断与治疗

家畜体内除了含有蛋白质、脂肪、糖类以及含C、H、O、N等的有机化合物外，还含有Ca、P、K、Na、Mg、Cl、S、Fe、Cu、Mn、Co、Zn、I、Se、F等矿物质。其中前七种元素在体内较多，称为常量元素；其后的元素，在体内的含量微少，称为微量元素。矿物质在动物体内约占 4%，其中 $5/6$ 存在于骨骼和牙齿中，$1/6$ 分布于毛、蹄、角、肌肉、血细胞、体液、上皮组织和其他软组织中。各种矿物质之间虽不能相互转化或代替，但是有相互间的协同或拮抗作用，畜禽对各种矿物质的需求不仅有一定的数量，还需要一定的比例，同时还与矿物质化合物的种类有关，当一种或几种矿物质发生变化时，就会引起动物的代谢障碍，这种疾病就是矿物质代谢障碍性疾病。

子任务一 佝偻病的诊治

任 务 资 讯

1. 了解概况

佝偻病是生长发育快的幼畜和幼禽由维生素D缺乏及钙、磷代谢障碍所致的骨营养不良。病理特征是成骨细胞钙化不足、持久性软骨细胞肥大及骨骺增大的暂时钙化不全。临床特征是消化紊乱、异嗜癖、跛行及骨骼变形。本病常见于犊牛、羔羊、仔猪和幼犬。

2. 认知病因

（1）日粮维生素D缺乏 幼龄动物体内维生素D主要从母乳中获得，其皮肤产生维生素D很少。断乳后如果饲料中维生素D供应不足，或长期采食未经太阳晒过的饲草，或母乳中维生素D不足，或用代乳品饲喂，或母禽产蛋期维生素D缺乏，导致钙、磷吸收障碍，这时即使饲料中有充足的钙、磷，亦会发生先天性或后天性佝偻病。

（2）光照不足　母畜和幼畜长期舍饲，或漫长的冬季，或毛皮较厚的动物如绵羊等都会发生光照不足，缺乏紫外线照射，皮肤中的 7-脱氢胆固醇不能转变为维生素 D_3，母乳缺乏维生素 D_3，从而导致哺乳幼畜发病。

（3）钙、磷不足或比例不当　饲料中存在任何钙、磷比例不平衡现象［比例高于或低于 $(1\sim2):1$］，就会引起佝偻病的发生。钙、磷比例稍有偏差，只要有充足的维生素 D，也不会发生佝偻病；反之，如果维生素 D 缺乏，钙、磷比例稍有偏差，生长较快的幼畜就会发生佝偻病。犊牛和羔羊的佝偻病往往是由原发性磷缺乏及舍饲中光照不足所引起的。仔猪佝偻病常是由原发性磷过多，而维生素 D 和钙缺乏引起的。

（4）断奶过早或胃肠疾病　当幼畜断奶过早导致消化紊乱或长期腹泻等胃肠疾病时，影响机体对维生素 D 的吸收，从而引起佝偻病。

（5）患慢性肝、肾疾病　动物患慢性肝脏疾病和肾脏疾病时，维生素 D 在肝、肾内羟化转变作用丧失，影响维生素 D 的活化，造成具有生理活性的 1,25-二羟维生素 D_3 缺乏而致病。

（6）维生素 A、维生素 C 缺乏　维生素 A 参与骨骼有机母质中黏多糖的合成，尤其是胚胎发育和幼畜骨骼生长发育所必需的；维生素 C 是羟化酶的辅助因子，促进有机母质的合成。因此，维生素 A、维生素 C 缺乏，会发生动物骨骼畸形。

（7）某些微量元素缺乏或过多　佝偻病的发生还与微量元素铁、铜、锌、锰、碘、硒的缺乏或锶、钡含量过多有关。

（8）内分泌功能障碍　甲状腺、胸腺等功能障碍时，都会影响钙、磷的代谢和维生素 D 的吸收和利用，也可促进佝偻病的发生。

（9）缺乏运动　长期舍饲，缺乏运动，骨骼的钙化作用降低，骨质硬度下降。

3. 识别症状

早期呈现食欲减退，消化不良，精神沉郁，然后出现异嗜癖；病畜卧地，发育停滞，下颌骨增厚和变软，出牙期延长，齿形不规则，齿质钙化不足，排列不整齐，齿面易磨损、不平整；严重时，口腔不能闭合，舌突出，流涎，吃食困难；关节肿大，骨端增大，弓背，长骨畸形，跛行，步态僵硬，甚至卧地不起；四肢骨骼有变形，呈现"O"形腿或"X"形腿，骨质松软，易骨折；肋骨与肋软骨结合处有串珠状肿大。伴有咳嗽、腹泻、呼吸困难、贫血或神经过敏、痉挛、抽搐等。

幼禽可表现为喙变形，易弯曲，俗称"橡皮喙"；胫、跗骨易弯曲，胸骨脊（龙骨）弯曲成 S 状，肋骨与肋软骨结合处及肋骨与胸椎连接处呈球形膨大，排列成串珠状；腿软无力，常以飞节着地，关节增大，严重者瘫痪。

X 射线检查，长骨骨端变为扁平或呈杯状凹陷，骨骺增宽且形状不规则，骨皮质变薄，密度降低，长骨末端呈毛刷状或绒毛样外观。

任 务 实 施

1. 诊断

根据动物的年龄、饲养管理条件、慢性经过、生长迟缓、异嗜癖、运动困难以及牙齿和骨骼的变形等特征，很容易诊断；骨的 X 射线检查及骨的组织学检查，可以帮助确诊。

2. 防治

（1）防治佝偻病的关键是保证机体能够获得充足的维生素 D，可在日粮中按维生素 D 的需要量给予合理补充。各种动物对维生素 D 的正常需要量及治疗量见"维生素 D 缺乏症"。

（2）保证舍饲得到足够的日光照射或在畜舍中安装紫外线灯定时照射，让家畜吃经过太阳晒过的青干草。

（3）日粮应由全价饲料组成，尤其注意钙、磷的平衡问题，维持 Ca：P 为（1～2）：1。可选用维丁胶性钙、葡萄糖酸钙、磷酸二氢钠等，在饲料中添加乳酸钙、磷酸钙、氧化钙、磷酸钠、骨粉、鱼粉等。

（4）有效的治疗是补充维生素 D 制剂，如鱼肝油或浓缩维生素 D 油、维生素 AD 注射液、维生素 D_3 注射液等。

子任务二 骨软病的诊治

任 务 资 讯

1. 了解概况

骨软病是成年家畜当软骨内骨化作用完成后发生的一种骨营养不良。由于饲料中钙或磷缺乏或二者的比例不平衡或维生素 D 缺乏而发生。病理特征是骨质的进行性脱钙，呈现骨质疏松并形成过剩的未钙化的骨基质。临床特征是消化紊乱、异嗜癖、跛行、骨质疏松及骨变形。在反刍动物，主要由于磷缺乏；在猪，主要由于钙缺乏。多发于牛和绵羊，偶见于猪。但猪、山羊、马的骨软病实际上是纤维素性骨营养不良。

2. 认知病因

饲料和饮水中的钙、磷、维生素 D 缺乏或钙磷比例不当是引起本病的主要原因，但动物种类不同，在致病因素上也有一定的差异。

（1）牧草磷缺乏 放牧反刍动物的骨软病通常由于牧草中磷含量不足，导致钙、磷比例不平衡而发生。全球缺磷的土壤远远多于缺钙的土壤，多种植物茎叶中的钙含量高于磷含量，许多牧草的磷含量均较低，大多低于 0.15％。长期干旱，土壤中矿物质尤其是磷不能溶解，植物对磷的吸收利用减少。山地、高地、土壤偏酸、黄黏土、岗岭土地区等因素，均可影响植物的含磷量。

（2）日粮钙缺乏 在饲喂精饲料的育肥牛、高产奶牛及圈养的猪、禽，骨软病一般是由于日粮缺乏钙所致。

（3）钙、磷和维生素 D 缺乏或钙磷比例不当 在成年动物，骨骼中的总矿物质含量约占 26％，其中钙占 38％，磷占 17％，钙与磷的比例约为 2：1，因此要求饲料中的钙与磷的比例要与骨骼中相适应。日粮中钙、磷缺乏、比例不当、维生素 D 缺乏、光照不足等均可导致骨骼钙、磷吸收不良。犬、猫因长期饲喂动物肝脏或肉（其中钙少而磷多）且在室内饲养，缺乏阳光照射，是其发生骨软病的主要原因之一。

（4）钙、磷拮抗因子 有报道认为，牧草中大量的草酸盐是牛缺钙的主要因素；其次，锶等矿物质过多，电解铝厂、钢铁厂、水泥厂等周围的牧草和饮水高氟，对钙的吸收也有拮抗作用；土壤中铁、钙和铝的含量过高，都会影响植物对磷的吸收。

（5）患有慢性肝、肾疾病 动物患有慢性肝脏疾病和肾脏疾病，可影响维生素 D 的活化，使钙、磷的吸收和成骨作用障碍发生钙化不全。奶牛多见此发病原因。

（6）某些微量元素不足 日粮中锌、铜、锰等微量元素不足也会影响骨的形成和代谢。

3. 识别症状

临床病征主要以消化紊乱、异嗜癖、跛行和骨骼系统严重变化等为特征。与佝偻病和马纤维素性骨营养不良基本类似。

首先是消化紊乱，并呈现明显的异嗜癖，之后呈现跛行，关节疼痛、肢体僵直，走路后躯摇摆，经常卧地不愿起立。四肢外形异常，后肢呈"X"形，肘外展，站立时前肢向前伸，后肢向后拉得很远，呈特殊"拉弓射箭"姿势；后蹄壁龟裂，角质变松肿大；肋骨变软，胸廓扁平，弓背、凹腰；尾椎排列移位、变形，重者尾椎骨变软、椎体萎缩，人为卷曲时，病牛无疼痛反应。严重者，最后1～2尾椎骨愈着或椎体被吸收而消失，最后几个椎体消失。

任务实施

1. 诊断

根据日粮组成的矿物质含量和日食的配合方法，饲料来源和地区自然条件，病畜年龄、性别、妊娠和泌乳情况，临床特征和治疗效果，很容易作出诊断。

2. 防治

(1) 早期病例 早期出现异嗜癖时，单纯补充骨粉即可痊愈，牛、羊给予骨粉250g/d，5～7天为一疗程，可以不药而愈。对猪使用鱼粉或杂骨汤也有很好的效果。

(2) 严重病畜 除从饲料中补充骨粉和脱氟磷酸氢钙外，如是高钙低磷饲料引起，则同时配合无机磷酸盐的治疗，如牛用20%磷酸二氢钠溶液300～500ml，或3%次磷酸钙溶液1000ml，静脉注射，1次/d，连用3～5天；如是低钙高磷饲料引起，则静脉注射氯化钙或葡萄糖酸钙。可以配合肌内注射维生素D或维生素AD注射液，或内服鱼肝油。

在发病地区，尤其对妊娠母牛、高产乳牛，重点应放在预防上，如注意饲料搭配、调整钙磷比例和维生素D含量、补饲骨粉等。有条件的实行户外晒太阳和适当运动。

子任务三 蛋禽产蛋疲劳综合征的诊治

任务资讯

1. 了解概况

笼养蛋禽产蛋疲劳综合征是由于笼养产蛋鸡饲料维生素D和钙、磷缺乏或比例失调等因素所致的骨质疏松症（osteoporosis），其临床特征是站立困难、骨骼变形和易发生骨折。本病主要发生于产蛋鸡，产蛋率越高，发病率越大，一般发病率在10%～20%之间。

2. 认知病因

(1) 钙消耗过多 高产蛋鸡的钙代谢率相当高，年产250～300枚蛋需要600～700g的钙，其中60%由消化道吸收，40%来自骨骼。一个产蛋周期所消耗的碳酸钙相当于蛋鸡体重的2倍，这本身就可引起生理性骨质疏松。

(2) 日粮钙、磷缺乏或比例失调 产蛋期日粮中钙磷的正常比例为5:1，过高、过低均可造成钙的摄入不足。用低钙、低磷、低维生素D日粮可实验性复制本病。低钙和维生素D缺乏日粮可引起产蛋严重下降，而低磷仅产生轻度下降。

(3) 日粮维生素D缺乏 可导致钙的吸收和在骨骼中的沉着障碍。

(4) 缺乏运动 高密度笼中饲养，缺乏足够的运动空间，可导致严重的骨质疏松。

(5) 日粮缺乏颗粒石灰石 产蛋期饲料中50%钙要以颗粒（3～5mm）形式供给，可延长钙在消化道内的时间，提高利用率，调节钙的摄入量。如果日粮缺乏好的颗粒石灰石（碳酸钙），易诱发本病。

(6) 消化道疾病 肠道疾病导致维生素A、维生素D和钙、磷的吸收障碍，易发生本病。

3. 识别症状

病鸡两腿无力，喜蹲伏，站立困难，跛行，瘫倒在地，采食、饮水困难，脱水，产蛋严重减少。尸检可见腿、翼和胸骨易骨折，胸骨变形，龙骨突呈"S"状弯曲，肋骨特征性向内弯曲（细小骨骨折所致），肋骨头形成串珠状结节，骨皮质变薄，髓质骨减少，卵巢退化，甲状腺肿大。

任务实施

1. 诊断

根据了解鸡群症状，如两腿无力，喜蹲伏。站立困难、跛行，瘫倒在地、觅食饮水困难、脱水、产蛋严重减少等进行诊断。

2. 防治

产蛋前增加日粮钙的含量，以增强皮质骨和髓质骨的强度。如将病鸡移出笼外，按常规饲养，接受日光照射，辅助运动，注射维丁胶性钙，可于4～7天恢复。产蛋高峰期日粮钙、磷应分别保持在3.5%和0.9%，添加2%～3%植物油和维生素 D_3 1000U/kg 体重。

子任务四　低钾血症的诊治

任务资讯

1. 了解概况

动物因摄入钾不足或从汗液、尿液、粪中丢失钾过多，引起以血清钾浓度下降、全身骨骼肌松弛、异嗜、生产性能降低为特征的疾病称为低钾血症。一般指血钾浓度低于3.5mmol/L，并有细胞内钾的丢失。

钾是细胞内主要的电解质，参与体内渗透压和酸碱平衡的调节，维持细胞的新陈代谢，保持细胞静息膜电位。血液中钾浓度过低或过高均会影响机体的健康。

兽医临床上原发性低血钾症很少，主要继发于生产瘫痪、肠阻塞、顽固性前胃或真胃疾病以及长时间停食或因大量出汗、呕吐、腹泻等情况下的单纯补液之后。有些母牛产后的"卧倒不起综合征"，用钙剂治疗效果不明显，但补钙的同时补钾有较好的疗效。

2. 认知病因

（1）钾摄入不足　因植物性饲料中钾含量丰富，大多数谷物含钾在0.5%以上，牧草钾含量多在1%以上，有的甚至达2%～3%（干物质）。全价日粮中含钾丰富，一般不会缺钾。绵羊饲料钾含量在0.7%以上，肉牛0.6%～0.8%，乳牛0.8%～1.0%（约30g钾），就可满足动物对钾营养的需要。而在生长良好的草地上放牧的牛，每天可从牧草中摄入约500g钾。因此，草食动物一般不发生钾缺乏。但在集约化养殖中，尤其是对高产乳牛或肉牛的育肥期，多以大量精料取代粗纤维，有可能使动物钾摄入减少；泌乳奶牛饲喂含钾0.06%～0.15%的日粮时，即可使其出现严重的钾缺乏症状。犊牛饲喂含钾0.06%的饲料3～4周后可成功诱发实验性低钾血症。用含钾0.1%的饲料饲喂羔羊10天，就可使血钾浓度下降。犬、猫可从日粮中摄入钾40～100mmol/d，当吞咽障碍、长期禁食或摄入钾15～20mmol/d时，经4～7天排尿，钾开始减少，可发生低钾血症。

（2）钾丢失过多　有肾外与肾性丢失两种。肾外丢失指钾从汗腺及胃肠道丢失，见于严重的呕吐、腹泻、高位肠梗阻、长期胃肠引流，或重役、剧烈运动等引起的大量出汗，体内失水过多，给动物补钠的同时未补钾，造成血液中钾浓度下降。此外，当反刍动物患顽固性前胃弛缓、瘤胃积食、真胃阻塞等疾病时，由于大量的液体移向消化道，使血液中 K^+ 转移到胃肠液中，继而被排泄。或当大量胃酸分泌入真胃内，H^+ 和 Cl^- 转移入胃，造成代谢性碱中毒，肾脏为了保 H^+，则以排 K^+ 代之，此时不仅有低钾血症，同时会有低氯血症。

肾性丢失指钾经肾脏丢失，见于醛固酮分泌增加（如慢性心力衰竭、肝硬化、腹腔积液等），肾上腺皮质激素分泌增多（如应激），长期应用糖皮质激素、利尿药、渗透性利尿药

（如高渗葡萄糖溶液），碱中毒和某些肾脏疾病（如急性肾小管坏死的恢复期）等。

（3）钾分布异常　钾从细胞外转移到细胞内，当这一转移使细胞内、外钾浓度发生变化时，就会出现血钾浓度降低。如犬、猫用大量的胰岛素或葡萄糖，促使细胞内糖原合成加强，可引起血钾降低；奶牛生产瘫痪时，由于血钙浓度下降，长时间躺卧，造成局部肌肉缺血性损伤，增加了肌细胞膜的通透性，肌细胞内钾离子流向细胞外。当母牛卧地不起达 6h，血钾浓度降为 4mmol/L，16h 时血钾浓度降为 2～3mmol/L，细胞内钾离子浓度也下降。此外，碱中毒时，细胞内的氢离子进入细胞外，同时伴有钾、钠离子进入细胞内以维持电荷平衡，也能引起血钾降低。当心力衰竭或由于大量输入不含钾的液体，亦可导致细胞外液稀释，使血清钾浓度降低。

3. 识别症状

（1）泌乳奶牛　泌乳奶牛表现为采食量和饮水量明显下降、产奶量减少、体重降低、异嗜癖、被毛失去光泽、皮肤弹性降低、血浆和乳汁中钾含量降低、血细胞内容升高等。疾病发生的速度和严重程度与产奶量有关，产奶量越高（在乳汁中分泌的钾总量越大），则症状出现得越快且越严重。严重时病畜卧地不起、肌肉松软无力，时间长的甚至发生褥疮。但病牛神志清醒，饮欲、食欲与原发病有关。

（2）犊牛　犊牛表现为食欲下降，增重停止，异嗜（如舔毛、啃咬木质栅栏等），精神沉郁。后期虚弱，驱赶时后躯摇晃，运步不协调，血钾浓度从 5.0mmol/L 降为 3.7mmol/L，血清磷浓度明显升高。

（3）羔羊　羔羊表现为采食量减少，渐进性消瘦，异嗜，啃咬甚至拉自己身上的毛。血细胞比容升高，血清钾浓度下降，红细胞内钠浓度增加。

（4）犬　犬表现为精神倦怠，反应迟钝，嗜睡，有时昏迷；食欲缺乏，肠蠕动减弱，有时发生便秘、腹胀或麻痹性肠梗阻，四肢无力，腱反射减弱或消失；出现代谢性碱中毒，心力衰竭，心律紊乱；心电图表现为 T 波低平、双相、倒置、S-T 段下移。低钾血症还可引起低血压、肌无力、肌麻痹和肌痛、尿量增多和肾功能衰竭。严重者出现心室颤动及呼吸肌麻痹。

任务实施

1. 诊断

根据病史，结合临床症状、实验室和心电图检查，进行综合分析。如血清钾浓度低于 3.5mmol/L，可诊断为低钾血症，并伴有代谢性碱中毒和血浆二氧化碳结合力增高。

2. 治疗

治疗原发病，补充钾盐。

$$缺钾量(mmol)＝(正常血钾值－病畜血钾值)×体重(kg)×60\%$$

只要动物可以喝水，可在饮水中添加 1%～2% 的氯化钾，口服钾的毒性很小；亦可静脉注射氯化钾，但静脉注射高钾溶液必须慎重，将计算补充的 10% 氯化钾溶液的 1/3 加入 5% 葡萄糖溶液中（稀释浓度不超过 2.5mg/ml）缓慢静脉注射，以防心脏骤停。细胞内缺钾的病畜恢复较缓慢，对暂时无法制止大量钾丢失的病例，则需每天经口给予氯化钾。奶牛在治疗中应加强护理，经常给动物翻身，增加垫草，防止发生褥疮，使病情恶化。

子任务五　低镁血症的诊治

任务资讯

1. 了解概况

反刍动物低血镁搐搦是反刍动物采食了幼嫩青草或谷苗后而突然发生的一种低镁血症，

临床上以兴奋不安，阵发性、强直性肌肉痉挛，惊厥，呼吸困难为特征，是高度致死性疾病。又称"反刍动物青草搐搦"、"反刍动物青草蹒跚"或"反刍动物麦类牧草中毒"。

本病主要发生于泌乳母牛和母绵羊，犊牛、肉牛、水牛、役用黄牛和山羊也可发生。发病通常出现在早春放牧开始后的前 2 周内，也见于晚秋季节。发病率一般为 1%～3%，最高可达 7%，病死率为 50%～100%。

2. 认知病因

（1）牧草镁含量低　牧草或日粮中镁含量低可造成镁的摄入量不足，幼嫩青草和生长繁茂的牧草比成熟牧草中镁含量低，当牧草或日粮中镁含量低于 0.2%（干物质）时，在饲喂一段时间后，可引起本病的发生。此外，采食燕麦、大麦等谷物的幼苗后也能引起大规模发病。影响牧草或作物含镁量低的因素有：①含镁低的土壤，这些土壤包括花岗岩、片麻岩、红砂岩及第四纪红色黏土发育的红黄壤，质地粗的河流冲积发育的酸性土壤，温暖湿润、高度淋溶的轻质土壤和含钠量高的盐碱土及草甸碱土；②土壤 pH 值太低或太高都影响植物对镁的吸收能力；③大量施用钾肥、石灰（不含镁）、铵态氮肥都会诱发或加重植物缺镁，因为高浓度的 K^+、Ca^{2+} 及 NH_4^+ 都会抑制植物对镁的吸收。

（2）镁的吸收率下降　饲料中镁的吸收率高低直接影响着血镁浓度的高低。成年反刍动物对镁的平均吸收率为：干草 25%～30%、牧草和精饲料 13%～20%、混合饲料 20%～25%、添加硫酸镁的混合饲料 50%～55%。在牧草中，贮存牧草中的镁吸收率比草地牧草高，而幼嫩多汁牧草中的镁吸收率非常低。随着牧草的成熟、镁的吸收率增加，动物机体内 70% 的镁以磷酸镁、碳酸镁的形式沉积在骨骼中，这些镁在机体缺镁时的补偿缓慢。因此，从正常日粮到缺镁日粮的突然转变过程中，仅在 2～18 天内即会导致低血镁搐搦，即使是以前饲喂含镁丰富的日粮，亦会如此，尤其是老年母牛。

（3）镁拮抗因子存在　动物需要的镁主要来自植物，镁在胃中被胃液转化成离子形式，在十二指肠和大肠上段被吸收。在小肠中部分镁被分解后重新生成难溶性镁碳酸盐、磷酸盐和不溶性的脂肪酸镁酯，这些盐难以吸收。因此，饲料中过量的脂肪、钙、植酸、草酸、碳酸根离子都会影响镁在消化道内的吸收。此外，大量使用钾肥的土壤，牧草不仅含镁低，而且含钾高，钾可竞争性地抑制肠道对镁的吸收，并促进体内镁和钙的排泄。当牧草 K/(Ca＋Mg) 摩尔比大于 2.2 时，极易发生低血镁搐搦。

（4）胃肠道疾病　胃肠道疾病如腹泻、胆道疾病也可影响机体对镁的吸收。犊牛常在 2～4 月龄时发病，这主要见于慢性腹泻的犊牛和用含镁量低的代乳品饲喂的犊牛。

（5）镁的重吸收降低　甲状旁腺功能降低或甲状腺功能亢进，都可使肾小管对镁的重吸收降低，造成血浆镁浓度降低，可促进本病的发生。

（6）诱因　在寒冷、潮湿、风沙、阳光少等恶劣气候条件下，易诱发本病。

3. 识别症状

由于动物种类不同，临床表现有一定差异。

（1）乳牛、肉牛和黄牛　根据病程将低血镁搐搦分为最急性型、急性型、亚急性型和慢性型。

① 最急性型。无明显的临床表现而突然死亡。

② 急性型。病牛突然停止采食，兴奋不安，耳朵煽动，甩头，哞叫，肌肉震颤，在草地放牧的牛还会出现疾走或狂奔。行走时，步态蹒跚，最终跌倒，四肢强直，继而呈现阵发性惊厥（搐搦）。惊厥期间，病牛竖耳，牙关紧闭，口吐白沫，眼球震颤，瞳孔散大，瞬膜外露，全身肌肉收缩强而快。病牛体温升高，呼吸急促，脉率增快，心悸，心音增强，甚至在 1m 外都能听到亢进的心音。这种类型的病牛常常来不及救治，多在 1h 内死亡。

③ 亚急性型。病程3～5天，病牛食欲减退或废绝，泌乳牛的产奶量下降，病牛常常保持站立姿势，频频眨眼，对响声敏感。行走时步样强拘或呈高跨步，肌肉震颤，后肢和尾轻度僵直。当受到强烈刺激或用针刺病牛时，可引起惊厥。

④ 慢性型。牛呆滞，反应迟钝，食欲减退，瘤胃蠕动减弱，泌乳牛的奶产量处于低水平。经数周后，病牛出现步态跟跄，上唇、腹部及四肢肌肉震颤，感觉过敏。后期则感觉消失，瘫痪。

（2）犊牛　病初不断煽动耳朵，摇头，头向后仰或低垂。对各种刺激十分敏感，当人接近或抚摸犊牛时，出现眼睑颤动，并呈惊恐状。随病情增重，病牛流涎，四肢强直，跌倒，呈现惊厥。

（3）水牛　急性表现兴奋不安，流涎，狂躁，疾走或奔跑；行走时步态蹒跚，跌倒后呈现惊厥。亚急性病例卧地不起，四肢肌肉震颤，颈部呈"S"状弯曲。

（4）绵羊　食欲减退，流涎，步态蹒跚。继而四肢和尾僵直，倒地，频频出现惊厥。在惊厥期，病羊流涎，牙关紧闭，全身肌肉收缩强烈，四肢划动，瞳孔散大，头向一侧或向后方弯曲呈"S"状。体温38.5～40.0℃，呼吸急促，脉率增快。当受到强烈刺激时，病羊呈现"角弓反张"。病程一般为3～25天。

（5）山羊　病羊表现不安，离群，颈部、背部和四肢肌肉震颤，继而四肢强直，跌倒于地。倒地后四肢划动，呼吸急促，脉率增快，并反复出现惊厥。

任务实施

1. 诊断

根据病史和突然发病、兴奋不安、运动不协调、敏感、搐搦等临床症状，以及血清镁、钙和钾浓度的测定，健康牛血清镁浓度为0.70～1.23mmol/L；亚临床低镁血症时，牛血清镁浓度为0.41～0.82mmol/L；出现临床症状时，牛血清镁浓度低于0.33mmol/L、羊低于0.16mmol/L；出现明显临床症状时，牛血清镁浓度低于0.21mmol/L。血清钙浓度低于2.0mmol/L，血清钙与血清镁的比例由正常的5.6提高至12.1～17.3，这是由于血镁下降的幅度大于血钙。此外，血清钾浓度升高，超过4.4mmol/L，可作出诊断。但在兽医临床上应与狂犬病、破伤风、急性肌肉风湿、酮病和生产瘫痪等疾病进行鉴别。

2. 治疗

钙、镁制剂同时应用对反刍动物低血镁搐搦具有良好的治疗效果。临床上常用硼葡萄糖酸钙250g、硫酸镁50g，加蒸馏水至1000ml，制成注射液，牛400～800ml、羊50～80ml，静脉注射或皮下注射，也可做腹腔注射。或者先皮下注射25%硫酸镁溶液，牛400～500ml、犊牛100～150ml、羊50～100ml；然后静脉注射25%硼葡萄糖酸钙溶液（或10%葡萄糖酸钙溶液），牛500～1000ml、羊50～80ml。若无硼葡萄糖酸钙和葡萄糖酸钙时，牛可静脉注射10%葡萄糖溶液500ml与5%氯化钙溶液100～200ml（羊可注射其混合液50～100ml）。同时内服氧化镁，牛50～100g/d、羊10～20g/d，连续1周，然后逐渐减量停服。静脉注射上述药品时，应缓慢注射并监测心率和呼吸频率，如两者过快时，应停止注射，待慢下来后再继续治疗，否则在治疗中常因心脏停止搏动而导致治疗失败。此外，还可用30%硫酸镁溶液进行灌肠，牛200～400ml、羊50～100ml。当病畜兴奋不安、狂躁时，可先应用镇静药物（如氯丙嗪等），使动物安静后，再应用其他药物进行治疗。

对于同群的其他未出现临床症状的动物，应尽快补给氧化镁或硫酸镁，牛50～100g/d、羊10～20g/d，持续1～2周。

3. 预防

注意日粮配合，使日粮干物质中镁含量不少于0.2%。在缺镁土壤中施加镁肥如硫酸镁

（150～300kg/hm²），以提高牧草或作物的含镁量。也可在放牧前用1%～2%硫酸镁液喷洒牧草（35kg/hm²），隔10天喷洒1次。在使用钾肥时，应注意与镁肥的配合使用，使有效K/Mg之比以维持在（2～3）：1为宜。放牧于幼嫩青草牧地的牛、羊，在出牧前应给予一定量的干草。过冬的畜群应注意防寒、防风，应补给优质的干草。

任务四　微量元素代谢障碍性疾病的诊断与治疗

微量元素和动物体内的酶、激素、维生素及其他生物活性物质的作用有密切联系，且在机体生命活动中起着非常重要的作用。Zn是碳酸酐酶、尿酸酶、碱性磷酸酶等酶的组成成分，且与胰岛素的关系密切；Mn存在于一系列氧化酶中；I是甲状腺素的成分；Se是谷胱甘肽过氧化物酶的活性中心元素等。

当微量元素缺乏或过剩时，可引起一系列代谢紊乱、生长发育受阻、生殖功能障碍、生产性能和产品质量下降、对疾病的抵抗力降低，甚至发生严重的群发病而造成畜禽大批死亡。

子任务一　铁缺乏症的诊治

任 务 资 讯

1. 了解概况

铁缺乏症是由于饲（草）料中铁含量不足或机体铁摄入量减少，引起动物以贫血和生长受阻为主要特征的一种营养代谢性疾病。可发生于各种动物，常见于仔猪、犊牛、羔羊、鸡等。

2. 认知病因

原发性铁缺乏主要见于新生幼畜，由于对铁的需要量大，但铁贮存少，一般幼畜肝脏贮存的铁仅在2～3周内能维持血液的正常生成，并且乳汁中铁含量甚微而不能满足机体的需要，故在铁补充不足的情况下极易发病。另外，日粮中铜、钴、锰、蛋白质、叶酸、维生素B_{12}缺乏可诱发本病。

仔猪缺铁性贫血多发生于以母乳为惟一食物来源的仔猪，在冬、春季节发病率较高。仔猪多在出生后8～10天开始发病，7～21日龄发病率最高。在集约化养猪场发病率达30%～50%，有的甚至高达90%，死亡率15%～20%。肝脏内铁贮备不足，长得越快，铁贮消耗越快，发病也越快。黑毛仔猪更易患缺铁性贫血。把碳酸钙加进断乳和肥育猪的饲料中，可人工诱发仔猪缺铁性贫血，一般呈中等程度贫血，但对成年猪似乎不明显。缺铁性贫血亦可发生在年龄较大的猪，主要是猪饲料中铜含量过高。日粮中高浓度的铜，可诱发低血色素小细胞性贫血，其原因可能是因铜过多而妨碍了铁的吸收。用大量棉籽饼或尿素作蛋白质补充物，又未补充铁，即可引起继发性缺铁。

家禽饲料铁降为15mg/kg干料或更少时可诱发实验性缺铁性贫血。家禽极少发生缺铁性贫血，鸡饲料中无需添加铁，只有当饲喂大量棉籽饼时，由于游离棉酚与铁的作用，影响铁的吸收，才应补充适量的铁。

继发性铁缺乏多见于成年动物，如吸血性内外寄生虫、某些慢性传染病、慢性出血性和溶血性疾病等，使铁的消耗过多而发生铁缺乏。犬、猫则多因感染了钩虫或因消化道对铁吸收不足而引起。羔羊和犊牛常见于大量吸血性寄生虫侵袭，或仅用乳类或乳制品饲喂，而不给其他含铁饲料的情况。

3. 识别症状

动物缺铁时的共同症状为易疲劳，懒于运动，稍运动后则喘息不止，可视黏膜色淡以至苍白，饮食欲减少。幼畜生长停滞，对传染性疾病的抵抗力下降，易感染，易死亡。

仔猪发病后主要表现生长速度明显减慢，采食减少，腹泻，但粪便颜色正常。因贫血、缺氧而呼吸困难，黏膜色淡，精神委靡，严重者死亡。剖检变化为皮肤黏膜苍白，血液稀薄，全身轻度或中度水肿；肝脏肿大，呈淡黄色；肌肉苍白，心脏扩张，心肌松弛；脾脏肿大，肾脏实质变性，肺水肿。

犬、猫随体重增加，血细胞比容降为 $25\% \sim 30\%$，表现为低色素小细胞性贫血，红细胞大小不均，骨髓早幼红细胞和中幼红细胞明显增多，而多染性红细胞等晚幼红细胞下降，网织红细胞消失。

任 务 实 施

1. 诊断

根据临床症状和血液学检查进行诊断。

2. 治疗

主要是补充铁制剂。仔猪可肌内注射铁制剂，用右旋糖酐铁 2ml（含铁 50mg/ml），深部肌内注射，一般一次即可，必要时隔周再注射 1 次；或葡萄糖铁钴注射液，2 周龄内深部肌内注射 2ml，重症者隔两天重复注射 1 次，并配合应用叶酸、维生素 B_{12} 等；或后肢深部肌内注射血多素（含铁 200mg）1ml。也可用硫酸亚铁 2.5g、氯化钴 2.5g、硫酸铜 1g、常水加至 $500 \sim 1000ml$，混合后用纱布过滤，涂在母猪乳头上，或混于饮水中或掺入代乳料中，让仔猪自饮、自食，对大群猪场较适用。或用硫酸亚铁 2.5g、硫酸铜 1g、常水加至 100ml，按 0.25ml/kg 体重经口给予，1 次/d，连用 $7 \sim 14$ 天；或给予 1.8% 的硫酸亚铁 4ml/d；或正磷酸铁，每日灌服 300mg，连用 $1 \sim 2$ 周；或还原铁每次灌服 $0.5 \sim 1g$，每周 1 次。

3. 预防

加强妊娠母畜的饲养管理，给予富含蛋白质、矿物质和维生素的全价饲料，保证母畜充分的运动。仔畜出生后 $3 \sim 5$ 天即开始补喂铁剂。补铁的方法有以下几种。①改善仔畜饲养管理。让仔畜接触垫草或泥土等，以便使它们有机会获得外源性铁，或经常用含铁溶液喷洒圈舍地面、垫草等都可预防初生仔畜贫血。此工作延续到断奶以后。②经口给予含铁制剂。每天给仔猪灌喂 1.8% 的硫酸亚铁 4.0ml，亦可在出生后第 4 天给予 400mg 铁，可起到良好的预防作用。另外，有人提出用硫酸亚铁溶液（硫酸亚铁 450g，硫酸铜 75g，葡萄糖 450g，水 2L），每日涂擦于母猪的奶头上，然后给仔猪饮服，有一定预防作用。但此法容易沾污、感染，并引发乳房炎症。③肌内注射铁制剂。肌内注射右旋糖酐铁 100mg，效果较好。犊牛每天 30mg 铁，就能预防铁缺乏症。

子任务二 锰缺乏症的诊治

任 务 资 讯

1. 了解概况

锰缺乏症是饲料中锰元素缺乏导致机体的一系列代谢功能紊乱，临床上以骨短粗和繁殖功能障碍为特征的疾病。多见于鸡的骨短粗病和滑腱病。自 1931 年发现锰是畜禽日粮组成所必需的微量元素以来，锰对动物机体的营养作用日益为人们所重视。锰在骨、肝、肾及胰腺中含量最高，肌肉中最低，骨骼含锰量约占体内总量的 1/4，不同动物可达 $3 \sim 12mg/kg$

体重。组织中锰含量直接与饲料锰有关，增加饲料锰可使肝锰显著上升；血液中的锰，红细胞含量高，血清含量低。母鸡在产蛋期可使血锰显著增加。

2. 认知病因

（1）日粮锰缺乏　本病发生的主要病因是土壤和牧草锰缺乏，砂土和泥炭土含锰贫乏。我国缺锰土壤主要分布在北方质地较松的石灰性土壤地区，碱性土壤中锰离子以高价状态存在，植物对锰的吸收和利用降低。土壤锰含量低于 3mg/kg，饲料锰低于 20mg/kg，即为缺锰。玉米和大麦含锰量最低，小麦、燕麦则比其高 3～5 倍，而糠和麸皮则比玉米、小麦高 10～20 倍。

（2）饲料钙、磷、铁以及植酸盐含量过多　锰缺乏也可能是由于机体对锰的吸收发生障碍所致。饲料中钙、磷、铁以及植酸盐含量过多，可影响机体对锰的吸收、利用。高磷酸钙的日粮会加重锰的缺乏，乃是由于锰被固体的矿物质吸附而造成可溶性锰减少所致。如饲喂含钙 3%、磷 1.6% 和锰 37mg/kg 饲料的雏鸡，有骨短粗症的发生；如果钙含量为 1.2%，磷为 0.9%，则不发病。

（3）饲料胆碱、烟酸和生物素缺乏　本病的发生与饲料中胆碱、烟酸、生物素和维生素 D、维生素 B_2、维生素 B_{12} 等缺乏有关，尤其是胆碱缺乏时，使机体对锰的需要量增加，最易发生滑腱症。

（4）患胃肠道疾病　家禽患球虫病等胃肠道疾病时，也妨碍对锰的吸收、利用。

（5）对锰的需要量增加　一般家禽日粮中含锰需要量为 55mg/kg。不同种、品种的家禽对锰的需要量也有较大的差异，重型品种比轻型的需要量要多。禽类对锰的需要量高，但对其吸收利用率却低，最易发生缺乏症。母鸡在产蛋期可使血锰显著增加；胆碱缺乏时，使机体对锰的需要量增加。

（6）密集笼养　笼养的密集条件等也是本病发生的诱因。

3. 识别症状

缺锰动物主要表现为生长发育受阻，骨骼畸形，繁殖功能障碍，新生动物运动失调以及脂类和糖代谢扰乱等症状。

（1）骨骼畸形　病畜表现为跛足、短腿、弯腿以及关节延长等症状，骨骼生长迟缓，前肢短粗且弯曲；禽类，特别是出生后 2～6 周的雏鸡，由于缺锰在 2～10 周期间出现骨短粗症（perosis）或滑腱症（slipped tendon）。可见单侧或双侧跗关节以下肢体扭转，向外屈曲，胫跗关节增大、变形，胫骨下端和跗骨上端弯曲扭转，使腓肠肌腱从跗关节的骨槽中滑出而偏斜呈现脱腱症状。两肢同时患病者，站立时呈 "O" 形或 "X" 形，患病者一肢着地另一肢显短而悬起。病禽腿部变弯曲或扭曲，腿关节扁平而无法支持体重，将身体压在跗关节上。严重病例跗关节着地移动或麻痹卧地不起，多因不能行动无法采食而饿死。种母鸡的主要表现是受精蛋孵化率下降，鸡胚大多数在孵至 19～21 天快要出壳时死亡。胚胎躯体短小，骨骼发育不良，翅短，腿短而粗，头呈圆球样，喙短弯呈特征性的 "鹦鹉嘴"，此鸡胚为短肢性营养不良症。刚孵出的雏鸡出现神经症状，如共济失调，观星姿势。

（2）繁殖功能障碍　母牛、山羊发情期延长，不易受胎，早期发生原因不明的隐性流产、死胎和不育。

（3）新生动物运动失调　缺锰地区犊牛发生麻痹者较多，主要表现为哞叫，肌肉震颤，关节麻痹，运动明显障碍。

任务实施

1. 诊断

畜禽缺锰主要根据病史和临床症状进行诊断。如有怀疑时，可对饲料、动物器官组织的锰含量进行测定，有助于确诊。

2. 防治

（1）改善饲养，给予富锰饲料　一般说青绿饲料和块根饲料对锰缺乏症有良好的预防作用，此外，精饲料如小麦、糠麸等均含有较丰富的锰。如糠麸含锰量可达 300mg/kg 米糠，用此调整日粮也有良好的预防作用。如饲料中钙、磷含量高者，应降低其含量，并向饲料中增补 0.1%～0.2%的氯化胆碱，适当增加复合维生素的量。

（2）早期防治　本病应早期防治，对锰缺乏地区的牛和羊每日经口给予硫酸锰 2g 和 0.5g 有明显效果。也可将硫酸锰制成舔砖（锰 6g/kg 盐砖），让动物自由舔食。牛日粮中仅需锰 20mg/kg。

已出现明显的滑腱症和骨短粗症的病禽已无治疗价值。对出现症状的鸡群，雏鸡可于 100kg 饲料中添加 12～24g 硫酸锰，成年鸡日粮中至少供给锰 40mg/kg，高产母鸡 60mg/kg 左右，才可防止锰缺乏症。或用 1∶20000 高锰酸钾溶液作饮水，每日更换 2～3 次，连用 2 天，停药品 2～3 天，再用 2 天，猪的预防用量较小，一般只需锰 25～30mg/kg。

注意补锰时防止中毒，高浓度的锰可降低血红蛋白和血细胞比容以及肝脏铁离子的水平，导致贫血，影响雏鸡的生长发育。过量的锰对钙和磷的利用有不良影响。

子任务三　铜缺乏症的诊治

任 务 资 讯

1. 了解概况

铜缺乏症是由于机体缺铜所引起的羽毛发育、造血功能、骨骼发育、生殖功能和中枢神经发生异常的一种营养代谢病。临床上以贫血、腹泻、骨关节异常、被毛受损和共济失调为特征。多发生于牛、绵羊和山羊，其他畜禽也可发生。

2. 认知病因

（1）饲料缺铜　主要原因是土壤含铜量的不足或缺乏，导致在该土壤上生长的植物含铜量不足，使动物发生缺铜症状。一类土壤是缺乏有机质和高度风化的砂土，如沿海平原、海边和河流的淤泥地带，这类土壤不仅缺铜，还缺钴；另一类土壤是沼泽地带的泥炭土和腐殖土等有机质土，这类土壤中的铜多以有机络合物的形式存在，不能被植物吸收。一般认为，饲料含铜量低于 3mg/kg，可以引起发病；3～5mg/kg 为临界值，8～11mg/kg 为正常值。

（2）钼拮抗铜　饲料中过多的钼与铜有拮抗性，饲料中钼酸盐是最重要的致铜缺乏因素之一。通常认为 Cu∶Mo 应高于 5∶1，牧草含钼量低于 3mg/kg 干物质是无害的，当饲料铜不足时，钼含量在 3～10mg/kg，或 Cu∶Mo 低于 2∶1 即可出现临床症状，如采食在天然高钼土壤上生长的植物或工矿钼污染所致的钼中毒。

（3）硫拮抗铜　饲料中含硫化合物也是最重要的致铜缺乏因素之一。饲料中蛋氨酸、胱氨酸、硫酸钠、硫酸铵等含硫物质过多，经过瘤胃微生物的作用均可转化为硫化物，硫与钼、铜共同形成一种难以溶解的铜硫钼酸盐的复合物，降低铜的利用。

（4）其他拮抗因子　铜的拮抗因子还有锌、铅、镉、银、镍、锰、抗坏血酸。高磷、高氮的土壤也不利于植物对铜的吸收。饲料中的植酸盐含量过高，可与铜形成稳定的复合物，降低动物对铜的吸收。

（5）年龄因素　年龄因素对铜的吸收率也有一定影响，如成年绵羊对摄入体内的铜的利用率低于 10%，而羔羊所摄入铜的利用率为成羊的 4～7 倍。

3. 识别症状

畜禽铜缺乏主要表现为贫血、运动障碍、神经功能紊乱、骨和关节变形、被毛褪色及繁殖障碍等症状。

(1) 贫血 铜参与造血过程，主要是影响铁的吸收、转运和利用。铜是红细胞形成所必需的辅助因子，长期营养性缺铜使造血功能减弱而引起贫血。

(2) 运动障碍 缺铜导致含铜的细胞色素氧化酶合成减少，活动降低，从而抑制需氧代谢及磷脂合成，引起脊髓运动神经纤维和脑干神经细胞变性，结果引起运动障碍。

(3) 骨和关节变形 铜参与骨基质胶原结构的形成，缺铜使含铜的赖氨酰氧化酶和单胺氧化酶合成减少，导致骨胶原的稳定性和强度降低而出现骨骼变形和关节畸形。

(4) 被毛褪色 缺铜使含铜的多酚氧化酶合成降低，因而催化酪氨酸转化成黑色素的催化酶减少，致黑毛褪色变为灰白色，使毛质下降。

(5) 繁殖障碍 实验证明，缺铜可使鼠胚胎被吸收，胎儿坏死；山羊的实验也有相似的变化，当日粮缺铜时，虽发情正常，但受孕后在胚胎发育的不同阶段会发生死亡和流产。

任 务 实 施

1. 诊断

根据贫血、被毛变化、运动功能障碍、腹泻等特征性的临床症状进行诊断，同时进行饲料、土壤、血液、肝脏含铜量的测定。当血铜水平低于 $0.7\mu g/ml$，肝铜水平低于 $20mg/kg$（干物质）可以诊断为铜缺乏症。

2. 治疗

补铜是根本措施。一般选用硫酸铜经口给予：$2\sim6$ 月龄犊牛 4g，成年牛和骆驼 $8\sim10g$，羊 $1\sim2g$，视病情轻重，每周或隔周 1 次，连用 $3\sim5$ 周。仔猪 $5\sim10mg$，成年猪 $20\sim30mg$，每日 1 次，连用 $15\sim20$ 天，需间隔 $10\sim15$ 天，再重复 1 次。如果配合钴制剂治疗，效果更好。治疗时一般日粮添加硫酸铜 $25\sim30mg/kg$ 饲料，连用 2 周效果显著，但要注意与饲料充分混合。也可将硫酸铜按 1% 的比例加入食盐内，混入配合料中饲喂。或将硫酸铜按 0.5% 的比例混于食盐内供舔食，与钴合用效果更好。

3. 预防

预防性补铜，选用下列措施：土壤缺铜地带，使用含铜的表肥。每公顷施硫酸铜 $5\sim7kg$，可在几年间保持牧草铜含量。饲料含铜量应保持一定水平，每千克饲料里含铜量应为：牛 10mg，羊 5mg，母猪 $12\sim15mg$，架子猪 $3\sim4mg$，哺乳仔猪 $11\sim20mg$，鸡 5mg。甘氨酸铜液，皮下注射，成年牛 400mg（含铜 125mg），犊牛 200mg（含铜 60mg），预防作用持续 $3\sim4$ 个月，也可用作治疗。缺铜地区的母畜可在妊娠第 $2\sim3$ 个月至分娩后 1 个月期间饮用 1% 硫酸铜液 $30\sim50ml$，每 $10\sim15$ 天一次。出生的羔羊给予 $10\sim20ml$ 硫酸铜液。

子任务四　碘缺乏症的诊治

任 务 资 讯

1. 了解概况

碘缺乏症是由于动物机体缺碘所导致的甲状腺素合成不足，甲状腺体增生肿大的一种营养代谢病。临床上以甲状腺腺体增生肿大、呆小症、秃毛和流产、死胎为特征的疾病，也称为甲状腺肿大病。自从 1900 年发现人类由于缺碘而发生甲状腺肿后，在世界各地和我国缺碘地区，人和动物均有罹患地方性甲状腺肿病的报道。在严重缺碘地区的牛、羊、猪均有发病者，其中牛、羊甲状腺肿的发病率高达 50%～80%。

2. 认知病因

(1) 饲料碘含量不足 饲料与饮水中的碘含量与土壤含碘量密切相关。世界上有许多内陆地区，尤其是内陆高原、山区、半山区和降雨量大的沙土地带，近海雨量充沛、表土流失严重的地区，平原的石灰石、白垩土、砂土、灰化土和酸性土壤地区多为缺碘地区，在这些地区养殖的动物易发生碘缺乏。在泥灰土地带，土壤中碘含量比较丰富，但碘常常与有机物牢固结合而不能被植物吸收和利用，故仍有动物碘缺乏症的流行。

一般认为，土壤中碘含量低于 0.2～2.5mg/kg，可视为缺碘地区。一般来说，饲料中碘含量较少，谷物中碘含量为 0.04～0.09mg/kg，海带中的碘含量较高，为 4000～6000mg/kg，因此，除了在沿海或经常以海藻植物作饲料来源的地区外，许多地区的动物饲料中如不补充碘，可产生碘缺乏症。

(2) 碘拮抗因子　有些植物中含有致甲状腺肿原，如硫氰酸盐、葡萄糖异硫氰酸盐及含氰糖苷等具有降低甲状腺聚碘的作用；硫脲及硫脲嘧啶可干扰酪氨酸碘化过程；包菜、白菜、甘蓝、油菜、菜籽饼、菜籽粉、花生饼、花生粉、黄豆及其副产品、芝麻饼、豌豆及白三叶草等，含有干扰碘吸收和利用的甲硫脲和甲硫咪唑等拮抗物质。如妊娠母牛饲料中供给含 20%的菜籽粉，新生畜死亡率明显增加。

(3) 药物作用　如氨基水杨酸类、硫脲类、磺胺类、保泰松、丙硫氧嘧啶等药物有致甲状腺肿的作用，均可干扰碘在家禽体内的吸收和利用，容易引起碘缺乏症。

(4) 钙摄入过多　饲料钙含量过多，可干扰肠道对碘的吸收，抑制甲状腺内碘的有机化过程，加速肾脏的排碘作用，可致甲状腺肿。

(5) 饲料钾含量过高　饲料植物中钾离子含量过高，可促进碘排泄，发生碘缺乏症。

3. 识别症状

成年家畜患病时可触摸到甲状腺轻微肿大，黏液性水肿，皮肤干燥、角化、多皱褶、弹性差，被毛脆弱。母畜性周期紊乱，生殖功能障碍。公畜性欲降低，精液品质差。

幼畜两侧甲状腺明显肿大，压迫喉使其狭窄而发生呼吸困难甚至窒息。生长发育受阻而呈呆小症，头骨和四肢骨发育不全而变形。下颌间隙、颈、尾部水肿、被毛稀少。

马的甲状腺一侧肿大，另一侧缩小，孕马的妊娠期延长；禽产蛋量下降，发生卵黄性腹膜炎，孵化率降低，幼禽生长发育不良。

任 务 实 施

1. 诊断

根据缺碘病史、甲状腺肿大、黏液性水肿、新生仔畜的健康状况等临床症状作出诊断。

2. 治疗

内服碘盐（由食盐 1000g 和碘化钾 250mg 组成）是治疗碘缺乏症的常用方法。成年牛 100～150mg/d，成年羊 20～50mg/d，羔羊 5～10mg/d；鸡和火鸡饲料日粮中添加 2500mg/kg 的碘化食盐，或用碘化钾按 0.023%量加入普通食盐水中，让其自由饮用，可防止碘缺乏症的发生。或经口给予复方碘溶液（5%碘、10%碘化钾），牛 10～20 滴/d，成年羊 5～10 滴/d，羔羊 1～3 滴/d，20 天为一疗程，每隔 2～3 个月再重复一疗程。甲状腺肿大硬固时涂擦鱼石脂软膏；腺体化脓后立即切开，并用稀碘酊冲洗。

除去日粮中过多的致甲状腺肿物质，减少拮抗物质的数量。

3. 预防

补碘是最根本和最有效的防治措施。预防本病应注意饲料中碘含量，可用含碘的盐砖让动物自由舔食，或饲料中掺入海藻、海草之类物质，或把碘掺入矿物质补充剂中，通常将碘化钾或碘酸钾与硬脂酸混合后，掺入饲料或盐砖内，以防止碘挥发，浓度达 0.01%，有良好的预防作用。或在妊娠 4 月龄、产羔前 2～3 周及生后 4 周时，分别一次给予碘化钾

280mg 或碘酸钾 360mg，可较好地预防羔羊死亡。妊娠母畜补碘酊 1～3 滴/d，或将 1% 碘化钾液 1ml 加入饮水中自饮。哺乳仔畜可在母乳头上涂抹 3% 碘酊，以便哺乳时舔食。另外，在肚皮、四肢间每周一次涂擦碘酊（牛 4ml，猪、羊 2ml），也有较好的预防作用。

子任务五　钴缺乏症的诊治

任 务 资 讯

1. 了解概况

因饲料或饮水中缺少钴，而引起反刍动物以厌食、极度消瘦和贫血为特征的慢性消耗性疾病，称为钴缺乏症。该病主要发生于牛、羊等反刍动物，绵羊对钴缺乏比牛敏感，羔羊、犊牛比成年牛、羊敏感；马很少发生，猪、鸡可发生维生素 B_{12} 缺乏。在新西兰、挪威、澳大利亚等国羔羊还可发生以肝脏功能障碍和脂肪变性为特征的白肝病，认为主要与牧草钴缺乏有关。

2. 认知病因

钴缺乏症的主要原因是土壤、饲料缺钴。当土壤中钴含量低于 0.17mg/kg 时，牧草中钴含量极低，易产生钴缺乏症。日粮中钴含量不足 0.01mg/kg 时，牛、羊采食后体况迅速下降，死亡率很高，可表现为严重的急性钴缺乏症。豆科牧草中的钴含量高于禾本科牧草，在缺钴的牧场上混播 20%～30% 的豆科牧草可以解决缺钴问题。在缺钴地区，如果牧草单纯，特别是豆科牧草缺乏时，则更易发病。钴含量比较丰富的是蘑菇（为 0.61mg/kg）、甜菜、荞麦、卷心菜、洋葱、梨以及西红柿等钴含量约为 0.2mg/kg，苹果、香蕉、杏、樱桃、咖啡、胡萝卜、茄子、燕麦、土豆、稻谷、小麦、红薯以及玉米等钴含量低于 0.5mg/kg，大麦、辣椒、豌豆、黑麦、草莓、西瓜等钴含量介于 0.2～0.5mg/kg。

3. 识别症状

在缺钴地区，放牧的牛、羊采食低钴牧草 4～6 个月后，出现渐进性食欲降低、体重减轻、虚弱、消瘦和贫血等症状，因而有"干瘦病"之称。牛还常有异食癖、可视黏膜苍白等症状。此外，母畜的泌乳量减少至停止，产毛量大幅度下降，毛脆而易断。后期可见繁殖功能下降，腹泻和流泪。绵羊因流泪过多而使整个面部被毛潮湿黏结，这是病到晚期的一个重要特征，症状出现 3 个月后死亡。犬钴缺乏症的主要表现为可视黏膜苍白，属巨幼红细胞性贫血。

羔羊白肝病主要表现为食欲下降或废绝，精神沉郁，体重下降，眼睛流泪，有浆液性分泌物。病羊常出现光敏反应，即耳、鼻和上下唇附有浆液性分泌物，有的背部皮肤有斑块状血清样渗出物，而后结痂，分泌物逐渐由浆液性转为浆液脓性，可持续数月。有的出现运动失调、强直性痉挛、头颈震颤或失明等神经症状。

任 务 实 施

1. 诊断

根据食欲降低、贫血、消瘦等临床症状，结合土壤、饲（草）料钴含量分析及肝脏、血清维生素 B_{12} 和钴水平测定即可诊断。本病应与营养不良和多种中毒病、传染病、寄生虫病等所引起的消瘦和贫血相鉴别。

2. 防治

补钴是防治本病的主要方法。保证日粮中钴含量为 0.07～0.11mg/kg，最简单的方法是向精料中直接添加氯化钴、硫酸钴及维生素 B_{12} 等。各种动物日粮中钴营养适宜量参考值为：牛 0.5～1.0mg/kg；绵羊 1.0mg/kg；妊娠、哺乳母猪 0.5～2.0mg/kg；禽 0.5～

1.0mg/kg。

直接给动物补充钴制剂，反刍动物以经口给予为好，治疗量牛 20～30mg/d、羊 1～2mg/d。也可注射维生素 B$_{12}$。在缺钴地区可向牛、羊瘤胃内放置钴药丸，让其在瘤胃内缓慢溶解。在缺钴地区，为提高牧草或饲料中的钴含量，可向草地施增施钴肥，推荐用量为每公顷草地施硫酸钴 400～600g，或每隔 3～4 年每公顷草地施硫酸钴 1.2～1.5kg。

子任务六 锌缺乏症的诊治

任 务 资 讯

1. 了解概况

锌缺乏症是由于缺锌而导致动物体以物质代谢和造血功能障碍，皮肤角化过度，毛（羽）缺损，生长发育受阻以及创伤愈合缓慢为特征的疾病。多见于猪、羊、犊牛和鸡。

2. 认知病因

（1）土壤和饲料锌不足　土壤和饲料中锌含量不足，是导致原发性锌缺乏的主要原因。土壤锌低于 30mg/kg，饲料锌低于 20mg/kg 时，则易发生锌缺乏症。我国土壤含锌量变动在 10～300mg/kg，平均为 100mg/kg，总的趋势是南方的土壤高于北方。土壤中有效态锌对植物生长的临界值为 0.5～1.0mg/kg，低于 0.5mg/kg 为严重缺锌。我国北京、河北、湖南、江西、江苏、新疆、四川等地有 30%～50% 的土壤和大多数省份属贫锌或缺锌土壤，缺锌地区的土壤 pH 值大都在 6.5 以上，主要是石灰石风化的土壤、盐碱地、黄土、黄河冲积物所形成的各种土壤、紫色土、石灰改造的土壤和过多施磷肥的土壤，会使植物性饲料中含锌量极度减少。

饲料中锌的含量因植物种类而异。牡蛎等海洋生物、鱼粉、骨粉、酵母、糠麸、野生牧草及动物性饲料含锌丰富，而高粱、玉米（10～15mg/kg）、稻谷、麦秸、苜蓿、三叶草、苏丹草、水果、蔬菜、块根类（仅 4～6mg/kg）饲料等含锌较低，不能满足动物需要。

（2）饲料钙、镁、植酸过高　主要是由于饲料中存在干扰锌吸收利用的因素。已发现钙、镁、镉、铜、铁、铬、锰、钼、磷、碘等元素均可干扰饲料中锌的吸收。因多余的钙、镁可与植酸形成相应的盐，这两种盐在肠道碱性环境中与锌再形成难溶的复盐，导致锌的吸收障碍。饲料中 Ca：Zn 在（100～150）：1 较为适宜，如猪饲料中钙含量达 0.5%～1.5%，锌含量在 30～40mg/kg 之间，易发生锌缺乏症；奶牛日粮含钙 0.3% 时，需锌量为 45mg/kg，每增加 0.1% 的钙，需补锌 16mg/kg；同样，高钙日粮可使鸡发生继发性锌缺乏。

（3）饲料中锌的利用率低　不同饲料的锌利用率亦有差别，动物性饲料锌的吸收利用率均较植物性饲料为高。雏鸡采食酪蛋白、明胶饲料时对锌的需要量为 15～20mg/kg，大豆蛋白型日粮则需要 30～40mg/kg 或更高。

（4）饲料棉籽饼含量高　饲料中的棉籽饼，尤其是未经脱毒的棉籽饼中的有毒成分棉酚可与锌络合而使其失去活性，锌的消耗量增高，因此在棉籽饼中毒时伴发有缺锌的症状。

（5）锌排出增多　肝硬化及慢性肝脏疾病、恶性肿瘤、糖尿病、肾脏疾病都可使锌从尿中排出增多。

3. 识别症状

（1）生长发育迟缓　病畜味觉和食欲减退，消化不良致营养低下，生长发育受阻。

（2）皮肤角化不全或过度　猪多发于眼、口周围及阴囊、下肢部位，有类似皮炎和湿疹的病变；反刍动物皮肤瘙痒、脱毛；犊牛的皮肤粗糙、皲裂；家禽皮肤出现鳞屑、皮炎。

（3）骨骼发育异常　这是动物缺锌症的特征性变化。骨骼软骨细胞增生引起骨骼变形、变短、变粗，形成骨短粗症。

（4）繁殖功能障碍　公畜表现为性腺功能减退和第二性征抑制，睾丸、附睾、前列腺与垂体发育受阻，睾丸生精上皮萎缩，精子生成障碍；母畜性周期紊乱，出现不易受胎、胎儿畸形、早产、流产、死胎、不孕等。

（5）毛、羽质量改变　羔羊毛纤维丧失弯曲，松乱脆弱，易脱毛等。

（6）创伤愈合缓慢　缺锌动物创伤愈合力受到损害，使皮肤黏蛋白、胶原及RNA合成能力下降，使伤口愈合缓慢。

任务实施

1. 诊断

主要根据饲料、土壤的含锌量、饲料的组成、钙锌比、植酸盐的含量、日粮蛋白质的含量、血锌、临床症状作出诊断。本病应与螨病、湿疹、锰缺乏症、维生素A缺乏症、烟酸缺乏症和泛酸缺乏症等相区别。

2. 防治

平衡日粮，保持一定钙锌比，排除其他影响锌吸收的因素。

发病猪群，饲料中应补加硫酸锌、碳酸锌、氧化锌等锌盐，如添加碳酸锌200g/t饲料，相当于加锌100mg/kg饲料，肌内注射量按2～4mg/kg体重，或加硫酸锌100～200mg/kg饲料，连续使用3～5周，或2‰硫酸锌饮水，0.5ml/kg体重，连用1周，并使日粮钙含量维持在0.65%～0.75%。牛、羊可经口给予硫酸锌或氧化锌1mg/kg体重。在补锌的同时，适当增补维生素A、维生素E等多种维生素效果更好。补锌后，食欲迅速恢复，1～2周内体重增加，3～5周内皮肤症状消失。反刍动物也可投服锌和铁粉混合制成的缓释丸。鸡可用硫酸锌35mg/kg，混入饲料和饮水中，同时，应用维生素E，连用1周，效果良好。

预防本病时，平时应注意饲料搭配，喂以适量的肉骨粉、鱼粉或糠麸等饲料，添加适量的微量元素，生长猪保证饲料中含有30～50mg/kg的锌，并适当限制日粮钙在0.5%～0.6%水平，使Ca：Zn保持在100：1，能预防猪锌缺乏症。补锌参考值为50～100mg/kg饲料，最大允许量为1000～2000mg/kg饲料；黄牛40～80mg/kg饲料，肉牛40～100mg/kg饲料，仔猪41～45mg/kg饲料，母猪100mg/kg饲料，羊20～40mg/kg饲料。100mg/kg的锌对中等度的高钙有保护作用。在低锌地区，可施锌肥，每公顷施用硫酸锌4～5kg。

任务五　其他营养代谢障碍性疾病的诊断与治疗

子任务一　肉鸡腹水综合征的诊治

任务资讯

1. 了解概况

肉鸡腹水综合征是禽腹水综合征的一种，禽腹水综合征又称禽肺动脉高压综合征，是由于生长过快的禽类在各种因素作用下出现相对性缺氧，导致机体呈现血液黏稠、血容量增加、组织细胞损伤及肺动脉高压，临床上以腹腔积液和心力衰竭为特征的疾病。常以生长快速的禽类品系多发，主要危害肉鸡、肉鸭、火鸡、蛋鸡、雏鸡、鸵鸟和观赏禽类等。最早发生于3日龄肉鸡，多见于4～6周龄肉鸡，雄性比雌性发病多且严重，寒冷季节发病率和死亡率均高，高海拔地区比低海拔地区多发，不具有流行性而常呈现群发性。

2. 认知病因

究其发病原因错综复杂，涉及营养、遗传、环境、孵化、管理等多种因素。

（1）高海拔　腹水综合征最早是在高海拔地区发现的，海拔越高则空气中含氧量越少，血液中红细胞数增多，血液黏度就会升高。但快速生长的禽类即使在低海拔地区，其动脉血的氧合水平也不高，一样会出现红细胞增多症，并导致腹水综合征。

（2）快速的生长率　在过去30年，因遗传育种，肉鸡的生长率和肌肉增长速度每年递增5%，肌肉组织增长过多，体内代谢加速，对氧的需要量增加，而心肺供氧不足造成体内相对性缺氧，这是禽腹水综合征发生的主要原因。

（3）有限的肺容量　禽的肺是固定和镶嵌于胸肋骨中，在呼吸过程中几乎不能扩张，毛细血管和毛细支气管是一个坚硬而交织的网状结构，并且肺毛细血管充盈程度高，极少有闭锁的备用毛细血管来应付血流量的增加，当需要更多的血液供应时，它们仅仅能够进行微小的扩张，禽肺中容纳血流量的空间是有限的。由此，当血流量增加时，血流通过肺脏受到限制，肺血管阻力增加，极易引起肺动脉高压。

（4）颗粒饲料和高能量高蛋白饲料　采食高能量高蛋白日粮及采食量增加，如颗粒饲料会增加禽腹水综合征的发病率，这是因为采食量增加和高能高蛋白饲料提高了禽类的生长速度，增加了机体对氧的需要量，促使了禽腹水综合征的发生。

（5）寒冷　寒冷季节禽腹水综合征发病率高，因天气寒冷使机体能量代谢率增加，造成禽类需氧量增加，心输出量代偿性增多；此外，寒冷还导致血液血细胞比容、红细胞数和血液黏度增加，导致肺动脉高压的形成。

（6）通风不良　通风不良使鸡舍空气中二氧化碳、一氧化碳、氨气等有害气体或有毒烟尘的浓度过高，可引起肺脏病变，妨碍气体交换，使机体处于缺氧状态，从而诱发禽腹水综合征的发生。

（7）呼吸道疾病　早期呼吸道的损伤将引起禽腹水综合征的发生。肺组织和上呼吸道黏膜的轻度损伤是由于熏蒸消毒过度，或滥用喷雾，或在运输过程中雏鸡箱内的低氧应激，或孵育期通风不良、传染性呼吸道疾病、曲霉菌病等所导致，这将影响禽类从外界环境吸入氧气的能力，引起组织缺氧，从而导致禽腹水综合征的发生。

（8）高钠　钠离子是一种毒性离子，能导致禽腹水综合征发病率的增加。这是由于家禽摄入过多钠离子时，其血浆渗透压、血浆钠离子、钾离子和氯离子均有升高，其血容量增加和红细胞变形能力下降所致。

（9）其他　其他一些因素如：低磷、肝细胞毒素、痢特灵中毒、维生素E和硒缺乏、维生素D缺乏、佝偻病、高钴、氯化铵过量、菜籽饼中毒、曲霉菌病、传染性支气管炎、应激、血液pH值改变等均可诱致禽腹水综合征的发生。

3. 识别症状

有生长缓慢，体重下降，精神倦怠，鸡冠发紫，腹部下垂，有波动感，腹部皮肤暗紫色，发凉，呼吸困难，步态蹒跚，捕捉时常突然死亡等临床症状。

任 务 实 施

1. 诊断

根据剖检症状可作出诊断。

2. 治疗

国内外许多学者尝试用各种药物进行防治，药物种类繁多，用途各异。

第一，许多学者建议用限饲和控制其生长速度来预防此病，然而限饲的时间、后期能否代偿性增重及有何副作用等问题有待进一步研究。

第二，应用含尿酶抑制剂的丝兰属植物的提取物能显著降低此病的死亡率。

第三，应用碱化药物和应用某些加强体液排除的药物能显著降低肺动脉高压。

第四，用 0.25mg/kg 的 β肾上腺素受体阻断剂来增强心脏功能，或日粮添加亚麻油来增加红细胞膜的变形性，或饲料中添加 0.015% 的速尿来阻止电解质钠、钾的重吸收和舒张肺血管，或日粮添加 1% 的精氨酸能显著降低此病的发病率。用氧疗法也显著降低此病的发病率。

以上这些药物防制研究为本病的研究打下了坚实的基础。其他一些药物如抗氧化剂、血管和支气管扩张剂、强心剂、辅酶 Q 及中草药等都待于进一步研究和探讨。

3. 预防

引起本病发生的因素是比较复杂的，药物防治的效果往往因药物种类、季节、地区、品种、日龄、饲料和环境等不同而表现出较大的差异，因此，降低禽腹水综合征发生的关键在于预防，应从管理、饲料、遗传等方面入手，采取综合性措施。

（1）品种的选择　在同一饲养管理条件下，各种家禽对腹水综合征的敏感性是不一致的，其发病率和死亡率也不一样。

（2）种鸡开产年龄　大约在 28 周龄的种鸡所产种蛋孵化出的肉仔鸡对腹水综合征有较高的敏感性，对这样的肉仔鸡进行隔离饲养是一种有效的防制措施。

（3）传染性支气管炎的预防　传支病毒主要侵害的器官为气管、肺和肾脏，易发生禽腹水综合征。因此，减少传支致病性的一些预防措施，同样对减少禽腹水综合征的发病率有效。

（4）通风　在孵化器和饲养鸡舍里保持适当的通风以提供一定的氧气，可使禽腹水综合征发病率降低。

（5）慢速降温　育雏期禽舍温度从高温降到常温，应有一个缓慢的降温过程，以给禽类一个适应期，这对禽腹水综合征的预防有良好的效果。

（6）雌雄分离　在饲养中，应将雄性和雌性禽分开饲养，以便满足其不同的代谢和能量的需要。一般雄性代谢和生长较快，应饲喂不同能量的饲料，这有助于防治禽腹水综合征的发生。

（7）饲喂低蛋白和低能量的饲料　在早期，饲喂低蛋白和低能量的饲料，可以使生长期的禽对氧的需要量减少，从而达到防治禽腹水综合征的目的。

（8）防止钠过量　在生产实践中用电解质来治疗肾型传支或抗应激时应该十分当心。

（9）保温　在孵化房或运输途中或育雏室等地方特别应注意维持适当的温度，以防禽腹水综合征的发生。

（10）其他　综合措施是多种的，如限饲、限光照、适量氨基酸的添加、改良饲料配方等方法。亦可早期限制其生长率和代谢率，后期代偿性增重，并可降低禽腹水综合征的发病率。

子任务二　肉鸡猝死综合征的诊治

任 务 资 讯

1. 了解概况

家禽猝死综合征又称急性死亡综合征（acute death syndrome，ADS），以生长快速的肉鸡多发，肉种鸡、产蛋鸡和火鸡也有发生。全年均可发病，无挤压致死和传染流行规律。

有人认为 SDS 与禽腹水综合征是临床表现不同、而病理学密切相关的两种疾病。它们在代谢紊乱方面是一致的。本病所造成的损失不亚于禽腹水综合征所引起的损失，但不同国家两种疾病的发生情况及危害程度又不一致。也就是说有些国家以 SDS 多发，而另一部分国家禽腹水综合征发生居多，也有国家两种疾病的发生相近。

2. 认知病因

本病的病因虽尚未清楚，但大多认为与营养、环境、酸碱平衡、遗传及个体发育等因素有关，初步排除了细菌和病毒感染、化学物质中毒以及硒和维生素 E 缺乏的可能。

(1) 遗传及个体发育因素　肉鸡比其他家禽易发病，初产母鸡有 20％～30％在开产时，其死亡率也较高，以后逐渐降低。肉鸡在 3 周龄和 8 周龄左右是两个发病高峰期。肉鸡体重越重发病率越高，公鸡比母鸡发病率高 3 倍。

(2) 饲料因素　一般认为饲喂含糖量高的日粮比喂含玉米高或动物性混合脂肪的日粮发病率高 1 倍以上；小麦-豆饼日粮比玉米-豆饼日粮的发病率高；喂颗粒饲料的鸡死亡率较喂粉料的鸡群高；日粮中添加脂肪时，发生率显著高于未添加脂肪的鸡；在日粮中添加葵花籽油代替动物脂肪可显著降低本病的发生。

(3) 环境因素　饲养密度大、持续强光照射、噪声等都可诱发本病。

此外，酸碱平衡失调是健康鸡发病的原因之一。

3. 识别症状

发病前不表现征兆，突然发病，病鸡失去平衡，向前或向后跌倒，翅膀扑动，肌肉痉挛，发出尖叫，很快死亡。死后出现明显的仰卧姿势，两脚朝天，颈、腿伸直，少数鸡呈腹卧姿势。病鸡血中钾、磷浓度皆显著低于正常鸡。

任 务 实 施

1. 诊断

根据肉鸡特征性的临床死亡症状进行诊断。

2. 防治

(1) 加强管理，减少应激因素　防止密度过大，避免转群或受惊吓时的互相挤压等刺激；改连续光照为间隙光照。

(2) 合理调整日粮及饲养方式　提高日粮中肉粉的比例而降低豆饼比例，添加葵花籽油代替动物脂肪，添加牛磺酸、维生素 A、维生素 D、维生素 E、维生素 B_1 和吡哆醇等可降低本病的发生。饲料中添加 300mg/kg 的生物素能显著降低死亡率。用粉料饲喂；对 3～20 日龄仔鸡进行限制饲养，避开其最快生长期，降低生长速度等可减少发病。

子任务三　禽啄癖的诊治

任 务 资 讯

1. 了解概况

禽啄癖是指禽类之间互相啄食羽毛或组织器官等的疾病。一般表现为啄肛癖、啄蛋癖、啄羽癖、啄趾癖、异食癖等。

2. 认知病因

(1) 营养因素　日粮中玉米含量偏高，蛋白质缺乏，特别是含硫氨基酸缺乏，是造成禽啄羽癖的重要原因。维生素缺乏，如 B 族维生素或维生素 D 缺乏；矿物质缺乏，如钙、磷不足或比例失调及食盐缺乏等；日粮中粗纤维的含量偏低，无饱食感；饮水不足等因素均可导致本病的发生。

(2) 管理因素　禽舍温、湿度不适；通风不良时空气中的氨气、硫化氢及二氧化碳等有害气体浓度上升，破坏禽的生理平衡；禽舍光线过强，光色不适（青色光和黄色光）；饲养密度过大；不同品种、日龄和强弱的禽混群饲养，饲喂不定时、不定量，突然更换饲料等因素均易诱发啄羽癖。

（3）生理因素　初生雏禽的好奇感；性成熟时体内激素分泌增加可诱发啄癖；换羽过程中的皮肤瘙痒感可使禽发生自啄现象。

（4）疾病因素　白痢杆菌病、大肠杆菌病、甘保罗病的早期都表现为啄癖；禽患有体外寄生虫病、体表创伤、出血或炎症亦可诱发啄癖；母禽输卵管或泄殖腔外翻可诱发啄癖；禽发生消化不良或球虫病时，肛门周围羽毛被粪便污物粘连、结痂，引起啄癖。

（5）应激因素　如噪声过大、惊吓、停电等因素均易诱发啄羽癖。

（6）环境因素　鸡舍温度过高、卫生条件差、舍内灰尘和有害气体（如 NH_3、H_2S 等）浓度过高以及天气骤变等因素会诱发啄癖。

3. 识别症状

（1）啄肛癖　多发于雏鸡，在同群鸡中常常发现一群鸡追啄一只鸡的肛门，造成雏鸡的肛门受伤出血，严重时直肠脱出，引起死亡。种鸡在交配后也喜欢啄食肛门。

（2）啄蛋癖　在产蛋高峰期的成年鸡互相争啄鸡蛋。由于饲料中缺钙或蛋白质不足，种鸡或产蛋鸡的鸡舍内的产蛋箱不足，或产蛋箱内光线太强，常常造成母鸡在地面上产蛋，产在地面上的蛋被其他鸡踏破后，成群的母鸡围起来啄食破蛋，日久就形成啄蛋癖。产薄壳蛋和无壳蛋，或已产出的蛋没有及时收起来，以致被鸡群踏破和啄食，均易使鸡群发生啄蛋癖。

（3）啄羽癖　以鸡、鸭多发。幼鸡、中鸭在开始生长新羽毛或换小毛时易发生；产蛋鸡在盛产期或换羽期也可发生。先由个别鸡自食或互啄食羽毛，可见背后部羽毛稀疏残缺，新生羽毛更粗硬，品质差而不利于屠宰加工利用。

（4）啄趾癖　幼鸡喜欢互相啄食脚趾，引起出血或跛行症状。

（5）食肉癖　鸡群内垂死的或已死亡的鸡没有及时拾出，其他鸡只啄食死鸡，可诱发食肉癖。螨、虱等体外寄生虫感染时，鸡只喜欢啄咬自己的皮肤和羽毛，或用身体与地板等粗硬的物体摩擦，并由此引起创伤，易诱发食肉癖。

（6）异食癖　吃一种不能吃的东西，如石块、粪便、墙壁等。

任 务 实 施

1. 诊断

根据临床症状进行诊断。

2. 治疗

一旦发现禽群发生异食癖，应尽快调查引起异食癖的具体原因，及时排除。在一般情况下，可采取下列措施防止异食癖的进一步发展。避免或克服容易引起异食癖发生的因素，加强饲养管理是预防异食癖的关键。

（1）及时将被啄伤的禽只移走，以免引诱其他禽只的追逐啄食；伤禽立即隔离饲养，在伤口上涂擦 20% 硫黄软膏以免异嗜癖的发生，或者用 2% 的龙胆紫涂擦；另外紫药水、碘酊、油膏均可。供给抗应激药物啄羽灵。严重者实施手术，服用抗菌消炎药物或给予淘汰。

（2）在日粮或饮水中添加 2% 的氯化钠，连续 2～4 天。

（3）在饲料中添加生石膏（硫酸钙），每只 0.5～3.0g/d，根据具体情况可连续使用 3～5 天。

（4）向饲料中增加骨粉、鱼粉、维生素等。

3. 预防

（1）日粮配方全价平衡　不能喂单一的饲料，有些重要的蛋白质、维生素、矿物质不可缺少。特别要注意满足禽群对蛋白质、蛋氨酸、色氨酸、维生素 D、B 族维生素，以及钙、磷、锌、硫的需要。

（2）适时断喙　这是防止禽啄癖的一种较好的方法，一般在 7～10 日龄进行断喙。必要时，在 9～12 周龄再断喙一次。

（3）改善饲养管理条件　鸡群密度不能过大，保持清洁卫生，育雏室温度要适宜，要有足够大的运动场。定时定量饲喂，供给充足的饮水。保持安静。不宜用白色光源照明。避免强烈的日光照射或反射。不同品种、不同毛色、强弱悬殊的鸡应分群饲养。及时将鸡舍内的病鸡、死鸡、体表有创伤或输卵管、泄殖腔垂脱的鸡挑出。在有条件的地方可以放牧饲养，或在运动场内悬挂青菜、青草等，让鸡自由啄食。平养的禽群在离地面一定的高度悬挂颜色鲜艳的物体也有一定的预防作用。

（4）增设产蛋箱、食槽、饮水器　要勤拾蛋，最好是采用母鸡在产蛋后无法接触到蛋的产蛋装置，以防止禽啄癖的产生。

（5）施用药物　将氯化钴 1.0g、硫酸铜 1.0g、氯化钾 0.5g、硫酸锰 10.0g、硫酸亚铁 10.0g 混合研成粉末拌于饲料中，一次性饲喂给 2000 只雏鸡，连用 10 天，对各种禽啄癖有良好的预防和治疗作用。

（6）及时杀灭体表寄生虫　对于有疥螨、虱等外寄生虫感染时，可用驱虫药如硫黄粉进行驱虫。

技能训练一　奶牛酮病的诊断与治疗

【目的要求】

1. 了解奶牛围产期的饲养管理要点，了解奶牛酮病的临床发病特点、发病原因及酮病的危害。

2. 掌握奶牛酮病的临床症状以及临床酮病和亚临床酮病的诊断指标。

3. 掌握奶牛酮病的治疗方法和预防措施。

【诊断准备】

1. 材料准备

听诊器、体温计、注射器、输液器、胃管或灌药瓶、六柱栏、牛鼻钳、酒精棉球、目测八联试纸（尿液分析试条）、血液生化分析仪、电解质分析仪等。

2. 药品准备

50％葡萄糖注射液、5％碳酸氢钠注射液、葡萄糖醛酸钠注射液、维生素 C 注射液、丙二醇、地塞米松注射液、10％葡萄糖酸钙注射液、10％氯化钾注射液等。

3. 病例准备

奶牛，临床病例或奶牛场实习。

【诊断方法和步骤】

1. 临床检查

奶牛的发病时间、精神状态、食欲变化、膘情变化、排尿及排粪情况、胎次、产奶量、泌乳期、产奶量变化、治疗情况，测定病牛的体温、呼吸频率和心率等。

2. 实验室检查

（1）血清酮体含量检测　静脉采血，离心血清，用血液生化分析仪检测血酮含量。

（2）血清钙、钾含量检测　静脉采血，离心血清，用电解质分析仪检测血钙、血钾含量。

（3）尿酮检测　诱导排尿或自然排尿时采尿，用目测八联试纸检测尿酮含量及尿液 pH 值，判断是否发生酸中毒及中毒的严重程度。

【治疗措施】

（1）补糖　静脉注射 50％葡萄糖注射液，根据病情 1 天可以进行 1～2 次，每次 500ml。

（2）缓解酸中毒　根据尿液 pH 值检测结果，判断机体酸碱平衡紊乱的程度，然后计算 5％碳酸氢钠注射液的输入量，静脉注射，以缓解酸中毒。

（3）保肝措施　在给牛进行静脉输液时，加入葡萄糖醛酸钠注射液、维生素 C 注射液等。

（4）对症治疗　根据血钙、血钾的检测情况，如已发生低血钙或低血钾，应适当补钙、补钾。

【作业】

1. 病例讨论：在教师指导下，可就以下内容进行讨论。

（1）奶牛酮病的发生机制与危害。

（2）奶牛泌乳上升期，如何通过加强饲养减少酮病的发生？

（3）临床酮病、亚临床酮病的判断标准。

2. 写出实习报告。

技能训练二　奶牛低钙血症的诊断与治疗

【目的要求】

1. 了解奶牛矿物质营养需要和代谢特点。

2. 了解奶牛产后、泌乳高峰期及高产奶牛低血钙的临床发生特点。

3. 掌握奶牛低血钙的临床症状、诊断方法及治疗措施。

4. 掌握奶牛低血钙的预防措施。

【诊断准备】

1. 材料准备

听诊器、体温计、注射器、输液器、离心管、六柱栏、牛鼻钳、酒精棉球、动物电解质分析仪、目测八联试纸（尿液分析试条）、血液生化分析仪等。

2. 药品准备

10％葡萄糖酸钙注射液、10％葡萄糖注射液、25％葡萄糖注射液、5％碳酸氢钠注射液、复方氯化钠注射液、ATP、CoA、维生素 B_1 注射液、葡萄糖醛酸钠注射液、维生素 C 注射液、微生态制剂等。

3. 病例准备

奶牛，临床病例。

【诊断方法和步骤】

1. 临床检查

发病奶牛的生理状况、精神状态、行走步态、站立姿势、卧地姿势，检查体温、呼吸频率、心率等。

2. 血酮、尿酮检测

静脉采血，离心血清，用血液生化分析仪检测血酮含量，诱导排尿或自然排尿时采尿，用目测八联试纸检测尿酮含量及尿液 pH 值，判断是否发生酸中毒及中毒的严重程度。

3. 实验室检查

静脉采血，离心血清，用动物电解质分析仪检测血钙、血钾、血钠等的含量。

【治疗措施】

1. 补钙

根据血钙的测定结果，用10％葡萄糖酸钙注射液输液补钙，输液时要注意控制输液速度，不要太快，以免发生意外。

2. 对症治疗

（1）补充体能　用10％葡萄糖注射液或25％葡萄糖注射液、ATP、CoA 静脉注射以补充体能，同时也可使用维生素 B$_1$ 注射液调整机体胃肠功能。

（2）通过诊断如已发生酮病、酸中毒，在补糖的同时还要静脉注射 5％碳酸氢钠注射液调整体液酸碱平衡。

3. 加强饲养管理与护理

发生低血钙的病牛因卧地不起，可导致肢体麻木，长时间卧地还可导致褥疮，同时病牛的食欲也会受到较大的影响，甚至食欲废绝，因此，对发生低血钙的牛在治疗的同时，还要做好饲养管理与护理。可灌服微生态制剂、定时让牛翻转体位、按摩麻木肢体等，给予适口性强的优质草料等。一旦能够站立，要注意看护，以防走路不稳摔倒造成外伤。

【作业】

1. 病例讨论：在教师指导下，学生可就以下内容进行讨论。

（1）奶牛低血钙的发病特点。

（2）奶牛低血钙时卧地不起的症状与低血钾、脊髓损伤的症状有何区别？

（3）如何预防奶牛低血钙？

（4）补钙的注意事项。

2. 写出实习报告。

能 力 拓 展

以下为拓展学生能力的技能训练项目，可根据学校实习条件的实际情况，或进行人工复制病例，或利用在校外实习基地病例，或借助学校实习兽医院的临床病例来完成。要求以学生为主体，分组进行，教师对学生的诊断和治疗过程进行指导，并对各组的治疗方案和治疗效果进行评价，指出存在的问题，旨在进一步提高学生对动物营养代谢性疾病的临床诊疗技能和学习效果。

1. 新生仔猪低血糖症的诊断与治疗。

2. 高产蛋鸡产蛋疲劳综合征的诊断与治疗。

3. 禽腹水综合征的诊断与治疗。

要求：讨论治疗思路、写出治疗处方、实施治疗措施，同时做好病例总结。

复习与思考

1. 什么是家禽痛风？如何治疗？

2. 脂肪肝出血综合征的病原有哪些？如何预防？

3. 动物维生素 A 缺乏的危害有哪些？

4. 硒和维生素 E 缺乏症时，动物的临床症状特征有哪些？

5. 怎样鉴别诊断家禽维生素 B$_1$ 缺乏症与维生素 B$_2$ 缺乏症？

6. 佝偻病与骨软病有何不同？

7. 有哪些营养代谢病易发生运动障碍和骨骼变形？怎样鉴别诊断？

8. 哪几种营养代谢病易发生繁殖障碍？怎样鉴别诊断？

项目八　中毒性疾病

【知识目标】
1. 掌握中毒与毒物的概念。
2. 掌握中毒性疾病发生的原因、常见症状、诊断方法。
3. 掌握中毒性疾病的一般治疗原则和治疗方法。
4. 熟练掌握特效解毒药及其配伍方法。

【技能目标】
1. 猪、牛、羊、犬中毒的催吐、洗胃和泻下等临床操作技术。
2. 肌内注射、静脉注射、腹腔注射的相关操作。
3. 常见有毒植物和毒蛇的识别。
4. 有机磷中毒、亚硝酸盐、重金属、氢氰酸和氰化物等的实验室检测技术。
5. 常见中毒性疾病的诊断要点与治疗。

任务一　熟知中毒性疾病基本知识

任务资讯

1. 了解概况

凡是一种物质进入体内，在一定的剂量与条件下，引起机体严重的功能障碍或形态学的改变，甚至导致动物死亡者，这种物质称为"毒物"，由于毒物引起的疾病，称为中毒。

毒物与药物是相对的。俗话说"凡药三分毒"。药物剂量过大可引起中毒，如磺胺类药物中毒；而某些毒物在剂量较少时，又可作为药物使用，正所谓"以毒攻毒"，如亚硝酸盐，既能引起中毒，又能作为氢氰酸或氰化物中毒的特效解毒药，只是剂量不同而已。

毒物的毒性是指毒物的剂量-机体反应之间的关系，毒物引起中毒的剂量越小，说明毒性越强。

2. 认知病因

(1) 误食毒物或有毒植物　有毒农药、毒草、醉马草、棘豆草、闹羊花。

(2) 饲料保管不当　真菌毒素中毒（山芋黑斑病中毒，霉玉米中毒，黄曲霉毒素中毒，赤霉菌素中毒）；饲料加工调制不当（堆积发热或调制不当的瓜菜类）。

(3) 饲料所含的有毒成分　发芽马铃薯中的马铃薯素，棉籽饼中的棉酚，菜籽饼中的芥子苷。

(4) 用药剂量过大　如体表大面积涂抹杀虫剂，服用大剂量抗寄生虫药。

(5) 污染　工矿区的废水、废气处理不净，污染空气、饮水和植物，即可招致畜体的中毒；如慢性氟中毒。

(6) 动物毒中毒　毒蛇咬伤或昆虫刺螫（如毒蜂）以及人为的投毒等。

毒物进入动物机体后，通过吸收、分布、代谢和排泄等转运过程，损害机体的组织器官和生理功能，发生中毒现象。

① 局部的刺激作用和腐蚀作用。

② 阻止氧的吸收、转运和利用。

③ 抑制酶活性。

④ 对亚细胞结构的作用。

⑤ 通过竞争拮抗作用。

⑥ 破坏遗传信息。

⑦ 影响免疫功能。

⑧ 发挥致敏作用。

⑨ 放射性物质的作用。

3. 识别症状

根据中毒原因的不同，中毒的症状也各有不同，但有很多共同之处。

（1）病程　多为突然发病，当采食有毒物质达到一定的剂量时即出现临床症状。

（2）消化功能紊乱　主要表现为呕吐、腹泻、腹痛、臌气以及采食、反刍、胃肠蠕动功能的变化等。

（3）神经症状　可表现出异常的兴奋或抑制和痉挛、麻痹以及视觉障碍等。

（4）心肺功能障碍　往往呈现心动急速、节律不齐、呼吸困难、黏膜发绀、呼吸困难、瞳孔放大或缩小、体温正常或下降，这是与传染病的区别之一。

任 务 实 施

1. 诊断

（1）病史调查

① 调查发病前一周之内饲养管理情况，有无接触毒物的可能性。

② 了解饲料的种类、品质，是否霉变。

③ 饲养场周围是否存在污染源。

④ 发病头数或死亡数（发病率或死亡率）。判断是群发、散发或个别发生。

⑤ 病程长短。判断是急性中毒或慢性中毒。

⑥ 有无治疗，用过什么药，有无效果。

（2）临床表现

① 大多病情急剧，发病迅速，但也有慢性中毒病例。

② 同群同样饲养的畜禽有多头发病，并且青壮年或强劳动力的家畜多发，病情严重，死亡率高。

③ 体温正常或偏低、流涎、呕吐、腹痛、腹泻；肌肉发抖、瞳孔变大或缩小；呼吸困难、心跳加快等。

（3）病理特点

① 中毒性疾病多发现有出血性胃肠炎，反刍动物出现真胃、十二指肠出血。

② 胃肠内可发现未消化吸收的毒物。

③ 磷化锌中毒时胃肠内容物有大蒜臭味；一氧化碳中毒时血液呈樱红色，对疾病的诊断都有重要意义。

（4）毒物检验　采取可疑饲料、饮水、呕吐物、胃内容物、尿液、血液或乳汁进行毒物检验，化验出相关的毒物，是确诊中毒病的依据。毒物检验方法见技能训练。

（5）治疗试验　假定是某一种毒物，应用该毒物中毒后的特效解毒剂，观察有无治疗效果。

2. 治疗

（1）立即严格控制可疑的毒源，不让畜体继续接触或摄入毒物：即立即更换可疑的饲料、饮水或更换场地。

（2）排除毒物　体表用肥皂水或温水冲洗；用温开水、肥皂水、0.1%高锰酸钾溶液洗胃；猪、犬可用催吐剂；家禽可嗉囊切开，取出内容物；另外可灌服油类、盐类泻剂，或进行放血、发汗、利尿。

（3）用特效解毒药　强碱中毒可用弱酸解毒，强酸中毒可用弱碱解毒，有机磷中毒可用阿托品或胆碱酯酶复活剂（如解磷定等）解毒，亚硝酸盐中毒可用亚甲蓝或甲苯胺蓝解毒，重金属中毒可用二巯基丙醇或二巯基丙磺酸钠解毒，氢氰酸中毒可用亚硝酸盐或硫代硫酸钠解毒等。

（4）通用解毒剂　活性炭1份，鞣酸1份，氧化镁1份，混合均匀。大家畜100～150g，小家畜20～30g。

生物碱类中毒一般可用氧化剂，0.1%高锰酸钾溶液洗胃灌肠并灌服食醋治疗。内服甘草绿豆汤：将甘草、绿豆等量煎水，连渣给病畜灌服。

（5）对症疗法　根据不同的病情采取相应的治疗措施：如采取强心、镇静、补液，兴奋呼吸、止渗等。

3. 预防

（1）加强饲养管理，排除一切可能中毒的原因。

（2）注意饲料保管、贮存和加工调制。禁喂腐败发霉变质的饲料。

（3）农药要严加保管，严禁畜体采食农药刚喷洒过的植物和种子。

（4）家畜放牧，应了解放牧地情况，生长有毒植物的地区，尽量不去或少去放牧。

（5）早春放牧时，应先加喂干草后，再行放牧，以防饥不择食，采食毒草。

（6）收存饲草时辨认有无毒草混入。

（7）提高警惕，防止人为投毒破坏。

任务二　饲料中毒的诊断与治疗

子任务一　棉籽饼中毒的诊治

任务资讯

1. 了解概况

棉籽饼富含蛋白质和必需氨基酸，可作为蛋白饲料应用，但使用不当会发生中毒，中毒主要发生于牛和猪，鸡也可发生。

2. 认知病因

棉籽饼中主要的有毒成分为棉酚，棉酚有两种：一种是结合棉酚（指棉酚与蛋白质、氨基酸等物质结合体的总称），占绝大多数，无毒；另一种是游离棉酚，有毒。另外，棉花的茎、叶以及棉籽皮中也含有棉酚，过量采食都会中毒。饲料中蛋白质、维生素、矿物质含量不足时，动物对棉酚的敏感性增强。

妊娠家畜和仔畜对棉酚特别敏感，棉酚可由乳汁排泄，故可引起哺乳仔畜中毒。

3. 识别症状

（1）消化系统症状　主要表现先便秘，后腹泻，有腹痛，猪常出现呕吐，粪便带血呈黑褐色。剖检有出血性胃肠炎的变化。

（2）泌尿系统症状　侵害泌尿系统时，往往发生血尿和排尿困难。

（3）神经系统症状　初期会出现兴奋不安、前冲后撞、痉挛、共济失调等。

（4）呼吸、循环系统症状　呼吸困难，鼻孔中流出泡沫样液体，听诊肺部有湿啰音；可引起皮下水肿、肺水肿以及胸腹腔积水。由于四肢水肿变粗，失去弹性，俗称"橡皮腿"。

任务实施

1. 诊断

（1）病史调查　有采食棉籽饼的病史，量较大，时间较长。

（2）临床特点　有出血性胃肠炎，神经症状及水肿表现。

（3）剖检变化　实质器官出血，结缔组织水肿，体腔积液。

2. 治疗

原则是解除病因，排除毒物，脱水利尿，防治继发感染。

（1）停喂棉籽饼　改喂其他蛋白质饲料。

（2）破坏毒物，加速排出　可用0.1%高锰酸钾或3%碳酸氢钠溶液洗胃；猪可催吐，灌服盐类泻剂和黏浆剂，然后内服硫酸亚铁，马、牛7～15g，猪、羊3～5g。

（3）抗菌消炎，保护胃肠黏膜　2%环丙沙星注射液，每千克体重0.1ml，肌内注射，2次/d。

（4）脱水利尿　10%氯化钙或10%葡萄糖酸钙，马、牛100～150ml，猪、羊10～20ml，静脉滴注。或用25%山梨醇，马、牛500～1000ml，猪、羊300～500ml，静脉注射。利尿可用氢氯噻嗪，马、牛0.5～2g，猪、羊0.05～0.2g，内服，2次/d。

3. 预防

（1）限量饲喂　牛每天不超过1～1.5kg，猪不超过0.5kg，连喂半个月后停喂半个月，孕畜、幼畜禁喂。肉猪、肉鸡可占饲料的10%～20%；母猪及产蛋鸡可占5%～10%；反刍动物的耐受性较强，用量可适当加大。

（2）加热去毒　棉籽饼经蒸、煮、炒后，使棉酚变性失去毒性后再喂。

（3）加铁去毒　铁与棉酚结合生成不被家畜吸收的复合物，用0.1%～0.2%硫酸亚铁浸泡棉籽饼24h后，用清水冲洗干净后再喂，或根据游离棉酚的含量，向饼粕中加入5倍量的硫酸亚铁，使铁元素与游离棉酚的比呈1∶1。如果棉籽饼中的棉酚含量为0.07%，应按饼重的0.35%加入硫酸亚铁。用此法去毒率可达81.8%～100%。

（4）微生物去毒法　利用微生物及其酶的发酵作用破坏棉酚，达到去毒目的。该法的去毒效果和实用价值仍处于试验阶段。

（5）喂全价饲料　增加蛋白质、维生素、矿物质、青绿饲料的饲喂量；棉籽饼最好与豆饼、鱼粉等其他蛋白质饲料混合应用，以防中毒。

子任务二　菜籽饼中毒的诊治

任务资讯

1. 了解概况

菜籽饼含丰富的蛋白质，可作为蛋白质饲料的重要来源。但当畜禽采食多量未减毒处理的菜籽饼后可引起中毒。

2. 认知病因

菜籽饼中含有芥子苷或芥子酸钾、芥子酶、芥子酸、芥子碱等有毒成分，尤其是芥子苷，在芥子水解酶的作用下，产生挥发性芥子油，即异硫氰丙烯脂等。

3．识别症状

通常表现为胃肠炎、肺气肿和肺水肿、肾炎的临床综合征，主要发生于牛和猪。

任 务 实 施

1．诊断

（1）病史调查　有采食菜籽饼的生活史。

（2）临床特点　初期出现不安、流涎、呼吸加快或困难、排尿次数增多等症状。

（3）剖检变化　呈现胃肠炎、肺气肿、肺水肿、肾炎等病变。

（4）毒物检验　必要时进行毒物检验，加以确诊。

2．治疗

目前无特效疗法，多采用对症治疗。

（1）保护胃肠黏膜　发病急者可内服淀粉浆，牛 $100\sim200$g，猪 $25\sim30$g，也可用 $0.5\%\sim1\%$ 鞣酸液洗胃或内服。

（2）增强心脏功能　肌内注射 10% 樟脑磺酸钠，牛 $20\sim40$ml，猪 $3\sim6$ml。

（3）甘草绿豆汤解毒　甘草 500g，绿豆 500g，水煎后加醋 500g，牛一次灌服。

3．预防

为安全地使用菜籽饼，可试用下列去毒法。

（1）坑埋法　即将菜籽饼用土埋入容积约 $1m^3$ 的土坑内，经放置两个月后，据测定约可去毒 99.8%。

（2）发酵中和法　即将菜籽饼经过发酵处理，以中和其有毒成分，本法约可去毒 90% 以上，且可用工厂化的方式处理。

（3）水浸漂洗法　有人认为将菜籽饼经过用温水和清水进行约半天的浸泡漂洗后，也可使之减毒，而达到安全饲用的目的。

子任务三　犬洋葱中毒的诊治

任 务 资 讯

1．了解概况

犬、猫食用洋葱和大葱后，其中的有毒成分 N-丙基二硫化物或硫化丙烯会引起中毒。临床上以排出红色或红棕色尿液为特征。

2．认知病因

多因连续或偶尔大量投喂含有熟洋葱或含有洋葱汁的熟食而引起。犬食洋葱内服中毒剂量为每千克体重 $15\sim20$g。

3．识别症状

一般在食后 $1\sim2$ 天发病，病初呈现明显的红尿，尿的颜色深浅不一，从浅红色、深红色至棕红色。中毒轻者症状不明显，有时精神欠佳，食欲减退，排出淡红色尿液。严重中毒时，尿液呈深红色或红棕色，食欲下降或废绝，精神沉郁，喜欢卧地，走路蹒跚，眼结膜和口腔黏膜发黄，心悸，气喘，体温正常或降低，严重者可导致死亡。

任 务 实 施

1．诊断

（1）病史调查　有饲喂洋葱或大葱熟食的病史。

（2）临床特点　有典型的血红蛋白尿。

（3）实验室化验

① 血常规检查。血浆呈粉红色；红细胞数、血红蛋白含量及血细胞比容等中度减少，网织红细胞增多，红细胞大小不等并呈明显多染性，红细胞内和边缘上有大量海恩茨小体；白细胞总数稍增加。

② 血液生化检验。血清总蛋白、总胆红素、直接及间接胆红素、尿素氮和天冬氨酸氨基转移酶活性均不同程度增加。

③ 尿液检验。颜色呈红色或红棕色，尿比重增加；尿潜血、尿蛋白和尿血红蛋白检验阳性；尿沉渣中红细胞少见或无。

2. 治疗

（1）停喂可疑食物　轻度中毒者在停喂洋葱或大葱后即可自然康复。

（2）补充血容量和营养　严重溶血时，可静脉注射葡萄糖溶液或林格液、三磷酸腺苷（ATP）、辅酶 A、维生素 C 等；经口给予或肌内注射复合维生素 B 及维生素 E。

（3）输血补血　严重贫血者，可输血（按每千克体重 10～20mg）或给予补血剂。

（4）对症治疗　皮下注射安钠咖；根据情况可适当给予抗生素及泼尼松、地塞米松等。

3. 预防

犬、猫禁喂含有熟洋葱或含有洋葱汁的熟食。

任务三　真菌毒素中毒的诊断与治疗

子任务一　黄曲霉毒素中毒的诊治

任 务 资 讯

1. 了解概况

本病是由于采食了有黄曲霉菌寄生而含有黄曲霉毒素的饲料所引起的一种以损害肝脏为主要特征的中毒病，猪、牛、羊和鸡、鸭等均可发生。

2. 认知病因

黄曲霉毒素是黄曲霉菌的一种代谢产物。黄曲霉菌适宜于阴暗潮湿、通风不良、温度较高的环境中生长繁殖，当用感染黄曲霉菌的玉米、棉籽、黄豆以及这些作物的副产品作饲料时，都有可能引起中毒。在家畜中对黄曲霉毒素的易感性顺序：3～4 周龄小猪＞犊牛＞肥育猪＞成年牛＞绵羊，另外，家禽中雏鸡、雏鸭也易发生。

3. 识别症状

（1）乳牛　多呈慢性经过，表现为厌食、消瘦、精神不振、角膜混浊、腹腔积液、下痢、产奶量下降，少量病例出现神经症状。

（2）猪　一般呈慢性经过，但小猪多呈急性经过；急性病例，可在运动中发生死亡或在发病后两天内死亡，表现为粪干、直肠出血及神经症状；慢性病例常表现为离群独处、粪干、异嗜等症状。

（3）雏鸡　雏鸡一般为急性中毒，多发于 2～6 周龄雏鸡；雏鸡往往表现为食欲缺乏、发育不良、衰弱、贫血并排血粪；雏鸭常表现为脱毛，鸣叫，跛行和角弓反张。

主要表现为胃肠道黏膜出血、肝肾肿大或有坏死点。

任 务 实 施

1. 诊断

（1）病史调查　有采食发霉饲料的病史。

（2）临床特点　有消化功能障碍、胃肠炎和神经症状。

（3）剖检变化　肝肾肿大、出血、硬化，甚至变性坏死。

（4）毒物化验　真菌培养及黄曲霉毒素检验均呈阳性。

2. 治疗

本病尚无特效解毒药，只能采取对症疗法。

（1）停喂可疑饲料　改喂优质饲料，并加强饲养管理。

（2）排出胃肠道内毒物　可内服盐类泻剂如硫酸镁、硫酸钠或人工盐；牛、马也可进行洗胃；猪可用1％硫酸铜催吐。

（3）保肝解毒，制止出血　用25％葡萄糖溶液、5％维生素C、肌苷等静脉注射，同时用维生素K_3，牛、马100～300mg，猪、羊30～50mg，肌内注射。

（4）对症治疗　补液，强心，抗菌消炎，调节肠胃功能。

3. 预防

（1）饲料库要保持通风、干燥，并有防霉措施。

（2）禁喂发霉饲料，禁用发霉垫料。

（3）发现中毒立即停喂。

（4）如果只是轻微发霉，可用1％氢氧化钠或石灰水浸泡过夜，用清水冲洗干净后再食用。

（5）真菌污染处用高锰酸钾和甲醛熏蒸消毒或用过氧乙酸喷雾消毒。

子任务二　玉米赤霉烯酮中毒的诊治

任 务 资 讯

1. 了解概况

玉米赤霉烯酮中毒，又称F-2毒素中毒，是家畜采食了赤霉菌侵害的玉米、小麦等饲料引起的中毒症。本病以猪最为多发，尤其是3～5月龄仔猪。牛、羊等反刍动物也可发生。

2. 认知病因

玉米赤霉烯酮具有雌激素的作用，其强度为雌激素的十分之一，可造成家禽和家畜的雌激素水平提高。目前发现，猪对此毒素较为敏感。玉米赤霉烯酮作用的靶器官主要是雌性动物的生殖系统，同时对雄性动物也有一定的影响。在急性中毒的条件下，对神经系统、心脏、肾脏、肝和肺都会有一定的毒害作用。主要的机制造成神经系统亢奋，在脏器当中造成很多出血点，使动物突然死亡。

3. 识别症状

玉米赤霉烯酮中毒分为急性中毒和慢性中毒。在急性中毒时，动物表现为兴奋不安，走路蹒跚，全身肌肉震颤，突然倒地死亡，可视黏膜发绀，体温无明显变化，呆立，粪便稀如水样，恶臭，呈灰褐色，并混有肠黏液，频频排尿，呈淡黄色，腹痛、腹泻。同时还表现为外生殖器充血、肿胀、死胎和延期流产现象大面积产生，并且伴有木乃伊胎现象。剖检时见淋巴结水肿，胃肠黏膜充血、水肿，肝轻度肿胀、质地较硬、色淡黄。慢性中毒时，主要对母畜的毒害较大，它会导致母畜外生殖器肿大，频发情和假发情的情况增多，育成母畜乳房肿大，自行泌乳，并诱发乳房炎，受胎率下降。同时对公畜也会造成包皮积液、食欲不振、掉膘严重和生长不良的情况。

任 务 实 施

1. 诊断

（1）母畜 母猪发病率可达 100％，死亡率很低，表现为类发情症状：阴户肿胀（图8-1），乳腺肿大，子宫增生，阴道黏膜充血发红，重者发生阴道脱出，有的由于努责继发直肠垂脱。母猪不孕、流产、死胎。

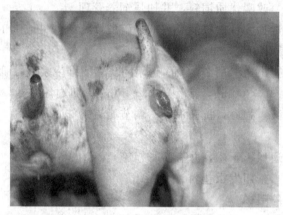

图 8-1 仔猪外阴红肿

（2）公畜 公猪和去势猪可见包皮水肿和乳腺肥大。

2. 治疗

目前，对动物玉米赤霉烯酮中毒尚无特效药治疗，生产中应立即停止饲喂可疑饲料，并对饲料加以检测，确定饲料中是否含有玉米赤霉烯酮。对于已经中毒的家畜，为了减少损失也应给予一定的治疗。对于急性中毒的动物，可采取静脉放血和补液强心的方法。对于慢性中毒的动物，首先要将霉变的饲料停喂，静脉注射葡萄糖和樟脑磺酸钠，同时再肌内注射维生素 A、维生素 D、维生素 E 和黄体酮。对外阴部的治疗可用 0.1％高锰酸钾洗涤肿胀阴户。

3. 预防

玉米赤霉烯酮在体内有一定的残留和蓄积，一般毒素代谢出体外的时间为半年，造成的损失大且时间长，所以做好必要的防毒措施是十分必要的。

第一，控制饲料的质量。一般玉米赤霉烯酮中毒的直接原因是饲料中有霉变（特别是赤霉）污染的玉米、小麦、大豆等。所以，在使用以这些原料为主的饲料时就应当注意检测，一旦发现就不应再使用。

第二，注意饲料的储藏。在南方的一些地区，高温多雨的气候为霉菌的繁殖提供了良好的环境和条件，因此在储藏不当的时候也会引起赤霉污染现象发生。对于这些饲料，应储存在干燥、通风的环境下，并采取一些人为的方法防止赤霉的污染。

第三，对于已发霉的饲料，一般不再使用。如果实际条件还需要使用，可将饲料放入10％石灰水中浸泡一昼夜，再用清水反复清洗，用开水冲调后饲喂。同时应注意用量不应该超过 40％。

子任务三 赭曲霉毒素 A 中毒的诊治

任 务 资 讯

1. 了解概况

赭曲霉毒素 A 是由多种生长在粮食（小麦、玉米、大麦、燕麦、黑麦、大米和黍类等）、花生、蔬菜（豆类）等农作物上的曲霉和青霉产生的。动物摄入了霉变的饲料后，这种毒素也可能出现在猪和母鸡等的肉中。

2. 认知病因

赭曲霉毒素 A 主要侵害动物肝脏与肾脏，主要引起肾脏损伤，大量的毒素也可能引起肠黏膜炎症和坏死。动物试验中，还观察到赭曲霉毒素 A 具致畸作用。

（1）赭曲霉毒素 A 阻断氨基酸 tRNA 合成酶的作用而影响蛋白质合成，使得 IgA、IgG 和 IgM 减少，抗体效价降低。

（2）损伤禽类法氏囊和畜禽肠道淋巴组织，降低抗体的产量，影响体液免疫，与赭曲霉毒素 A 的致癌作用有关。

（3）使粒细胞吞噬能力降低，从而影响吞噬作用和细胞免疫。

（4）赭曲霉毒素 A 能通过胎盘影响胎儿组织器官的发育和成熟。

3. 识别症状

（1）家禽　主要侵害泌尿系统，高浓度下同样可以侵害肝脏。受侵害的鸡因多尿而呈现典型的"水样便"症状，并且生产性能下降，表现贫血症状。赭曲霉毒素 A 能引起禽类骨密度降低，从而出现软骨病现象。

赭曲霉毒素 A、黄曲霉毒素和 T-2 毒素都能引起家禽的免疫抑制。受影响的鸡群对原发性病毒性呼吸道感染以及条件性致病菌造成的二次感染更加易感。禽类受到感染主要是由于获得性免疫的破坏或自身抵抗力的下降。

赭曲霉毒素 A 对产蛋禽的危害主要为产蛋率下降，孵化率下降，生长迟缓。

赭曲霉毒素 A 可使胸腺萎缩以及降低免疫球蛋白和吞噬细胞的循环，同时破坏细胞免疫应答和体液免疫应答。

（2）猪　赭曲霉毒素 A 是一种霉菌肾毒素，给猪饲喂含赭曲霉毒素 A 1mg/kg 的饲料 3 个月，可引起腹泻、厌食和脱水，出现生长迟缓，饲料利用率低；剖检多见肾苍白、坚硬，即"橡皮肾"，以及肠炎、淋巴结坏死等。

（3）牛　赭曲霉毒素 A 对牛的危害主要体现在体重降低，生长迟缓。

任务实施

1. 诊断

根据临床症状、剖检的特征性变化可初步诊断。通过监测饲料中的霉菌毒素或在屠宰场检测肾脏中的毒素水平诊断赭曲霉毒素 A 的中毒症。

2. 治疗

（1）停喂发霉饲料　拿走料槽中剩余的饲料，更换优质饲料。

（2）排除胃肠内毒素　用硫酸钠 30～50g，液体石蜡 50～100mg，加水 500～1000mg，灌服，以排出肠内毒素，保护肠黏膜。

（3）消除脑水肿　用 20% 甘露醇 1～2g/kg 体重静脉注射，每天 2 次。

（4）治疗脱垂症　出现阴道脱垂和肛脱的，应先清洗消毒后采用外科手术法进行缝合，并用消炎药物治疗。

（5）对症治疗　出现腹腔积液、肺水肿、出血、肾肿、腹泻及精神委靡等症状时，可静脉注射葡萄糖、维生素 C、肌苷等以保肝护肾，必要时氟苯尼考肌内注射或拌料，控制继发感染。

3. 预防

（1）严把饲料关　饲料厂应严格控制使用霉菌毒素污染的饲料原料；养殖场严禁使用发

霉变质的饲料饲喂。

（2）减毒处理 对轻微发霉的玉米，用1.5%的氢氧化钠溶液或草木灰水浸泡处理，再用清水清洗多次，直至泡洗液澄清为止。但处理后仍含有一定毒性物质，须限量饲喂；辐射、暴晒能摧毁50%～90%的黄曲霉毒素；膨化、制粒能抑制霉菌孢子的生长，但对饲料中原有的霉菌毒素无影响；每吨饲料添加200～250g大蒜素，可减轻霉菌毒素的毒害。

（3）添加防霉剂及毒素吸附剂 目前市场上的毒素吸附剂，效果比较好的有百安明、霉可脱、脱霉素、霉可吸等，视饲料霉变情况添加0.05%～0.2%。

子任务四　单端孢霉烯毒素中毒的诊治

任 务 资 讯

1. 了解概况

单端孢霉烯毒素类属于镰刀菌毒素族，能引起动物疾病的毒素主要是T-2毒素，它广泛分布于自然界，是常见的污染田间作物和库存谷物的主要毒素，对人、畜危害较大。

2. 认知病因

动物中毒主要是由于畜禽采食被T-2毒素污染的玉米、麦类等饲料所致。T-2毒素可在饲料中无限期地持续存在。

T-2毒素主要作用于细胞分裂旺盛的组织器官，如胸腺、骨髓、肝、脾、淋巴结、生殖腺及胃肠黏膜等，抑制这些器官细胞的蛋白质和DNA合成。此外，还发现该毒素可引起淋巴细胞中DNA单链的断裂。T-2毒素还作用于氧化磷酸化的多个部位，而引起线粒体呼吸抑制。

3. 识别症状

主要表现为骨髓和造血系统发生障碍、进行性白细胞减少、粒细胞减少、淋巴细胞相对性增多。此外，还发生贫血，红细胞、血小板、血红蛋白减少等症。

任 务 实 施

1. 诊断

（1）流行病学调查 本病为人畜共患病。在动物多发生于猪，家禽次之，牛、羊等反刍动物发病较少。

（2）临床症状 包括食欲不振、体温偏低、胃肠功能障碍、腹泻、生长停滞、消瘦，孕畜发生流产；病的后期，各脏器发生广泛性出血，可能伴有便血和尿血；由于T-2毒素的直接刺激，动物口腔发生溃疡，鸡嘴发生肿瘤及皮肤炎症；但由于畜禽种类、年龄和毒素剂量的不同，其临床症状也有差异。

（3）病理变化 多为营养不良性消瘦和恶病质。

（4）实验室化验 确诊必须测定饲料中的T-2毒素，也可进行产毒霉菌的分离培养。

（5）鉴别诊断 本病应与黄曲霉菌素及红色青霉毒素等中毒病区别。这些毒素都产生早期非特异性症状，并且都发生出血及肝、肾损害，但是黏膜和皮肤脱落则为T-2毒素所特有。

2. 治疗

当怀疑是T-2毒素中毒时，应停止饲喂霉败饲料，尽快投服泻剂，以清除胃肠内毒素。同时给予黏膜保护剂和吸附剂，保护胃肠道黏膜。对症治疗可静脉注射葡萄糖溶液、乌洛托品注射及强心剂。

3. 预防

预防本病发生的主要措施如下。

（1）田间或储藏期间防霉　饲料和饲草多易在田间和储藏期间被产毒霉菌污染，因此在生产过程中，除加强田间管理、防止污染外，收割后应充分晒干，严防受潮、发热。储藏期间要勤翻晒、通风，以保证其含水量不超过10％～13％。

（2）去毒或减少饲料中毒素的含量　由于T-2毒素结构稳定，一般经加热、蒸煮和烘烤等处理后（包括酿酒、制糖糟渣等）仍有毒性。去毒或减毒可采取下列方法。

① 水浸法。1份毒素污染的饲料加4份水，搅拌均匀，浸泡12h。浸泡两次后，大部分毒素可被除掉；或先用清水淘洗污染饲料，再用10％生石灰上清液浸泡12h以上，其间换液3次，捞取，滤干，小火炒熟（温度120℃）。

② 去皮减毒。被污染的谷物，毒素往往仅存在于表层，可碾去谷物表皮，再加工成饲料，即可饲喂畜禽。

③ 稀释法。制成混合饲料，减少单位饲料中毒素的含量。

任务四　有毒植物中毒的诊断与治疗

子任务一　栎树叶中毒的诊治

任 务 资 讯

1. 了解概况

栎树叶又叫青杠叶（图8-2），栎树叶中毒是家畜采食幼嫩青杠叶引起的中毒症。青杠树往往生长于山区，在春季的幼芽、嫩叶和新枝中栎叶丹宁含量最高，以后含量逐渐降低。该症的自然发病集中在三月底到五月初，主要发生于牛，其次是羊。

图8-2　青杠树叶

2. 认知病因

栎树叶的主要有毒成分为一种高分子水溶性没食子鞣酸，即栎叶丹宁，属于水解类丹宁。丹宁进入消化道，可使黏膜蛋白凝固、上皮细胞破坏，同时大部分丹宁在瘤胃微生物的作用下，水解为多种低分子酚类化合物。后者经黏膜吸收，进入血液循环而分布于全身器官组织，最终发生毒性作用。当其被吸收，则会导致胃肠道的出血性炎症，经肾脏排除时则引起以肾小管变性和凝固性坏死为特征的肾病，最终因肾功能衰竭而致死。

3. 识别症状

动物一般在采食青杠树叶后数天至一周发病，临床上以先便秘后下痢、皮下发生水肿、尿少甚至无尿为特征。尸体剖检以皮下水肿和消化道出血为主要病理变化，可见皮下胶样浸润，胸、腹腔大量积液，胃肠黏膜出血，直肠、肾及肾周围脂肪囊水肿，故称其为"水肿病"、"阴肾癀"。

任务实施

1. 诊断

（1）病史调查　有采食青杠叶病史；具有明显的季节性，多发生于春季。

（2）临床特点　颌下、腹下、会阴等处有水肿症状及尿液变化。

2. 治疗

目前尚无特效药，只能对症治疗。

（1）停喂青杠叶　改喂其他青绿优质饲料。

（2）排除胃肠道内毒物　灌服植物油以缓泻，牛一次服 500～1500ml，山羊 100～250ml。下泻时禁用石蜡油。

（3）阻止毒物吸收，保护胃肠黏膜　可用牛乳、蛋清或豆浆灌服。

（4）解毒　用硫代硫酸钠，牛 10～15g，羊 3～5g 溶于 5％葡萄糖注射液 500～1000ml，静脉注射，1 次/d，对初、中期病例有效。

（5）对症治疗　补液，强心，提高机体抵抗力。用 10％葡萄糖、10％安钠咖、维生素 C 静脉注射；有水肿时，可用 20％甘露醇，牛 1000～2000ml，羊 200～300ml，静脉注射；速尿 1～3mg/kg 体重，内服，2 次/d。

（6）健胃消炎　可服干酵母 50g，大黄苏打片 100 片，红糖 250g，每天一次；控制胃肠道感染用青霉素 300 万 U、链霉素 300 万 U，肌内注射，2 次/d；中后期内服肠道抑菌药（如磺胺脒或生大蒜等）。

3. 预防

目前经实践证明以下措施有效。

（1）"三不"措施　贮足冬、春饲草，发病季节不在栎树林放牧，不用栎树叶喂牛，不用栎树叶垫圈。

（2）日粮控制法　控制栎树叶在日粮中的比例，使日粮中栎树叶不超过 40％。

（3）高锰酸钾法　在发病季节，每日下午归牧后先饮或灌服 0.1％高锰酸钾液 3000ml，对栎丹宁有氧化解毒作用。

子任务二　醉马草中毒的诊治

任务资讯

1. 了解概况

醉马草，又名"醉马芨芨"、"醉针茅"、"马尿"、"醉针草"等，是禾本科、芨芨草属的多年生草本植物（图 8-3）。早春多发病，以马属动物最为敏感，一般采食鲜草达体重的 1％时即可产生明显的中毒症状，羊吃了不会中毒。

2. 认知病因

关于醉马草的有毒成分尚不十分清楚，一般认为是含有生物碱，也有认为是含有氰苷。曾有研究者从醉马草中分离出两种生物碱，即麦角新碱和异麦角新碱，但含量太低。最新的研究认为，引起中毒的主要成分是一种与十烷双胺结构十分相似的生物碱。

3. 识别症状

马属动物中毒后呈醉酒状。采食 30～60min 后出现中毒症状，轻度中毒者呈现心跳加快（90～110 次/min），呼吸急促（60 次/min），精神沉郁，食欲减退，口吐白沫。较严重中毒时，头低耳垂，流泪，闭眼，颈部稍显僵硬，行走摇晃蹒跚如醉酒，知觉过敏，有时呈阵发性狂躁，起卧不安；2h后站立不稳，行走时后肢拖拉，步态不稳，精神极度沉郁，有时倒地不能起立，呈昏睡状；12h后排出大量尿液，之后症状开始缓解。严重中毒时，除上述症状外，尚可见腹胀、腹痛、鼻出血、急性胃肠炎等症状。

图 8-3　醉马草
1—根部；2—花；3—茎

任 务 实 施

1. 诊断

（1）有采食醉马草的病史。

（2）有典型的醉酒症状。

2. 治疗

目前尚无特效疗法。早期应用酸类药物抢救尚可收效，可给中毒马匹内服酸性药物，如稀盐酸 15ml，乙酸 30ml 或乳酸 15ml，也可内服食醋或酸奶 0.5～1.0kg，同时静脉注射 500～1000ml 的等渗或高渗葡萄糖溶液以及生理盐水即可缓解症状。为提高疗效，应结合支持疗法及对症治疗。周进海等报道用 11.2% 的乳酸钠 60ml，一次静脉注射治疗醉马草中毒有一定疗效。

3. 预防

外地马、骡到达有醉马草生长的地区后，可将幼嫩的醉马草捣碎，混入人尿或马尿，涂于马、骡的口腔及牙齿上，使其厌恶，不再采食醉马草。在早春牧草缺乏的时候，由于醉马草返青发芽较早，应禁止在生长有醉马草的地区放牧，对刚学会吃草的幼驹及外来家畜更应特别注意。

鉴于醉马草对羊不引起中毒，为了充分利用草地资源和防止其他家畜中毒，可考虑在生长有醉马草的春季草场上放牧羊只。

子任务三　疯草中毒的诊治

任 务 资 讯

1. 了解概况

"疯草"是棘豆属和黄芪属中有毒植物的统称。主要分布于我国西北地区，西南及华北部分省区也有分布（图 8-4～图 8-7）。由疯草引起的动物中毒病统称"疯草病"或称"疯草中毒"，发病动物主要是山羊、绵羊和马，牛少见，通常在青草不够时才吃它。

2. 认知病因

动物长期采食疯草可引起中毒。疯草中提取的有毒成分是苦马豆素。苦马豆素为水溶性，在动物肠道迅速被吸收，并且很快通过尿液、粪、奶排出。苦马豆素为含氮的类似糖一样的分子，它是几种甘露糖苷酶的抑制剂。α-甘露糖苷酶导致部分合成的低聚糖和糖蛋白在溶酶体内聚集。苦马豆素也抑制高尔基氏体甘露糖苷酶 Ⅱ，此酶是许多蛋白包括激素、膜受体和受体酶糖基化作用的关键。

3. 识别症状

自然条件下疯草中毒多为慢性。

（1）牛　主要表现为视力减退，水肿及腹腔积液，使役不灵活。牛对棘豆草的敏感性较低，中毒较少发生，症状也较轻。

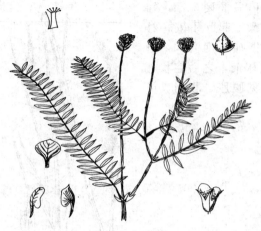

图 8-4 黄花棘豆

图 8-5 甘肃棘豆

图 8-6 毛瓣棘豆

图 8-7 变异黄芪

（2）山羊 精神沉郁，反应迟钝，头部呈水平震颤，后躯摇摆，站立不稳，放牧时常掉队，后期腹泻，脱水，后躯麻痹，心力衰竭死亡。

（3）绵羊 与山羊类似，只是症状出现较晚。中毒症状尚未出现时，用手提绵羊的一只耳朵，便产生应激作用。疯草中毒的绵羊则表现转圈，摇头，甚至卧地等症状。怀孕母羊多流产，或产弱仔、畸胎。

（4）马 病初行动缓慢，不愿走动，离群站立，腰背僵硬，易惊，容易跌倒，转弯困难，最后饮水困难，后肢麻痹，衰竭死亡。

任 务 实 施

1. 诊断

（1）病史调查 有放牧采食疯草的病史；自然条件下疯草中毒多呈慢性经过。

（2）临床特点 如后躯麻痹、行走摇摆、头部呈水平震颤等；对中毒症状尚不明显的绵羊，可采用手提绵羊耳朵致应激，根据绵羊的表现作出初步诊断。

（3）剖检变化 中毒羊可见极度消瘦，口腔及咽部有溃疡灶，皮下及小肠黏膜有出血点，胃及脾脏与横膈膜有粘连，肾呈土黄色、灰白色相间，腹腔有多量积液。

2. 治疗

目前尚无特效疗法。用 10％硫代硫酸钠、5％葡萄糖溶液，按 1ml/kg 体重静脉注射，有一定的疗效。及时发现中毒病畜，转移放牧草场（脱离疯草生长的草场）。调整日粮，加强补饲，同时配合对症治疗，早、中期中毒病畜可以逐渐恢复健康。

3. 预防

（1）围栏轮牧　在棘豆生长茂密的牧地，限制放牧易感的山羊、绵羊及马，而代之以放牧对棘豆迟钝的家畜（如牛）。也可用来饲养对棘豆草有很强耐受性的家兔。

（2）化学防除　每年的5～6月份，在草场上喷洒2,4-D丁酯，2.5kg/hm²，以除去棘豆草。

（3）日粮控制法　疯草中毒主要发生在冬季枯草季节，天然草场可食草甚少，家畜因饥饿被迫采食疯草而发病。冬季备足草料，加强补饲，可以减少本病的发生。

子任务四　狼毒中毒的诊治

任 务 资 讯

1. 了解概况

狼毒也叫"续毒"、"川狼毒"、"瑞香狼毒"、"断肠草"、"打碗花"、"山丹花"、"闷头花"、"红狼毒"等（图8-8）。中医上认为狼毒具有逐水祛痰、破积杀虫、镇咳平喘的功效。

2. 认知病因

狼毒中含有有毒的高分子有机酸、狼毒苷和强心苷等。其对消化道有强烈刺激性，可引起急性下泻。对神经系统有一定的毒性，还可引起白细胞及血小板减少，严重时使呼吸麻痹。对皮肤刺激可引起炎症。

图8-8　狼毒

3. 识别症状

中毒后使口腔、咽喉肿痛，并出现恶心、呕吐、腹痛、腹泻、血压下降、头昏、头痛、心慌、烦躁等症状，严重时出现精神失常、视物不清、尿闭、出冷汗、瞳孔散大、对光反射迟钝、失眠、举步不稳、四肢痉挛等，最后因休克死亡。

任 务 实 施

1. 诊断

通过病史调查、结合临床症状可作出诊断。

2. 治疗

（1）排毒解毒　中毒后立即用1:4000的高锰酸钾洗胃。而后服药用炭或通用解毒剂。

（2）静脉输液　10%葡萄糖溶液、维生素C、肌苷等。

（3）对症治疗　当动物剧烈腹泻时给黄连素，要注意纠正电解质平衡；烦躁不安时给镇静剂，如安定等；用新斯的明对抗瞳孔散大；中药治疗用绿豆250g、甘草250g、金银花50g、连翘50g、豆蔻50g、茶叶100g、淡竹叶70g，煎水，合5000ml淘米水分两次内服（成牛剂量），一日二剂，连服三剂。

3. 预防

（1）在狼毒生长的退化草地上，采用划区轮牧、封滩育草、草地施肥等措施，使退化的草地上优良牧草增多，狼毒减少。

（2）在狼毒分布的退化草地上，应用生长竞争原理，补播一些竞争力较强的、适宜的优良牧草或饲用灌林，以抑制狼毒药的生长。

子任务五　闹羊花中毒的诊治

任 务 资 讯

1. 了解概况

闹羊花又称"羊踯躅"、"黄花草"、"映山黄"、"洋金花"、"羊不食"、"黄杜鹃"等。多

发于丘陵山区，多生长于山坡、石缝、灌木丛中，每年2～4月份发出新叶，开喇叭状黄花（图8-9），牛、羊早春放牧误食而中毒。

本病多发生于绵羊、山羊及牛，猪亦可发生。

2. 认知病因

闹羊花有毒部分为花和叶，其中含较多量的东莨菪碱和阿托品，含有浸木毒素、杜鹃花素和石楠素等，这些毒素可引起血压降低和呼吸抑制，以及在短暂的兴奋后出现中枢神经抑制，最后由于呼吸麻痹而死亡。

3. 识别症状

采食4～5h后，出现流涎、呕吐、腹泻、嘶叫、精神委顿、呆立、行走不便、如醉酒样、后肢瘫痪，甚至全身麻痹、呼吸困难、倒地不起。牛中毒后，瞳孔先缩

图8-9　闹羊花

小后散大，并可见交替进行。

任 务 实 施

1. 诊断

（1）病史调查得知，牧区内有闹羊花生长。

（2）有喷射性呕吐和运动失调的症状。

2. 治疗

（1）0.2％～0.5％高锰酸钾溶液内服。

（2）韭菜半斤捣汁，调鸡蛋2个，猪、羊灌服。

（3）硫酸阿托品　牛15～30mg，猪、羊2～4mg，皮下注射。

（4）新鲜松针，用澄清的黄泥水煎，候温灌服。

（5）生栀子（当年摘新鲜尤佳）150g，稍加捣碎，常水经口给予，5～15min就见效（牛）。

（6）灌服解毒汤　绿豆1000g（浸胀）、淡竹叶200g、金银花100g、甘草150g，煎水1000～2000ml，一次灌服（牛）。

（7）静脉输液　5％糖盐水2000ml、维生素C 1～3g、10％樟脑磺酸钠注射液20ml，静脉注射（牛）。

3. 预防

尽量避免到闹羊花大量生长的地方放牧。在多发季节，放牧前给动物内服5g活性炭，有良好的预防效果。

子任务六　毒芹中毒的诊治

任 务 资 讯

1. 了解概况

毒芹（也叫野芹菜）多生长于低洼的潮湿草地以及沼泽，特别是沟渠、河流、湖泊的岸

边，我国各地均有毒芹生长，尤以东北地区为多，多发于牛、羊，有时见于猪和马，早春季节多见。

2. 认知病因

毒芹（图 8-10）在春季比其他植物发芽早、生长快，雪刚融化即开始发芽生长。放牧过程中，牛、羊看到首先变绿的毒芹幼苗，立即采食，不但吃掉幼苗，而且连根拔起，一同吃掉。毒芹全草有毒，主要有毒物质是毒芹碱和甲基毒芹碱，根部最多，家畜采食引起中毒。毒芹的致死量：牛为 200～250g，羊为 60～80g。

图 8-10　毒芹

3. 识别症状

牛、羊采食毒芹后 2～3h 内发病，呈现兴奋不安，瘤胃臌气，腹痛腹泻，全身肌肉阵发性或强直性痉挛，头颈后仰，呼吸中枢麻痹死亡。

任 务 实 施

1. 诊断

（1）有接触过毒芹的病史。

（2）有消化障碍和肌肉痉挛的典型症状。

（3）剖检时胃肠内有毒芹茎叶。

2. 治疗

（1）鲜牛奶或豆浆内服。

（2）5％碘酊 50～80ml 加水 500ml，牛一次内服（碘剂可使毒芹素沉淀，减少吸收）。

（3）油类泻剂　牛 200～400ml，猪 20～60ml，一次内服。

（4）0.5％鞣酸溶液或 5％～10％药用炭水溶液洗胃，每次牛 1500～2000ml，猪、羊 500～1000ml，可连续洗 4～6 次。

（5）5％～10％盐酸溶液内服，牛 1000ml，羊 250ml。

（6）山梗菜碱 35mg、咖啡因 20ml、25％葡萄糖 100ml、地塞米松 30mg，静脉注射。

（7）新斯的明 20mg，氯丙嗪 270mg，肌内注射。

3. 预防

（1）对放牧草地应详细调查，以掌握毒芹的生长和分布情况，尽量避免在有毒芹生长的草地放牧。

（2）早春、晚秋季节放牧前，应喂饲少量饲料，以免家畜由于饥不择食，而误食毒芹。

（3）改造有毒芹生长的牧地，可深翻土壤进行覆盖。

子任务七　蕨中毒的诊治

任 务 资 讯

1. 了解概况

蕨多分布于山区的阴湿地带，其孢子叶和营养叶到冬季都将枯萎，春季则由其他地下根茎萌发新叶，新叶初出时卷曲于叶柄的顶端，如筷子一般粗细的肥嫩肉枝，将其采集经沸水漂洗后可供食用，称蕨茎苔（图 8-11），但其生鲜品被家畜采食后则可引起中毒。有毒成分：生氰糖苷、硫胺素酶、血尿因子等。

图 8-11 蕨

2. 认知病因

中毒的动物主要是放牧饲养或靠收割山野杂草饲养的牛，经过冬春的枯草期后，由于蕨类在山野首先萌发，常成为短时间内所仅有的鲜嫩饲草，蕨中毒即在此时期发生，其后则由于其他草类之先后逐渐生长，牲畜均转而采食其他草类，中毒事故也即逐渐减少以至停息。

3. 识别症状

中毒后主要症状为高热，贫血，血小板减少，血细胞凝集（血凝）不良，全身广泛性出血。临床症状分为肠型和喉型。

（1）肠型　常见于成年牛，表现为体温升高、沉郁呆立、厌食、下痢、粪带血、腹痛不安、瘤胃蠕动减弱或消失、鼻肠出血、针刺或撞击畜体则出血不止，孕畜流产。

（2）喉型　发生于犊牛，体温升高，反应迟钝，喉水肿，呼吸困难，口鼻有大量黏液性分泌物。慢性出现血尿。

任 务 实 施

1. 诊断

（1）有采食蕨的病史。

（2）牛有再生障碍性贫血和出血性胃肠炎的症状，马有蹒跚症状。

（3）剖检见各组织器官广泛出血。

2. 治疗

牛蕨中毒无特效疗法，且由于较长的潜伏期，以至在停饲蕨叶以后，仍有 1～2 个月的危险期，故对病牛群务必注意护理。

（1）鱼油醇 1g，溶于 10ml 橄榄油中，牛皮下注射，连续 5 天。

（2）硫胺素（维生素 B_1）50～100mg，皮下注射。

（3）植物油灌服，牛一次 1000ml，猪、羊 250～500ml。

（4）10％葡萄糖 1500ml，5％维生素 C 溶液 10ml，混合（牛），静脉注射，2 次/d，犊牛酌减。

3. 预防

（1）加强饲养管理，避免到蕨茂密生长的牧地放牧。放牧前，适当补饲，防止家禽饥不择食，大量采食蕨。还应注意剔除饲草中混杂的蕨。

（2）配合牧地改良，控制蕨生长。将草地深翻，清除掉翻出的蕨根。在蕨开始发芽生长时，喷洒黄草灵，也可有效控制蕨的生长。

任务五　蛇毒中毒的诊断与治疗

任 务 资 讯

1. 了解概况

蛇毒中毒是由于家畜被毒蛇咬伤，其毒素通过创口进入机体而引起的。牛、羊被毒蛇咬伤，多发于跗关节或球关节附近；猎犬多在四肢和鼻端，咬伤部位越接近中枢神经（如头、面部）及血管丰富的部位，其症状则越严重；猪由于皮下脂肪丰富，毒素吸收缓慢，其中毒症状出现也慢。

2. 认知病因

蛇毒进入机体后的散布方式有两种：一种是随血液散布，极为危险，极少量的毒液也可很快散布全身；另一种是随淋巴循环散布，这是毒液散布的主要方式，散布速度缓慢，及时急救处理，可将大部分毒液吸出。

3. 识别症状

根据毒蛇的类型（图 8-12），中毒症状可分为以下类型。

(a) 眼镜蛇　　　　　　　　(b) 眼镜王蛇　　　　　　　　(c) 蝮蛇

(d) 竹叶青蛇　　　　　　　　(e) 蕲蛇

图 8-12　常见的毒蛇

（1）神经毒类（风毒）　如金环蛇、银环蛇，一般被这类毒蛇咬伤后，伤口局部症状不明显，而全身中毒症状突出。

全身症状：发热、四肢麻痹无力、呼吸困难、吞咽障碍、瞳孔散大、全身抽搐、血压下降、休克以致昏迷。

（2）血循毒类（火毒）　主要包括竹叶青蛇、龟壳花蛇、蝰蛇、五步蛇等。当被这类蛇咬伤后，局部可很快出现红肿热痛症状，伤口出血多，并可发生淤血坏死，继而全身战栗，发热，心动过速，呼吸困难而死。

（3）混合毒　如蝮蛇、眼镜蛇、眼镜王蛇、蕲蛇等。蛇毒中既含神经毒，又含血循毒，故可呈现两方面的症状。

任 务 实 施

1. 诊断

（1）根据被蛇咬伤史。

（2）根据临床症状。

（3）根据蛇毒检测进行诊断。

2. 治疗

（1）防止蛇毒扩散，进行早期结扎　就地取材用绳子、野藤、手帕或将衣服撕下一条，扎在伤口的上方，尽可能扎紧，结扎后每隔 $10\sim20$min 必须放松 $2\sim3$min，以免阻止血循环，造成局部组织坏死，经排毒和服蛇药后，结扎方可解除。

（2）冲洗伤口 用清水、冷开水、盐水、肥皂水、5％过氧化氢液、1％高锰酸钾液、5％漂白粉液、0.5％呋喃西林等均可。对响尾蛇、龟壳花蛇、竹叶青蛇、蝰蛇咬伤，洗创排毒，一定要用 EDTA 冲洗。

（3）扩创排毒 避开血管，经冲洗后用清洁的小刀、刀片或三枝针按毒牙痕纵向切开或做十字形切开，深达皮下组织（注意扩创时刀或针应从无毒端切向有毒端，以防毒液随刀或针蔓延）。扩创后，可用手用力挤压排毒或用拔火罐或吸乳器吸毒。注意：已超过 12h 或创口已坏死、流血不止者不宜切开。

（4）局部封闭 在扩创的同时向创内或其周围局部点状注入 1％高锰酸钾液、胃蛋白酶或 0.5％普鲁卡因局部封闭，也可用 5％碘酊涂擦。也可用冰块局部降温，使中毒的化学反应减慢，还能使血管收缩，阻滞蛇毒扩散，并带打死的毒蛇一同送医院治疗（兽医院或人类医院）。

（5）中西药解毒

① 注射抗蛇毒血清。单价血清只能治疗某种毒蛇咬伤；多价血清能治疗多种毒蛇咬伤。

② 普鲁卡因封闭疗法。在扩创或针刺排毒后的同时，向其创内或其周围局部，点状注射 1％高锰酸钾溶液、胃蛋白酶可破坏蛇毒，并用 5％碘酊涂擦；也可用 0.5％普鲁卡因溶液 $100\sim200$ml 进行局部封闭。

③ 全身治疗。高锰酸钾 0.5g 溶解于 500ml 温生理盐水中，静脉注射，同时皮下注射咖啡因、樟脑水或尼可刹米。

④ 复方中成药。剂型有片剂、针剂、冲剂、散剂、酒剂等多种。如南通蛇药、湛江蛇药、上海蛇药、广西医学院蛇药、季德胜蛇药。

⑤ 单方中药。有重楼（七叶一枝花）、万年青、半边莲、鬼针草、望江南等。

3. 预防

加强饲养管理，放牧牛羊时要避免被毒蛇咬伤。

任务六 农药中毒的诊断与治疗

子任务一 有机磷中毒的诊治

任 务 资 讯

1. 了解概况

有机磷农药广泛用于农作物杀虫，少数用于驱除家畜体内、外寄生虫。有机磷农药按其毒性分为：剧毒、高毒和低毒三类。

（1）剧毒类 3911（甲拌磷）、1605（对硫磷）、1059（内吸磷）、甲胺磷、杀虫双。

（2）高毒类 甲基对硫磷、甲基内吸磷、敌敌畏、乐果、倍硫磷、稻丰散、杀螟松。

（3）低毒类 敌百虫、4049（马拉硫磷）。

2. 认知病因

（1）采食、误食或偷食施过农药不久的农作物、牧草、蔬菜等。尤其是用药后未被雨水冲刷过的更危险。

（2）误食拌过农药的种子。

（3）应用不当，如防治寄生虫时用药量过大、用药浓度过高、涂布面积过大等。

（4）饮水被农药污染。例如在池塘、水渠等饮水处配制农药、洗澡、喷药用具和工作服，饮用撒过农药的田水等。

（5）错误的农药保管方法，例如用同一库房贮存农药和饲料，或在饲料间内配制农药和拌种。

3. 识别症状

（1）神经症状　先兴奋后抑制，全身肌肉痉挛，角弓反张，运动障碍，站立不稳，倒地后四肢呈游泳状划动，迅速死亡。

（2）消化障碍　流涎吐沫，腹痛不安，肠鸣音高、连绵不断，粪稀如水、便中带血。

（3）呼吸变化　高度呼吸困难，张口喘气，肺部听诊有啰音。

（4）全身症状　体温正常或偏低，全身出汗，口、鼻、四肢末端发凉，瞳孔缩小，眼球震颤，可视黏膜发绀，脉细弱无力。

任 务 实 施

1. 诊断

（1）病史调查　有接触有机磷农药的病史。

（2）临床特点　如痉挛、出汗、口吐白沫、有啰音、瞳孔缩小等。

（3）实验室化验　胆碱酯酶活性测定，其活力在 60% 以下，用 B.T.B 试纸进行测定。

2. 治疗

（1）脱离毒源　立即离开中毒现场，如系皮肤吸收中毒，可用清水和肥皂水冲洗，忌用热水和酒精擦洗，但敌百虫中毒时不可用碱水，因为敌百虫遇碱性溶液会变成敌敌畏，毒性加强，经口中毒，可经口给予小苏打和木炭末各 100~150g，或清水洗胃，然后灌服盐类泻剂。

（2）乙酰胆碱对抗剂　硫酸阿托品，牛 20~70mg，猪、羊 10~20mg，肌内注射，每隔 1~2h 重复注射一次，中度中毒者每半小时一次，重度中毒者每 10~30min 一次，直至出汗停止、瞳孔散大、流涎停止（阿托品化），即停药观察，观察时间至少 3h 为宜。

（3）胆碱酯酶复活剂　重度中毒者，使用阿托品后，紧随用 4% 解磷定注射液，牛 30~50ml，猪、羊 10~20ml，静脉注射；25% 氯磷定注射液，牛 20~40ml，猪、羊 5~10ml，静脉注射或肌内注射；12.5% 双复磷注射液，按 15~30mg/kg 体重，静脉注射或肌内注射。

（4）对症治疗　肺水肿时，应用高渗剂减轻肺水肿，并同时应用兴奋呼吸中枢的药物，如樟脑、戊四氮等。有胃肠炎时应抗菌消炎，保护胃肠黏膜。兴奋不安时，用氯丙嗪等镇静剂。

3. 预防

（1）保管好农药。

（2）开展经常性的宣传工作，以普及和深化有关使用有机磷农药和预防家畜中毒的知识，以推动群众性的预防工作。

（3）对于使用农药驱除家畜体内外寄生虫时，要注意选择低毒类有机磷农药，并计算好用量和浓度，体表喷洒的面积不能太大。

子任务二　氟乙酰胺中毒的诊治

任 务 资 讯

1. 了解概况

氟乙酰胺（商品名为灭鼠灵、三步倒或敌蚜胺）是残效期长的高效剧毒农药和杀鼠剂，也可防治棉花、果树害虫。动物对氟乙酰胺的易感顺序是：犬、猫、牛、绵羊、猪、山羊、马、禽。

2. 认知病因

动物误食被有机氟化物处理过或污染过的植物、种子、饲料、饮水、毒饵，或者采食了因氟化物中毒而死亡的尸体引起中毒。

氟乙酰胺进入机体后，经脱氨生成氟乙酸，氟乙酸与草酰乙酸作用生成氟柠檬酸，氟柠檬酸抑制顺乌头酸酶，破坏了三羟酸循环，使糖代谢发生障碍。此外，氟乙酸和氟柠檬酸对神经系统有直接刺激作用，对心脏亦有损伤作用。

3. 识别症状

食入毒物后的潜伏期为30min至2h，一旦出现症状，即迅速发展。临床上以神经系统和循环系统的病变为主。各种动物有所不同。

（1）马氟乙酰胺中毒症状　马以心血管系统症状为主。精神沉郁，肌肉震颤，呼吸困难，四肢末端发凉，心跳加快，心律不齐，腹痛不安，出汗，步态不稳。最后惊恐、鸣叫、倒地抽搐死亡。

（2）牛、羊氟乙酰胺中毒症状　牛、羊氟乙酰胺中毒初步分为下列两种类型。

① 突然发病型。无明显的前驱症状，经9～18h，动物突然倒地，剧烈抽搐，惊厥或角弓反张，迅速死亡；有的可暂时恢复，但心跳快，节律不齐，卧地战栗，旋即复发，终于死亡。

② 潜伏发病型。中毒5～7天后，表现食欲减退，不反刍，不合群，有的可逐渐恢复，有的可能静卧而死。还有的在中毒之次日，即表现精神沉郁，食欲反刍减少，经3～5天，每因外界刺激甚或无明显外因而突然发作惊恐，尖叫，狂奔，全身颤抖，呼吸急促，可重复发作。病畜最后因呼吸抑制或心力衰竭而死亡。

任 务 实 施

1. 诊断

（1）有接触氟乙酰胺农药的病史。

（2）有神经兴奋和心律失常的症状。

（3）必要时测定血中柠檬酸含量，比正常值高。

2. 治疗

（1）促进毒物排出　立即更换选用的饲料、饮水；发病初期或病情较轻的牛，可用1∶5000的石灰水或0.02%高锰酸钾水反复洗胃；用硫酸钠导泻。

（2）特效解毒药　50%乙酰胺（解氟灵）按0.1～0.3g/kg体重，肌内注射，或乙二醇乙酸酯0.125ml/kg体重，肌内注射。还可用5%乙醇或5%乙酸按2ml/kg体重内服。

（3）保护胃肠黏膜，减少毒物吸收　如灌服鸡蛋清。

（4）对症治疗　控制痉挛可用葡萄糖酸钙或氯化钙静脉注射或氯丙嗪肌内注射；解除脑水肿可静脉注射20%甘露醇；缓解呼吸困难可静脉注射尼可刹米。

3. 预防

（1）禁喂用氟乙酰胺农药喷洒过或污染过的植物和饮水。

（2）使用氟乙酰胺农药防治蚜螨和鼠害时，严禁污染水源。

（3）作为灭鼠的诱饵，氟乙酰胺应妥善放置，严禁家畜误食。对毒死的鼠类尸体要深埋，防止家畜吞食。

任务七　金属类矿物质中毒的诊断与治疗

任务资讯

1. 了解概况

动物因食入或吸入含汞蒸气及其化合物而引起的中毒即为汞中毒。以胃肠炎、支气管炎、肾炎和神经功能障碍为特征，本病犊牛、母牛和水貂的易感性最高，其次是犬、猫、马和家禽。

2. 认知病因

（1）汞分有机汞（如农药中的赛力散、西力生、谷仁乐生）和无机汞（如升汞、甘汞、汞撒利）两大类。动物因误食含汞农药喷洒过的农作物或用汞消毒剂消毒圈舍而中毒。

（2）汞能在常温下升华，在汞厂矿周围的动物，因蒸气的吸入或长期接触汞制剂，使汞在体内蓄积可引起慢性中毒。

（3）饮用被汞化合物污染的水源，或通过水生物富集汞后被动物食用，或水中无机汞经微生物转化成为毒性更强的有机汞，间接地引起动物中毒。

3. 识别症状

汞中毒的临床症状，因汞侵入途径和疾病的经过而不同：经口食入所致的中毒，呈现胃肠炎的症状；汞蒸气吸入所致的中毒，呈现支气管肺炎的症状；体表接触污染所致的中毒，主要表现出皮肤炎的症状。

急性汞中毒和慢性汞中毒的后期，可导致肾脏和脑组织等严重损害，而呈现肾炎和神经症状。急性汞中毒多死于胃肠炎或肺水肿。慢性汞中毒多死于尿毒症。

任务实施

1. 诊断

（1）病因分析　有接触汞及其化合物的病史。

（2）临床症状诊断。

（3）病理变化　胃肠黏膜充血、出血、溃烂及黏膜脱落，肺水肿，心、肝、肾变性和出血。脑水肿，神经细胞变性，脑皮质和蛛网膜出血。

（4）毒物检验　取尿液、胃内容物或可疑饲料、饮水，测定汞含量。尸体剖检时，取肾脏测定汞含量，超过100mg/kg，即可确诊。

2. 治疗

急救原则是排除胃肠内的毒物，并阻止其吸收；应用特效解毒药；实施对症治疗。

（1）排除胃肠内毒物　猪、犬、猫可用催吐剂1%硫酸铜；大动物可用2%氧化镁溶液反复洗胃（勿用碱性液体），然后灌服牛乳2~3kg，或硫代硫酸钠（马、牛25~50g，猪、羊5~10g），用缓泻剂（蓖麻油或菜籽油，牛250~500ml，猪、羊20~50ml），稍后再灌服黏浆剂（牛乳、鸡蛋清、豆浆或米汤）和吸附剂（5%氧化镁溶液、活性炭）。

（2）特效解毒药　二巯基丙醇（巴尔），肌内注射，马、牛首次剂量为5mg/kg体重，以后每隔4h减半量注射一次，猪、羊、犬首次剂量均为2~3mg/kg体重，连用1~2天，再以后每天注射2次，至痊愈为止；5%二巯基丙磺酸钠，肌内注射或静脉注射，马、牛5~8mg/kg体重，猪、羊、犬7~10mg/kg体重；5%二巯基丁二酸钠，每支含1g粉剂，用生理盐水稀释，现用现配（不得加热），缓慢静脉注射，剂量为 20mg/kg 体重，每日 1～2 次。此外，也可用 10%～20% 硫代硫酸钠 100～300ml（马、牛），每日 3～4 次。

（3）对症治疗　应用补液、强心、保肝、利尿等对症疗法。

3. 预防

严格治理"三废"，防止汞的散播。反刍动物和水貂禁用汞消毒剂和含汞药物。

子任务二　铅中毒的诊治

任 务 资 讯

1. 了解概况

铅中毒是动物摄入过量的铅而引起的以神经功能紊乱、共济失调和贫血为特征的中毒性疾病。各种动物均可发生，反刍动物和马最为敏感，特别是幼畜和怀孕动物更易发生，猪和鸡对铅的耐受性大。

2. 认知病因

（1）铅颜料包括铅白、铅丹、硫酸铅、铬酸铅等，常用于调制油漆、制造漆布、油毛毡。牛多因舔食旧油漆、木器上剥落的颜料和咀嚼蓄电池等各种含铅的废弃物而中毒。

（2）铅矿、炼铅厂排放的废水和烟尘污染附近的田野、牧地、水源；机油、汽油燃烧产生的含铅废气污染公路两旁的草地和沟水。如果长期在被铅污染的草地放牧或饮水，可引起铅中毒。

铅是一种慢性蓄积性毒物，主要损害神经、消化、泌尿、心血管系统及造血器官。

3. 识别症状

主要表现兴奋不安、腹痛、肌肉震颤、失明、运动障碍、麻痹、胃肠炎及贫血等。

牛、羊铅中毒有急性和亚急性两种类型。急性铅中毒主要表现脑病症状。亚急性铅中毒除脑病症状外，胃肠炎症状更为突出。马铅中毒，慢性型居多，常伴有喉返神经麻痹（喉偏瘫）、咽麻痹和唇麻痹。猪铅中毒主要呈现神经症状。禽铅中毒主要表现食欲缺乏和运动失调，继而兴奋和衰弱。犬、猫表现神经症状和胃肠炎症状。

死于铅中毒的动物剖检时，急性病例胃炎变化明显。肝脏脂肪变性，肾充血、出血，脑水肿、出血。慢性病例，肾小管上皮变性、坏死，大脑皮层层状坏死。

任 务 实 施

1. 诊断

（1）病史调查　根据动物有长期少量或短期大量接触铅或摄入病史。

（2）症状与病理变化　结合临床症状、病理变化可初步诊断。

（3）毒物检验　确诊依靠血、毛以及组织的铅测定。血铅含量超过 0.35～1.2mg/kg（正常为 0.05～0.25mg/kg）；毛铅含量可达 88mg/kg（正常为 0.1mg/kg）；肾皮质铅含量可达 25mg/kg（湿重），肝铅含量超过 10～20mg/kg（湿重），正常肾、肝铅含量低于 0.1mg/kg，诊断为铅中毒。

2. 治疗

急救原则是应用特效解毒剂，排除胃肠内毒物，对症治疗。

（1）急性铅中毒　立即采取催吐、洗胃等措施，或经口给予 6%～7% 硫酸镁下泻，使未吸收的铅形成不溶性硫酸铅排出体外。同时静脉注射 10% 葡萄糖酸钙溶液。

（2）慢性铅中毒　静脉注射特效解毒药依地酸二钠钙，75～110mg/kg 体重，用 5% 葡萄糖溶液配成 1%～2% 浓度，静脉注射，每天 2 次，连用 3～4 天。出现神经症状时，用水合氯醛或氯丙嗪等镇静。

3. 预防

防止动物接触含铅的油漆、涂料。严禁动物在铅污染的厂矿周围放牧。在铅污染区对羔羊经常补喂少量硫酸钠（与铅形成不溶性硫酸铅）。给猪补充钙有一定的预防效果。另外在铅污染区动物补硒可明显减轻铅对动物组织器官功能和结构的损伤。

子任务三　铜中毒的诊治

任 务 资 讯

1. 了解概况

铜中毒是动物一次性摄入过量的铜盐，或长期食入含铜过多的饲料或饮水，引起铜在体内蓄积而发生的中毒，以腹痛、腹泻、肝功能异常和贫血为特征的中毒性疾病。以绵羊最为易感，其次为牛。单胃动物对铜有较大的耐受量。猪和鸡在日粮中添加铜（硫酸铜）$100 \sim 250 \mathrm{mg/kg}$ 作为抗菌剂和生长促进剂，但这个剂量对犊牛和羔羊具有毒性。一般认为，绵羊和犊牛摄入铜 $20 \sim 100 \mathrm{mg/kg}$ 体重，成年牛摄入铜 $200 \sim 800 \mathrm{mg/kg}$ 体重，即可引起急性铜中毒。

2. 认知病因

（1）饲料添加剂中常用的铜盐有硫酸铜、碳酸铜、氯化铜、氧化铜等，当使用剂量过大，或因饲料、饮水被铜盐污染，动物误食、误饮，一次性食入过多的铜盐可引起急性中毒。

（2）慢性中毒见于长期使用铜制器具；经常在铜含量高的土壤或被铜盐污染的地区放牧；饲料中铜与钼比例不当，钼过少或缺乏；吃了含肝毒生物碱的植物（如天芥菜属、千里光属、蓝蓟属植物以及三叶草等）引起肝的损害，造成肝铜蓄积过多而发病。反刍动物饲料中铜浓度超过 $30 \mathrm{mg/kg}$，猪、鸡饲料中铜的浓度超过 $250 \mathrm{mg/kg}$，即可引起中毒。

3. 识别症状

急性铜中毒有大量摄入铜盐的病史，主要表现严重的胃肠炎，以腹痛、腹泻、食欲下降或废绝、脱水和休克为特征。如果动物未死于胃肠炎，3 天后则发生溶血和血红蛋白尿。

慢性铜中毒在出现溶血前临床症状不明显，血液化学检测 ALT、AST 等酶活性升高，发生溶血后突然出现精神沉郁、虚弱、食欲下降、口渴、血红蛋白尿和黄疸等症状，但缺乏胃肠炎的症状。中毒动物常在 $1 \sim 2$ 天因贫血和肝脏功能不全而死亡。存活的动物多死于尿毒症。

任 务 实 施

1. 诊断

（1）病因分析　有采食过量铜化合物的病史。

（2）临床与病理变化　结合临床症状、病理变化初步诊断。剖检时胃内容物呈灰绿色，急性中毒为胃肠炎变化；慢性中毒为全身黄染，肾高度肿大，呈暗棕色，有出血点与肝略肿大，呈土黄色。脾肿大，呈棕色或黑色。

（3）实验室检查　饲草料、粪便、血液和组织铜含量分析可提供诊断依据。当肝铜含量超过 $500 \mathrm{mg/kg}$、肾铜含量超过 $100 \mathrm{mg/kg}$、血浆铜含量（正常为 $0.7 \sim 1.2 \mathrm{mg/kg}$）大幅度升高时，即可确诊。

2. 治疗

急救原则为立即中止铜供给，促进排铜。

首先应停止铜供给，采食容易消化的优质牧草。静脉注射三硫钼酸钠或四硫钼酸钠，按 0.5mg/kg 体重钼的剂量，稀释为 100～200ml 溶液，缓慢静脉注射。3h 后根据病情可再注射一次，可促进铜通过胆汁排入肠道。0.2%～0.3%亚铁氰化钾（黄血盐）溶液洗胃或内服，内服量：大动物 500～1000ml，中、小动物 50～300ml，同时内服氧化镁（大动物 10～25g，中、小动物 5～10g）和蛋清水。对急性铜中毒动物同时配合应用止痛和抗休克药物有一定疗效。对亚临床中毒及经抢救脱险的动物，每天在日粮中补充 100mg 钼酸铵和 1g 硫酸钠，可减少死亡。

3. 预防

在高铜草地上放牧的羊，在日粮中添加钼 7.5mg/kg、锌 50mg/kg 和 0.2%的硫，猪、鸡饲料中补充铜的同时，应补充锌 200mg/kg、铁 80mg/kg，可预防铜中毒，且有利于被毛生长。绝不允许把猪、鸡的日粮（含高铜）喂羊。

任务八 无机氟中毒的诊断与治疗

任务资讯

1. 了解概况

动物无机氟中毒或氟病（fluorosis）是指无机氟随饲料或饮水长期摄入，在体内蓄积所引起的全身器官和组织的毒性损害。其特征是发育的牙齿出现斑纹、过度磨损及骨质疏松和骨疣形成。氟中毒为人畜共患病。

2. 认知病因

(1) 急性中毒 主要是由于动物食入使用过氟化物的饲料和植物，或者误食氟化物做成的毒饵而引起。在用氟化钠驱除猪蛔虫时使用过量也可发生中毒。

(2) 慢性中毒 慢性氟中毒是动物长期、连续摄入少量氟而在体内蓄积所引起的全身器官和组织的毒性损害。主要见于以下原因。

① 自然环境致病。我国的自然高氟区主要集中在荒漠草原、盐碱盆地和内陆盐池周围，当地植物氟含量达 40～100μg/g，有些牧草高达 500μg/g 以上，超过动物的安全范围。我国规定饮水氟卫生标准为 0.5～1.0μg/ml，一般认为，动物长期饮用氟含量超过 2μg/ml 的水就可能发生氟中毒。

② 工业环境污染。某些工矿企业（如铝厂、氟化盐厂、磷肥厂、炼钢厂、氟利昂厂、水泥厂等）排放的工业"三废"中含有大量的氟，污染邻近地区的土壤、水源和植物，造成放牧动物氟中毒。一般认为家畜牧草氟含量达 40μg/g 可作为诊断氟中毒的指标。

③ 长期饲喂未脱氟的矿物质添加剂，如过磷酸钙、天然磷灰石等。

3. 识别症状

(1) 急性中毒 有胃肠炎症状，病畜主要呈现流涎，呕吐（猪），腹痛，腹泻，衰弱无力，肌肉震颤和阵发性、强直性痉挛，最后虚脱而死。剖检时可见出血性胃肠炎和肝、肾显著出血。

(2) 慢性中毒 幼畜在哺乳期内一般不表现症状，断奶后放牧 3～6 个月即可出现生长发育缓慢或停止，被毛粗乱，出现牙齿和骨骼的损伤，随年龄的增长日趋严重，呈现未老先衰。

牙齿的损伤是本病的早期特征之一，动物在恒牙长出之前如大量摄入氟化物，随着血浆氟水平的升高，牙齿在形态、大小、颜色和结构方面都会发生改变。切齿磨损不齐，高低不平；釉质失去正常的光泽，出现黄褐色的条纹和斑点，并形成凹痕，甚至牙与牙龈磨平；臼齿普遍有牙垢，并且过度磨损、破裂，可能导致髓腔的暴露；有些动物齿冠破坏，形成两侧对称的波状齿和阶状齿，甚至排列散乱、左右偏斜等。

骨骼的变化随着动物体内氟的不断蓄积而逐渐明显，颌骨、掌骨、跖骨和肋骨呈对称性肥厚，形成骨疣，发生可见的骨变形。关节周围软组织发生钙化，导致关节强直，动物行走困难，特别是体重较大的动物出现明显的跛行。在严重病例，其脊柱和四肢僵硬，腰椎及骨盆变形。

X射线检查表明，骨质密度增大或异常多孔，骨髓腔变窄，骨外膜呈羽状增厚，骨小梁形成增多，有的病例有外生骨疣，长骨端骨质疏松等症状。

任务实施

1. 诊断

（1）依据地方性土壤氟含量超标的情况。

（2）根据上述症状诊断，如骨骼、牙齿、关节的病变特点等。

（3）饲料、牧草无机氟含量检测。

2. 治疗

（1）急性中毒

① 明矾可以中和氢氟酸，因此，发现家畜急性中毒时，可以立即灌服明矾水进行急救，猪一次明矾 3～6g，溶于大量水中灌服。

② 可用钙盐洗胃，如用 1% 的氯化钙或稀石灰水（一小块生石灰加水一桶，约 1%，澄清后取其上层液）。

③ 洗胃后，可给服适量的氯化钙溶液或葡萄糖酸钙，也可静脉注射氯化钙或葡萄糖酸钙，因为钙能与氟结合成不溶性的物质而得到解毒，同时补充体内钙的不足以减轻病畜的抽搐。

④ 静脉注射葡萄糖以增强肝脏的解毒功能，并加速排泄。

（2）慢性中毒

① 应查明土壤或饮水含氟量高的地区，避免在这种危险区内放牧，成年牲畜可在危险区和安全区进行轮牧，每 3 个月轮换一次。

② 种畜可经常补充明矾或无氟的钙、磷等矿物质，必要时也可静脉注射葡萄糖酸钙。

③ 如中毒是由于日常补充含氟的矿物质所引起，则应改为不含氟的钙、磷等矿物质。

④ 牧草旺盛期应割贮青干草，备冬季枯草时补充，以免牲畜在枯草期啃食草根而吃进多量碱土。

3. 预防

（1）对补饲的磷酸盐应尽可能脱氟，不脱氟的磷酸盐氟含量不应超过 $1000\mu g/g$，且在日粮中的比例应低于 2%。

（2）高氟区应避免放牧。

（3）低氟牧场与高氟牧场轮换放牧。

（4）饲草料中供给充足的钙、磷。

（5）在工业污染区，根本的措施是治理污染源。在短时间内不能完全消除污染的地区可采取综合预防措施，如从健康区引进成年动物进行繁殖；在青草期收割氟含量低的牧草，供冬春补饲；有条件的建立棚圈饲养等。肌内注射亚硒酸钠和投服长效硒缓释丸，对预防山羊氟中毒效果显著。

任务九　药物及饲料添加剂中毒的诊断与治疗

子任务一　磺胺类药物中毒的诊治

任务资讯

1. 了解概况

磺胺类药物是一类广谱抑菌药，广泛应用于畜禽的脑膜脑炎、猪的水肿病、弓形体病、附红细胞体病、链球菌病等的防治。除原有的品种外，近年来有所发展，出现了新的长效磺胺药，以及抗菌增效剂——甲氧苄胺嘧啶（TMP）和敌菌净（DVD）。TMP 和 DVD 的作用机制与磺胺药相同，而且较强，与磺胺药合用（本类药极少单独使用），抗菌作用可增强数倍至数十倍。

2. 认知病因

使用磺胺类药物的剂量过大、疗程过长、搅拌不均匀、用法不当都会发生中毒。

（1）剂量过大　一般来讲，磺胺药可按饲料量的 0.1%～0.5% 添加，或按饮水量的 0.05%～0.3% 添加，由于计算或称量错误等原因，导致饲料或饮水中含药量太高，引起中毒。临床上用针剂治疗时，用药剂量过大，加上病畜肝、肾功能减退，很容易引起中毒。

（2）疗程过长　应用磺胺类药物，一个疗程一般 3～5 天，在有混合感染的情况下，症状难以控制，用药时间超过 7 天，可导致蓄积中毒。

（3）搅拌不均匀　应用逐级稀释法，将药物均匀混合于饲料或饮水中，如果直接将药物混于大量饲料中，则很难混匀，使局部饲料中含药量过高。

（4）用法不当　把一些不溶于水的磺胺药通过饮水法投药，水槽底部沉积了大量药物，家禽饮用后可致中毒。

由于上述原因，畜禽采食了大量磺胺类药物，进入体内，损伤骨髓，影响造血功能，损伤肾脏，导致排泄障碍和尿酸盐沉积。

3. 识别症状

（1）急性中毒　患畜不安、共济失调、瞳孔散大、心动急速、呼吸加快、全身出汗、四肢发冷、肌肉无力，单胃动物出现中枢兴奋、感觉过敏、昏迷、呕吐、腹泻等症状。

（2）慢性中毒　一般泌尿系统受损害严重，出现结晶尿、血尿、蛋白尿、甚至尿闭，此外，还出现呕吐、便秘、疝痛等症状。家禽则表现为产蛋下降、产软壳蛋或发生多发性神经炎和全身出血变化。

发生磺胺类药物中毒的动物，在剖检时典型病变为皮下、肌肉广泛出血，尤其是腿、胸肌更为明显，有瘀斑、瘀点。血液稀薄如水，血凝不良，骨髓颜色变淡或变黄。胃肠道黏膜有点状出血，肝、脾肿大，出血，胸、腹腔内有淡红色积液。肾脏肿大、苍白，呈花斑状，肾脏及肠管表面有白色、沙粒样尿酸盐沉着。

任务实施

1. 诊断

（1）有过食或过量注射磺胺类药物的病史。

（2）有皮下出血和生长不良的症状。

（3）剖检变化以广泛出血和肾脏尿酸盐沉积为特点。

2. 治疗

（1）立即停用含磺胺类药物的饲料、饮水、针剂，其他抗菌、抗球虫药也要停用。

（2）鸡饮用 0.1％碳酸氢钠水，3～4h 后，改饮 3％葡萄糖水。碳酸氢钠能促进磺胺类药物的排出，减轻对肾脏的损害，葡萄糖能提高机体的解毒能力。

（3）鸡饲料中添加维生素 K_3 4～8mg/kg 饲料，可减少出血，提高治愈率。

（4）病畜出现结晶尿、少尿、血尿时，用 3％碳酸氢钠，牛 300～500ml，猪、羊 50～100ml；5％葡萄糖溶液，牛 500～1000ml，猪、羊 100～200ml，静脉注射。

（5）出现高铁血红蛋白尿时，用 1％美兰溶液，按 1ml/kg 体重静脉注射。

3. 预防

（1）使用磺胺类药物时，计算、称量一定要准确，搅拌要均匀，使用时间不宜过长。尤其是雏鸡在使用磺胺喹噁啉、磺胺二甲嘧啶时，更要注意。

（2）使用磺胺药时，应提高饲料中维生素 K 和 B 族维生素的含量，一般应按正常量的 3～4 倍添加。

（3）磺胺药与抗菌增效剂配伍，可成倍增加疗效，减少用量，防止中毒发生。

（4）鸡患有法氏囊病、痛风、肾型传染性支气管炎、维生素 A 缺乏症等有肾损害的疾病时，不宜应用磺胺药。对重症病畜，肝、肾功能出现减退者慎用磺胺药。

子任务二　四环素类药物中毒的诊治

任 务 资 讯

1. 了解概况

四环素类是以四环素的化学结构为基本母核的抗生素。天然品有金霉素、土霉素、四环素三种，强力霉素、去甲金霉素均为其半合成衍生物。

四环素类药物长期以来以价格低、抗菌谱广等原因，曾一度在兽医临床上滥用，甚至利用抗生素的促生长作用作为饲料添加剂用于生产实践中。这样就使敏感菌产生了广泛的耐药性，而由于本类药品的化学结构相似，存在交叉耐药性，使作为抗生素用途的作用大为减少。2006 年 1 月 1 日，欧盟已全面禁止使用作为抗生素用途的药物，包括我国在内的其他很多国家，虽然没有明令禁止使用本类药品，但利用停药期和其他技术标准来限制使用。目前除作为极少数治疗的一线用药外，基本停止使用。

2. 认识病因

由于剂量过大或长期内服或注射四环素类药物引起，使用过期变质的四环素也会出现中毒。

四环素类药物中毒时：①主要损害胃肠道，即对胃肠产生刺激作用并妨碍肠道的正常微生物区系的活动，从而引起消化功能障碍。②当长时间大量口服或超剂量静脉注射时，可损害肝脏而引起脂肪变性，并对酶系统发生抑制作用。③当长期服药时，可使机体发生二重感染，主要是耐药性金黄色葡萄球菌、革兰阴性杆菌和真菌的二重感染。④可能发生过敏反应，也偶有呈过敏性休克的病例。对某些动物还破坏凝血因子，造成血凝障碍等。

3. 识别症状

（1）猪　中毒时，一般都是在用药后立即或不久出现症状。如果是药物口服引起中毒的，表现为呕吐、腹泻，不久呈现结膜黄疸等症状。注射后引起中毒的，主要表现为过敏性休克。病猪心跳加快（120～140 次/min），呼吸浅表，每分钟可达 70～80 次，甚至呈现气喘。结膜重度潮红，瞳孔散大，反射消失，也有呈现狂躁不安的，肌肉震颤，全身痉挛，躺卧不起乃至昏迷。

（2）鸡　多因投放剂量过大或长时间地饲喂而致中毒。病鸡精神不振，食欲减少，饮水量增加，嗉囊充满液体，排出黄色或带血丝的稀粪。羽毛干枯无光泽，生长缓慢，龙骨弯曲，腿瘫痪。鸡冠萎缩、苍白，皮肤多呈紫色，日渐消瘦，体重减轻 25％～50％，产蛋量下降或停产，最后多因极度衰弱而死亡。病死鸡肝脏肿大，质脆，呈土黄色；腺胃和十二指肠肠壁水肿，肌胃角质膜龟裂；肾脏肿大、充血或出血。有的病死鸡心脏、肺脏、气囊表面呈石灰样。

（3）牛、羊　一般内服后精神沉郁，食欲废绝，反刍停止，瘤胃蠕动减弱，粪便干燥呈球状，鼻镜干燥，亦有出现神经症状的。母羊在产后阶段发生中毒可导致截瘫，严重的死亡。

（4）马　内服土霉素后，一般在 2～3 天出现中毒症状。当轻度中毒时，主要表现为食欲废绝或减少，体温正常或稍高，排粪迟滞或频数，甚至腹泻。严重中毒时，精神沉郁，全身震颤，食欲废绝，肠蠕动音减弱或停止，有腹痛现象，有的呈现神经兴奋症状，以后出现腹泻，排出水样的恶臭稀粪。呼吸增数，心跳加快，结膜充血，严重脱水，站立不稳，最后因心力衰竭而死亡。

任 务 实 施

1. 诊断

根据使用药物情况及临床症状多可作出诊断。

2. 治疗

患畜二重感染时，应先注意真菌的危害。必要时应用制霉菌素等治疗；发生肝脂肪变性时，可用镁盐恢复体内氧化磷酸化过程以纠正。

（1）立即停药　如误服过大剂量而时间不久，可催吐、洗胃使之排出。

（2）护肝治疗　对有肝脏损害者，使用护肝药物，如能量合剂、B 族维生素药物等。

（3）颅内压增高的治疗　一般停药即可逐渐恢复，病情严重者，可适当使用脱水药物。

（4）变态反应的治疗　轻症可用抗组胺药（如氯苯那敏、阿司咪唑等），重症酌用地塞米松、氢化可的松静脉滴注。

（5）对症及支持疗法　强心、补液、利尿等。

（6）注意事项

① 四环素只宜做静脉注射，且速度宜缓慢，以防发生血栓性静脉炎或加重酸中毒，忌与碱性药物配伍，以免四环素类被破坏而失效。

② 成年反刍动物和马属动物不宜内服给药，其他动物也不宜大剂量或长期服药（用药一般以 3 天为限）。内服给药要注意配伍禁忌，且要适当补充维生素。

③ 临床上土霉素多用于病情较缓和的感染；四环素静脉注射多用于急性感染；金霉素多用作饲料添加剂。对肠道感染与呋喃类药物联合应用可提高疗效。与 TMP 合用可以增效。

3. 预防

应用四环素类药物时，应严格遵守厂家推荐用量，称量要准确，混合要均匀，不得随意加大用量。

子任务三　抗球虫药物中毒的诊治

任 务 资 讯

1. 了解概况

根据抗球虫药的应用分为以下两大类。

（1）专用抗球虫药　抗硫胺类（如氨丙啉、硝酸二甲硫胺素等）；聚醚类抗生素（如马杜拉霉素、盐霉素、甲基盐霉素、莫能菌素、拉沙洛西等）；吡啶酚类（如氯羟吡啶等）；喹诺酮类（如甲基喹酯、丁喹酯等）；硝苯酰胺类（如硝苯酰胺、二硝托胺等）；磺胺类（如磺胺喹噁啉、磺胺氯吡嗪）；其他（尼卡巴嗪、氯苯胍、常山酮等）。

（2）兼用抗球虫药　磺胺类（如磺胺二甲嘧啶和增效磺胺制剂）；抗菌增效剂（如二甲氧苄胺嘧啶）；呋喃类（如呋喃唑酮）；抗生素类（如林可霉素、硫黏菌素、四环素类）。

2. 认知病因

多数时，由于任意加大药物添加量或用药时间太长或单一使用某种药物，都会增加毒性和抑制宿主免疫系统而降低对球虫的抵抗力。

3. 识别症状

鸡采食了含药量高的饲料后，1～2天开始出现症状。轻者采食减少，精神不振，闭眼垂翅，羽毛松乱，腿软无力，站立不稳，驱赶时走路摇摆，常跌倒、翻滚；重者卧地不起，翅着地，匍匐前行，有的头颈扭曲，震颤，转圈哀鸣；后期病鸡侧卧，两腿呈游泳状划动，死亡后多呈俯卧姿势，腿向后伸直。

死亡剖检可见肠道内血液鲜红，凝固不良，腿、胸肌肉呈粉红色，有米粒大散在的出血点。肝脏边缘呈暗黑色，胆囊胀大，充满胆汁。十二指肠、空肠、回肠弥散性充血、出血，心冠脂肪出血。脾脏呈粉红色，略肿大，其余脏器未见明显变化。

任 务 实 施

1. 诊断

（1）有过食马杜霉素的病史。

（2）有神经症状和运动障碍。

（3）剖检以血凝不良，肌肉、脾呈粉红色，有散在出血点为特征。

（4）饲料检查，马杜霉素含量超过15mg/kg饲料。

2. 治疗

（1）立即停用马杜霉素及其他一切抗生素。饮0.02%高锰酸钾水，2～3h后，改饮3%葡萄糖水，连用2～3天。

（2）饮水中添加维生素C 20～30mg/kg，电解多维1～2g/kg，可有效缓解症状，提高治愈率。

3. 预防

应用马杜霉素时，应严格遵守厂家推荐用量，不得随意加大。称量要准确，混合要均匀。许多抗球虫药的有效成分是马杜霉素，如抗球王、杜球、加福、克球皇等，饲养者要加以辨别，避免重复用药。厂家如果在饲料中添加了马杜霉素，应当注明。

子任务四　瘦肉精中毒的诊治

任 务 资 讯

1. 了解概况

瘦肉精的化学名为"盐酸克伦特罗"。它不是兽药，也不是饲料添加剂，而是一种人工合成的β-肾上腺素能兴奋剂，开始时作为一种人用药物，其具有扩张支气管的作用，常用来防治支气管哮喘、肺气肿等肺部疾病。国外对它进行研究时发现，当其应用剂量达到治疗量的5～10倍时，又具有能量重分配作用，可使肌肉合成增加，脂肪沉积减少，可明显增加瘦肉率，一些养猪户掺入饲料中使猪不长膘。因此俗称为"瘦肉精"。我国法律明确规定，禁止使用瘦肉精。

2. 认知病因

据了解，瘦肉精是一种对人体有害的物质。尤其对心脏的副作用大，故已弃用。猪在食用瘦肉精后，一般难以排出体外而残留在体内，主要分布在肝、肾、心、肺等内脏，人食用这些内脏后，就会摄入瘦肉精以致对人体产生危害。

据悉，含有瘦肉精的猪内脏，一般烹煮都无法消除其毒性。研究显示，瘦肉精能完全耐受 100℃ 高温，要经 126℃ 油煎 5min 才会破坏其一半的毒性，因此，常规烹煮对肉类食品残留的瘦肉精起不到破坏作用。如果生猪在屠宰前没有足够休停时间（一般停药 28 天以上），则会在肌肉和内脏器官有较高浓度的药物残留。

3. 识别症状

人食用会出现头晕、恶心、手脚颤抖、心跳加快，甚至心脏骤停致昏迷死亡，特别对心律失常、高血压、青光眼、糖尿病和甲状腺功能亢进等患者有极大危害，因此全球禁将瘦肉精用作饲料添加剂。

健康人摄入量超过 20mg 就会出现中毒症状，重者表现为心慌、心跳加快、发热、肌肉震颤、头疼、神经过敏等症状；轻者感觉不明显，但长期食用可致慢性中毒，导致染色体畸变，诱发恶性肿瘤。

任 务 实 施

1. 诊断

目前用于诊断瘦肉精的方法有高效液相色谱法、酶联免疫试剂盒、胶体多快速检测卡等。

2. 治疗

对猪的治疗，首先要换料、多饮水，饮水中加入葡萄糖、电解多维等，以促进毒物排出。

人一旦出现中毒症状，应立即把患者送往医院抢救，并将吃剩的食品留样，以血检测。如果进食后症状轻微，只要停止进食、平卧、多饮水，静卧 0.5h 后会有所好转。

3. 预防

对于人如何避免瘦肉精危害，可参考以下几点。

（1）食用瘦肉精的猪，宰后胴体肌肉颜色深红，肌肉饱满、结实、不易渗出液体，皮薄，脂肪较少。而未食用瘦肉精的猪，肉相对色淡，脂肪较厚，肌肉切面容易渗出液体。

（2）选购猪肉时要挑拣那些带点肥膘（1～2cm）的肉。

（3）用试纸测试酸碱度也是可行的办法。正常的新鲜肉多呈中性或弱碱性，宰后 1h pH 值为 6.2～6.3；自然条件下冷却 6h 以上 pH 值为 5.6～6.0。而含有瘦肉精的猪肉则 pH 值明显小于正常范围。

（4）少吃猪内脏。猪肝、猪肺、猪肾本身就具有吸纳毒素并进行排毒的功能，因而这些器官中的瘦肉精毒素含量最高，占整头生猪所含瘦肉精的 50% 左右，加上猪内脏里的瘦肉精不易去除，还是少食为宜。

子任务五　伊维菌素中毒的诊治

任 务 资 讯

1. 了解概况

伊维菌素是阿维菌素的加氢还原产物，是一种高效、广谱、低毒性的抗寄生虫剂，能驱除体内的钩虫、蛔虫、蛲虫、心丝虫及其蚴，对螨、蜱、虱、蝇等体外寄生虫也有较强的驱杀作用。因此，常常被作为首选药物来驱杀体内线虫和体外寄生虫。

2. 认知病因

常因对伊维菌素的药性和适用范围不清楚，用量计算错误或驱虫药混合不均而出现中毒现象。

3. 识别症状

中毒后会出现精神沉郁、共济失调、呼吸困难、心跳加快、流涎、腹泻、瞳孔缩小等症状。

任 务 实 施

1. 诊断

根据使用伊维菌素治疗史及临床症状进行诊断。

2. 治疗

没有特效解毒药。

（1）排毒　用伊维菌素粉拌料出现中毒时，应尽早采取催吐、洗胃、下泻、放血、利尿等排毒措施。

（2）解毒　伊维菌素中毒用二巯基丙醇或者二巯基丙磺酸钠、复方甘草酸铵注射液（强力解毒敏）解毒。没有以上药物时，可以用阿托品解毒。

（3）对症治疗　进行静脉补液，可选用 $10\%\sim50\%$ 葡萄糖、维生素 C、地塞米松、维生素 B_1，ATP、辅酶 A、葡萄糖酸钙、肌苷、复方氨基酸等混合，缓慢静脉注射。

（4）急救　严重病例可肌内注射盐酸肾上腺素急救。

（5）中药灌肠　龙胆 20g、黄芩 15g、栀子 15g、木通 15g、当归 20g、车前子 20g、柴胡 15g、生地黄 15g、甘草 20g、钩藤 15g，凉水浸泡 30min，武火煎煮 15min，煮三次合并药液，文火浓缩至 200ml，冷却至 40℃ 左右，取 100ml 灌肠，一天 1 次，连用 3 天（犬）。

3. 预防

（1）在治疗皮肤病时，如需使用伊维菌素，一定要根据动物体重用药，否则容易因过量中毒死亡。

（2）用伊维菌素粉拌料时，要根据生产厂家推荐的药物浓度混合均匀。

子任务六　痢特灵中毒的诊治

任 务 资 讯

1. 了解概况

痢特灵（也称呋喃唑酮）是呋喃类药物中毒性较低的一种。纯品为黄色粉末，不溶于水，为广谱杀菌剂；能防治鸡白痢、球虫病和盲肠肝炎、家畜肠胃炎等疾病；已禁用于食品动物；痢特灵中毒多以幼畜、雏禽多发。

2. 认知病因

痢特灵用量过大或用药时间过长而出现蓄积中毒。

（1）用药量过大　用痢特灵防治疾病时，正常用量为每千克饲料 0.2～0.4g，超过 0.6g 即可引起中毒。

（2）用药时间过长　痢特灵有蓄积中毒性，用药时间过长，药物在体内越积越多，达到一定量时，便引起中毒，一般用药超过 10 天，可导致本病。

（3）混合不均匀　饲料与药物混合不均匀，局部饲料中含药量过高，或者由于某些养殖户不懂药理，通过饮水法给药，因痢特灵不溶于水，必然沉积于水槽底部，当畜禽采食了含药量高的饲料（或饮水）时，可致中毒。

3. 识别症状

（1）幼禽　易产生呆滞、羽毛蓬松、厌食，甚至倒地、惊厥、作游泳状挣扎，不久死亡。

（2）犊牛　也较敏感，易产生阵发性抽搐、痉挛、惊厥、角弓反张、四肢瘫痪等。其他中毒表现尚有食欲减退或废绝、出血性变化、睾丸萎缩、精子生成受阻等。

死于痢特灵中毒的动物口腔、食管、嗉囊、胃肠道黏膜充血、出血、黄染，嗉囊及胃内容物呈黄色，肌胃角质层易剥离；肝肿大，有出血点，表面有红、黄相间的条纹（肝变性、坏死所致），胆囊胀大；脑膜、心肌出血，心室扩张。

任务实施

1. 诊断

（1）有过食痢特灵病史。

（2）有以神经症状为主的临床表现，且体格健壮的鸡死亡多。

（3）胃肠黏膜黄染，胃内容物呈黄色，肌胃角质层易剥离。

（4）用吃剩的饲料，能复制出同样的病例。

2. 治疗

（1）鸡中毒时，应立即更换饲料，饮 0.02% 高锰酸钾水，2h 后，饮 3%～4% 葡萄糖（或白糖）水，连用 2～3 天；家畜中毒时，应立即停用呋喃唑酮，输入葡萄糖（或内服大量白糖水）、维生素 B_1、维生素 C、钙剂、溴剂及其他对症治疗药。

（2）饲料中添加维生素 K_3　4～8mg/kg 饲料，维生素 B_1 2～3mg/kg 饲料，维生素 C 20～30mg/kg 饲料，可减少出血，提高机体抵抗力。

（3）早期用二巯基丙醇　成畜 0.5～0.7g，幼畜 0.1～0.15g，肌内注射，每天 1～2 次，连用 3 天。

（4）苯海拉明或麻黄素按 1mg/kg 体重肌内注射。

（5）犊牛痢特灵中毒时，用盐酸氯丙嗪（或溴化物）和硫酸阿托品一次肌内注射，并静脉注射 50% 葡萄糖、维生素 B_1 和维生素 C。

3. 预防

（1）严格控制剂量和疗程，避免用量过大或用药时间过长而出现中毒。

（2）喂药的中期和末期要密切观察鸡的食欲和精神状态，如有异常，立即停喂。

（3）药物和饲料要混匀。

（4）痢特灵连续饲喂，猪不超过 7 天，鸡不超过 10 天，屠宰前 7 天停止给药。

技能训练一　犬洋葱中毒的诊断与治疗

【目的要求】

1. 了解犬洋葱中毒的剂量、中毒机制和预防措施。

2. 掌握犬洋葱中毒的临床症状。

3. 掌握犬洋葱中毒的诊断方法和治疗措施。

【诊断准备】

1. 材料准备

听诊器、体温计、一次性注射器、一次性输液器、酒精棉球、保定绳、口笼、目测八联试纸（尿液分析试条）若干、载玻片、显微镜、擦镜纸、尿样、尿液分析仪、血球分析仪、血液生化仪、采血管、集血瓶。

2. 药品准备

5％葡萄糖注射液、10％葡萄糖注射液、复方氯化钠注射液、三磷酸腺苷（ATP）、辅酶A、维生素C注射液、维生素B_{12}注射液、葡萄糖醛酸钠注射液、呋塞米注射液、肝素或3.8％的枸橼酸钠、青霉素、链霉素、地塞米松、安钠咖注射液等。

3. 供血犬准备

健康无病青年大型犬1～2只。

4. 病例准备

犬，临床病例或人工复制病例。

【诊断方法和步骤】

1. 人工复制病例

试验犬用洋葱炒鸡蛋或熟洋葱汁拌饭，洋葱食入量为不少于每千克体重15g，至犬出现症状（如精神沉郁、排尿出现血红蛋白尿等）。

2. 临床诊断

观察精神状态，检查可视黏膜颜色，检查体温、呼吸频率和心率、排尿颜色，检查有无呕吐、腹泻症状等。

3. 实验室诊断

（1）血常规检查　血浆呈粉红色；红细胞数、血红蛋白含量及血细胞比容等中度减少，网织红细胞增多，红细胞大小不等并呈明显多染性，红细胞内和边缘上有大量海恩茨小体；白细胞总数稍增加。

（2）血液生化检验　血清总蛋白、总胆红素、直接胆红素及间接胆红素、尿素氮和天冬氨酸氨基转移酶活性均不同程度增加。

（3）尿液检验　颜色呈红色或红棕色，比重增加；尿潜血、尿蛋白和尿血红蛋白检验阳性；尿沉渣中红细胞少见或无。

【治疗措施】

1. 补充营养

可静脉注射5％葡萄糖注射液、10％葡萄糖注射液、三磷酸腺苷（ATP）、CoA、维生素C注射液；肌内注射维生素B_{12}注射液等。

2. 贫血严重者输血

（1）采血　按照动物采血方法从供血犬采血，并做相应的血液相合试验，符合输血要求的备用。

（2）输血　根据受血犬贫血的严重程度和体质状况进行输血，并观察有无输血反应。

3. 对症治疗

（1）为促进血红蛋白的排出，可以适当应用一定量的利尿药。

（2）保肝解毒剂治疗　如配合5％葡萄糖注射液或10％葡萄糖注射液静脉注射时，使用维生素C注射液、葡萄糖醛酸钠注射液达到保肝的治疗目的。

【作业】

1. 病例讨论：在教师的指导下，学生分组讨论以下问题。

（1）犬洋葱中毒的发病机制。

（2）洋葱中毒犬的血常规指标、血液生化指标、尿液指标的变化特点。

（3）犬洋葱中毒的护理要点。

（4）犬洋葱中毒恢复期的饲养要点。

2. 写出实习报告。

技能训练二　有机磷农药中毒的诊断与治疗

【目的意义】

1. 了解有机磷中毒的机制。

2. 掌握有机磷中毒的临床症状、诊断方法。

3. 掌握有机磷中毒的治疗原则，特效解毒药的用法。

4. 掌握有机磷中毒的鉴别诊断。

【诊断准备】

1. 材料准备

听诊器、体温计、注射器、一次性输液器、酒精棉球、保定架、烧杯等。

2. 药品准备

5％葡萄糖注射液、三磷酸腺苷（ATP）、辅酶A、复方氯化钠注射液、硫酸阿托品注射液、解磷定注射液、10％樟脑磺酸钠注射液、10％敌百虫溶液等。

3. 病例准备

兔，人工复制病例。

【诊断方法和步骤】

1. 病例复制

用10％敌百虫溶液灌服兔，剂量按2.5ml/kg体重，建立有机磷中毒模型。

2. 临床诊断

检查中毒兔的临床症状：是否出现瞳孔缩小、流涎、肌肉震颤、呕吐、腹泻、腹痛、兴奋不安、心跳、呼吸加快，甚至出现全身抽搐、昏迷等症状。

【治疗措施】

1. 特效治疗

以早用、用足为原则给中毒兔静脉注射硫酸阿托品注射液，直至病情缓解，达到阿托品化，重症者同时使用解磷定。

2. 对症治疗

根据中毒情况，用5％葡萄糖注射液、维生素C注射液静脉推注，有利于恢复，肌内注射10％樟脑磺酸钠注射液以强心、兴奋呼吸。

【作业】

1. 病例讨论：学生分组讨论以下内容。

（1）有机磷中毒与有机氟中毒的鉴别诊断。

（2）有机磷中毒的阿托品使用方法。

（3）有机磷中毒反跳现象发生的原因。

（4）有机磷中毒的预防。

2. 写出实习报告。

能 力 拓 展

以下为拓展学生能力的技能训练项目，可根据学校实习条件的实际情况，或进行人工复制病例，或利用在校外实习基地病例，或借助学校实习兽医院的临床病例来完成。要求以学生为主体，分组进行，教师对学生的诊断和治疗过程进行指导，并对各组的治疗方案和治疗效果进行评价。

1. 拟写中毒性疾病的急救措施。

2. 拟写玉米赤霉烯酮中毒、氟乙酰胺中毒、磺胺类药物中毒、抗球虫药中毒的治疗思路、治疗处方、治疗用药及治疗注意事项。

复习与思考

1. 什么是中毒？在常见的中毒性疾病中，哪些有特效解毒药？分别是什么？怎样使用？

2. 不明原因发生的中毒应如何采取有效的抢救措施？

3. 常用的洗胃剂有哪些？怎样选择？

4. 如果一个中毒性疾病没有特效解毒药，应采取哪些措施治疗？

5. 动物中毒后，应该大量供水还是限制饮水？为什么？

6. 常见的饲料中毒有哪些？各由什么原因引起？怎样预防？

7. 亚硝酸盐、氢氰酸、有机磷中毒的机制是什么？

8. 试述亚硝酸盐和氢氰酸中毒的鉴别诊断与防治措施。

9. 在畜牧生产中常用尿素喂牛，应怎样饲喂才不至于中毒？

10. 常见有毒的植物有哪些？请列举6种。

11. 有机磷中毒的主要症状有哪些？

12. 试述氟乙酰胺中毒的主要症状和治疗方法。

13. 试述有机氟和有机磷中毒的鉴别诊断与防治方法。

14. 你所在的地区有哪些常见的毒蛇？被咬伤后应怎样救治？

15. 鸡药物中毒的共同原因有哪些？怎样预防？

16. 如何将药物均匀地混入饲料或饮水中？

17. 如果你是养猪场的技术员，应从哪些方面着手来预防中毒性疾病的发生？

18. 选择一个合适的中毒病例，完成从诊断到治愈的全过程，并填写病历。

参 考 文 献

[1]　陈杰. 家畜生理学. 第4版. 北京：中国农业出版社，2003.

[2]　王建华. 家畜内科学. 第3版. 北京：中国农业出版社，2006.

[3]　石冬梅. 动物普通病. 北京：中国农业大学出版社，2008.

[4]　高作信. 兽医学. 第3版. 北京：中国农业出版社，2007.

[5]　沈永恕. 临床兽医诊疗技术. 北京：中国农业大学出版社，2006.

[6]　姜光丽. 动物生物化学. 重庆：重庆大学出版社，2007.

[7]　梁学武. 现代奶牛生产. 第2版. 北京：中国农业出版社，2003.

[8]　刘宗平. 现代动物营养代谢病学. 北京：化学工业出版社，2003.

[9]　程凌. 养羊与羊病防治. 北京：中国农业出版社，2006.

[10]　郭金玲. 动物营养与饲料学. 北京：北京理工大学出版社，2006.

[11]　王怀友. 宠物内科疾病. 北京：中国农业科学技术出版社，2008.

[12]　Andrews A H，Biowey R W. 牛病学. 韩博等主译. 北京：中国农业大学出版社，2006.

[13]　齐长明. 奶牛疾病学. 北京：中国农业科学技术出版社，2006.

[14]　沈建忠. 兽医药理学. 北京：中国农业大学出版社，2008.

[15]　王小龙. 兽医内科学. 北京：中国农业大学出版社，2004.

[16]　刘钟杰. 中兽医学. 第3版. 北京：中国农业出版社，2008.

[17]　王加启. 现代奶牛养殖科学. 北京：中国农业出版社，2006.

[18]　李德印. 犬猫病快速诊断指南. 郑州：河南科学技术出版社，2009.

[19]　中国兽药典委员会. 中华人民共和国兽药典（二〇一〇年版）. 化学药品卷（第一部、第二部）. 北京：中国农业出版社，2011.

[20]　刘振湘，梁学勇. 动物传染病防治技术. 北京：化学工业出版社，2013.

[21]　张学栋，牛静华. 动物传染病. 北京：化学工业出版社，2011.

[22]　曾元根，徐公义. 兽医临床诊疗技术. 第2版. 北京：化学工业出版社，2015.